U0275302

HUAXUE YUANSU DE FAXIAN

化学元素的发现

（修订第3版）

凌永乐 编著

2014年·北京

图书在版编目(CIP)数据

化学元素的发现(修订第3版)/凌永乐编著.—北京：商务印书馆,2009(2014.12重印)
ISBN 978-7-100-06422-4

Ⅰ.①化… Ⅱ.①凌… Ⅲ.①化学元素—普及读物
Ⅳ.①O611-49

中国版本图书馆CIP数据核字(2008)第203120号

HUÀXUÉ YUÁNSÙ DE FĀXIÀN
化学元素的发现
(修订第3版)
凌永乐 编著

商务印书馆出版
(北京王府井大街36号 邮政编码100710)
商务印书馆发行
北京冠中印刷厂印刷
ISBN 978-7-100-06422-4

2009年7月第1版 开本787×960 1/16
2014年12月北京第2次印刷 印张17¼
定价：39.00元

内 容 简 介

本书按化学这一学科的发展，以化学元素在地壳中存在的丰度以及它们的单质和化合物的性质，列述114种化学元素的发现并获得国际间承认的过程，扼要讲述了各元素的应用，也讲述了国际间已报导发现而尚未证实的113号、115号、117号和118号元素。书中含有丰富的化学知识和事物发现的许多哲理，可供广大大中学校师生参考阅读。

序

（袁翰青 1978 年为本书第一版所作）

化学元素的发现是全世界人民长期共同劳动的成果。我国人民，特别是我们的祖先，曾经在这一方面也留下了辉煌的几页，可是，它们在国外出版的有关化学元素发现书籍中，却被忽视，甚至抹杀了。新中国成立前后，国内也曾出版过有关的书，但尽属译本，也没有能使我国的成就发扬光大。在全国解放后，我国的考古和科学史的研究工作和其他工作一样，在党和政府的领导下，得到了很大的发展，使我们祖先在这一方面留下的记录更加灿烂发光。如何把它们收集整理，编进化学元素发现史里，这是迫切需要的工作之一。

显然，一种化学元素的发现与它在自然界中存在的数量、状态和分布状况以及它存在的单质或化合物的性质，有着密切的关系。人类社会的发展、化学自身以及和它相关的物理学的发展对化学元素的发现起着很大的作用。可是国外学者们对化学元素的发现却强调偶然性，夸大发现化学元素的化学家们的天才，过多叙述化学家们的生活细节，谈论化学元素发现优先权的归属。我国自然科学工作者如何摘其可贵史料，去粗存精，去伪存真，学习运用历史唯物主义、辩证唯物主义，讲述化学元素的发现，就很有必要了。

此书如我所望编著出版，引为欣慰。

编者和我相识多年，对于化学发展史深感兴趣，并费过相当的精力，进行研究。我知他早在十多年前，即已写成元素史初稿，后来数改原稿。他又结合教学，把古人发现化学元素的一些实验操作，用现代化学反应加以解释说明，更为可取。

袁翰青

1978 年冬

前　言

化学元素的发现与化学科学本身以及物理学等科学的发展密切相关，正是分析化学的发展、电池的发明和光谱分析的创建，才使大量化学元素被发现；随着被发现的化学元素逐渐增多，才使化学元素周期系得以建立和不断补充修正；正是放射性元素的发现，才使人们逐渐认清原子结构、分子组成和物质结构。

关于化学元素发现的著述，国内外出版的版本很多。我编著的这本《化学元素的发现》早在 1981 年由科学出版社出版，1984 年第二次印刷，2001 年修订出版第 2 版。该书出版迄今三十多年中，已发现并获得国际间承认的化学元素由 107 种元素增加到 114 种元素，近期又报导已发现而尚未证实的已达至 118 号元素，甚至有报导说发现了 126 号元素。我国科学家在这些新发现的人造元素中也作出了一些贡献。我国科学技术名词审定委员会随着这些新元素的发现公布了它们的命名。还有，关于一些有争议的化学元素的发现，如中国人是否早在 8 世纪已制得氧气，是否是我国古代人民最早发现砷和锌，是否我国古代的人们早已能利用镍制成白铜，何时何人最早使用铂等，这些争议仍需依靠史实不断澄清。因此修订再版此书实有必要，经与科学出版社协商，2008 年交付商务印书馆出版第 3 版。又经历了 5 年，国际间又审定了三种新元素，我国中文命名为镉、鈇和鉝。关于我国古代人们在生活和生产实践中首先发现镍、砷、锌等元素以及 8 世纪制得氧气问题，已经引起读者共鸣。这本是实事求是，但仍有加强肯定的必要，因此商务印书馆和我个人认为需要再次修订出版，以应读者需求。

此书第一版承蒙我的前辈中国科学院院士、化学家、化学史学家袁翰青先生写序，指出本书编著经过和此书与国外版本不同之处。袁翰青先生已于 1994 年去世，再版仍保留他的序，以作纪念。

凌 永 乐

2014 年于北京化工大学

目　录

1. 古代化学在人们生活和生产实践产生中的发现

科学的发生和发展一开始就是由生产决定的。当社会生产发展到一定水平,社会发展到一定的历史阶段,社会生活和生产实践提出了问题,产生了需要,于是便向科学提出了任务,促进了科学的发展。

原始社会初期,人类使用的劳动工具主要是石器,是简单而粗大的石块。当时人们就借助这样的工具猎取野兽,挖掘可食植物的根茎。历史上把这个时期称为旧石器时代。

在漫长的旧石器时代里,人们慢慢学会制造磨光的、比较细致的石头工具,于是人类社会逐渐进入新石器时代。

根据历史学家和考古学家们的研究和考证,在旧石器时代人类已经开始使用火。

1965 年我国考古工作者在云南元谋发现原始人类生活遗址,考证了距今 170 万年前人类已经开始使用火。

我国北京西南郊周口店是北京猿人距今大约 50 万年前生活过的地方,考古工作者在这里发现了很厚的灰烬和一些经火燃烧过的动物骨骼。灰烬不是散漫地存在于整个地层,而是在一定部位一堆一堆地分布着。这说明不是野火留下的迹象,而是猿人有意识地用火的结果。

火的利用是人类在化学中的第一个发现。人类由于使用了火,不仅有了防御野兽侵害的武器,而且使人类从生食改变为熟食,缩短了消化过程,从而促进了人类机体的生理变化和发展,还使烧制陶器成为可能。这是最早出现的硅酸盐化学工艺。

制陶技术的逐渐成熟,为金属的冶炼和铸造提供了必要的条件。这包括冶炼和铸造所需要的高温技术、耐火材料和造型材料等。

这样，在公元前4000年到公元前2000年前，人类开始从使用石制的劳动工具过渡到使用金属的劳动工具，从石器时代跨入金属时代，原始的狩猎经济也开始让位给农业和畜牧业，紧接着手工业出现了。

金属劳动工具的制造是建立在金属冶炼和锻铸的基础上；农业和畜牧业的兴起带来了酿造、鞣革及漂染等行业的兴起和发展。当时的陶瓷烧制、金属冶炼、饮食酿造等是最早的化学生产实践。

正是古代人们在社会生活和生产实践中观察到在篝火中水受热化为汽，遇水结成冰，木材烧尽成为炭，黏土可以制成不漏水的陶器，谷类变成醇香的酒……使人们认识到物质是可以变化的，而且可以是不停地变化着。

随着人类社会由奴隶制进入封建制，帝王将相和封建地主们妄想长生富贵，炼金术和炼丹术应运而生；广大人民需要医药，于是出现了医药化学。

炼丹术，一般是指炼制长生不老丹药；炼金术，通常是指将贱金属转变成贵金属。这样的说法是不够全面的。西方的炼金术在英文中称为alchemy，法文是alchimie，德文是alchemie。“chemy”“chimie”“chemie”源出希腊文“keme”，来自古埃及，意思是“黑色的土壤”，指埃及尼罗河每年泛滥留下的黑色泥浆。“al”是阿拉伯文中的定冠词，是“这个”的意思，添加在“chemy”等前就是“这个黑色的土壤”，是丰收和创造财富的源泉，暗指“埃及的技艺”，可以说是古代包罗万象的物理和化学加工工艺。这样，我国的炼丹术在西方也被归入alchemy，也就是说，也被认为是一种炼金术。各个古代文明国家在生产实践的基础上，在物质可以变化的思想指导下，各自创建起自己的炼金术。我国炼丹术中也有试图将贱金属转变成贵金属的成分，而西方的炼金术中也包括配制药剂的内容。

我国炼丹术的渊源可以追溯到战国至秦汉之际，一直延续到明朝；西方的炼金术在埃及大约从2世纪或3世纪开始，后来传到欧洲逐渐演变，一直延续到13世纪左右。

西方炼金术士们自称是哲学家（philosopher），寻找把贱金属转变成贵金属的催化剂哲人石（philosopher stone）。我国的炼丹术士们企图炼制长生不老的仙丹,这些都是荒诞的,其中也有真正的骗子,造出假黄金,炼成毒死帝王的丹药。不过,他们在宫廷大院里,在深山老林中,建起修炼炉、罐,进行物质的蒸馏、提纯、熔化、煅烧……并观察记录下物质间的变化,有所发现和创造,对化学的发展、化学元素的发现也是有贡献的。

古医药化学主要是对自然界存在的物质进行识别,分辨哪些是有益健康或可食的,哪些是可以治病强身的,这是古医药化学家们长期实践探索的成果。他们在实践探索过程中也发现了一些物质的物理、化学性能,对认识和发现化学元素也起了促进作用。

中国医药学是一个伟大的宝库,曾经对世界的医药学发展作出巨大贡献。我国历代有关本草的著作很多。"本草"的字面含义是论述植物药品的,但是实际上包括动物、植物、矿物三类物质。动物和植物的化学组成成分很复杂。除一般碳水化合物、蛋白质、脂肪外,还有生物碱、配糖体、维生素、激素等。它们都是组成和结构很复杂的有机化合物。矿物质虽多是简单的无机化合物,但多是混合物,而非纯净物质。古医药学家们凭借经验,认识到其中主要成分的一些性能。

正是古代人们在生活、生产实践中,古炼金术士们和炼丹术士们在转变物质的实际操作中,古医药学家们在对自然界存在物质的探索中,获得并认识了一些物质,其中一些是金属和非金属单质,被后人确定为化学元素。

元素和单质的概念在今天是有区别的,例如水中含有氢和氧两种元素,但并不含有氢气和氧气两种单质。一种化学元素的发现,并不是以发现了它的单质状态为依据,而古人获得的那些物质中,确定哪些是元素,却恰恰是以单质为依据的。

这种确定,一方面是根据古代文献资料加以考证,得出结论;另一方面是根据考古发掘出来的文物加以物理和化学的分析研究,作出判断。

古代的埃及、巴比伦、罗马、希腊、印度和我国都是人类最早定居的地方,因而也是古代文化的发源地,因此所确定的古代人们发现的化学元素,绝大部分是这几个国家古代人民的创造和发现。

我国自新中国建立后,考古发掘工作得到很大发展,太量多年埋没地下的文物出土,使我国考古和化学史学者们获得大量宝贵材料,使我国古代人民在化学元素发现过程中的劳动成果和智慧结晶得到发扬和传播。

1-1 人类最早认识的碳

碳是自然界中分布相当广泛的元素之一。自然界中以游离状态存在的有金刚石、石墨和煤,各种形态的煤在自然界中分布很广。煤中含碳达99%。碳的化合物更是多种多样,从空气中的二氧化碳和土壤、岩石里的各种碳酸盐,到动植物组织中成千上万种的有机化合物。人们还可以轻易地取得碳的一些游离状态的产物,如木炭、炭黑等。这就决定了碳在人类有史以前很早很早就被发现并利用了。

随着火的发现,人们就发现了木炭。1929 年在北京城西南周口店山洞里发现北京猿人化石,考证了周口店是北京猿人在距今 70 万—23 万年间生活的地方。就在这些山洞里,还发现了木炭,经过化验证实,其中有单质碳存在。

由石器时代进入青铜时代的时期中,木炭不仅被人们用做燃料,而且还被用做还原剂。我国许多古代冶炼金属场地的发掘中都证实了这一点。例如 1933 年在河南省安阳县发掘到周代(前 1046—前 256)冶炼铜的地方,就有大块的木炭,直径在 1 寸(我国旧长度单位,1 尺 =10 寸 =1/3 米)或 2 寸左右。

随着冶金工业的发展,人们寻找比木炭更廉价的燃料和还原剂,最终找到了煤。

根据古代文献记载,我国至迟在汉朝已经知道煤可燃烧。《汉书 · 地理志》记述着:"豫章郡出石,可燃为薪。"豫章郡在现今江西省南昌市附近。这种可燃的石头显然指的是煤。我国考古工作者在山东省平陵县汉初冶铁遗址中发现煤块,说明我国西汉初期,即公元前 200 年左右,已用煤炼铁。

元朝初期来我国的意大利人马可 · 波罗(Marco Polo,约 1254—1324)在归国后写成的游记中[①],曾把"用石做燃料"列为专章介绍。他写道:"契丹全

① 马可 · 波罗著,冯承钧译,马可 · 波罗行记,中华书局,1954 年。

境之中,有种黑石,采自山中,如同脉络,燃烧与薪无异;其火候且较薪为优,盖若夜间燃火,次晨不息。其质优良,致使全境不燃他物,所产木材固多,然不燃烧,盖石之火力足而其价亦贱于木也。"看来当时这位欧洲人看到我国人民用煤作燃料十分惊奇,就当作奇闻大写特写,他哪知我们祖先已经使用将近一千年了。英国到13世纪才建矿采煤。

到17世纪初,我国明朝末年学者方以智(1611—1671)在他编著的《物理小识》中也讲到煤:"……煤则各处产之,臭者烧熔而闭之成石,再凿而入炉曰礁,可五日不灭火,煎矿煮石,殊为省力。"这里的"臭者"是指含挥发性物质较多的煤;"礁"就是"焦炭"。这说明我国早在明朝末年以前已经知道把煤放置密闭的环境中("烧熔而闭之")加热煤生成焦炭,用在"煎矿煮石"(冶炼金属)中。欧洲在18世纪初才知炼焦,比我国晚约一个世纪。

煤在我国古代的名称很多,有涅石、乌金、黑丹、石炭等。石墨在我国古代文献中也是煤的别名。它在16世纪间被欧洲人发现,曾误认为是含铅的物质,被称为"绘画的铅",也曾被欧洲的矿物学家们归入滑石、云母一类。到1779年,瑞典化学家舍勒(Karl Wilhelm Scheele,1742—1786)将石墨与硝酸钾共熔后产生二氧化碳气体,确定它是一种矿物木炭。到18世纪中叶,在欧洲开始出现利用石墨粉制造"铅"笔,最初是用胶、蜡等混合制成笔芯,用纸卷起来放置在铁管中使用,只是到1789年才开始用黏土混合制成笔芯,放置在刻成条槽的木棍中,再用线捆绑而成。①

炭黑是燃料油在空气不足的条件下不完全燃烧的产物,又称油烟。我国是最早生产炭黑的国家。早在3世纪的晋朝,炭黑生产已十分兴盛,是制造中国墨的原料。今天它是橡胶制品中的填充料。

金刚石是自然界中最坚硬的物质,又称钻石,外观光彩夺目,灿烂无比,再加上产量稀少,因此价格昂贵,称量不以克计,而以200毫克为1克拉(Carat)计。据统计,世界上至今发现超过1000克拉的金刚石仅有两颗,超过500克拉的有20颗左右,100克拉以上的约有1900颗。目前世界上已知

---

① 〔日〕山田真一编著,王国文等译,世界发明发现史话,专利文献出版社,1989年。

最大的一颗是1905年在南非发现的,重3106克拉,约有鸡蛋大,叫做“非洲之星”。英国女皇将它装饰在权杖上,以显示富有和至高无上的权力。我国最著名的两大钻石是“金鸡钻石”和“常林钻石”。“金鸡钻石”是1937年秋山东郯城县老农罗振邦在金鸡岭下捡拾到的,重218.25克拉,在第二次世界大战中被侵华日军抢走,至今下落不明。“常林钻石”是1977年12月21日山东临沂市岌山公社常林大队女社员魏振芳在田间深翻整地时发现的,重158.7860克拉,现藏在国库中。现今金刚石不仅用于装饰,也用于工业生产中做切割、钻探材料。

1955年,美国通用电气公司宣布人造金刚石成功,是将石墨置于熔融的硫化铁中,并施以高温和高压而获得的。

早在1772年,法国化学家拉瓦锡(Antoine Laurent Lavoisier,1743—1794)等人进行了燃烧金刚石的实验(图1-1-1):把金刚石放置在玻璃钟罩内,利用取火镜将日光聚焦在金刚石上,使金刚石燃烧,得到无色的气体,将该气体通入澄清的石灰水中,得到白色碳酸钙的沉淀,正如燃烧木炭所得到的结果一样。拉瓦锡得出结论,在金刚石和木炭中含有相同的“基础”,命名为carbone

图1-1-1　拉瓦锡等人燃烧金刚石试验

(法文,英文在1789年间采用,去掉词尾e,成为carbon)。这一词来自拉丁文carbo(煤、木炭),我们称为碳。碳的拉丁名称carbonium也由此而来,它的元素符号C就是采用它的拉丁名称一词的第一个字母。

正是拉瓦锡,首先把碳列入他在1789年发表的化学元素表中。

到1797年,英国化学家坦南特(Smithson Tennant,1761—1815)将红热的金刚石投入熔化了的硝酸钾中,发生猛烈的燃烧,经过定量研究,证实金刚石与石墨的成分完全相同。

到20世纪后半叶,1985年美国的斯莫利(Richard Erreu Smalley,1943—2005)、柯尔(小)(Robert F. Curl,Jr.,1933—　)和英国的克罗托(Harold W. Kroto,1939—　)几位科研人员应用激光辐射石墨,在产生的碳蒸气中发现由60个碳原子组成的分子C_{60},成为碳元素中木炭、焦炭、炭黑等无定形碳和石墨及金刚石两种结晶碳外第四种碳的同素异形体。

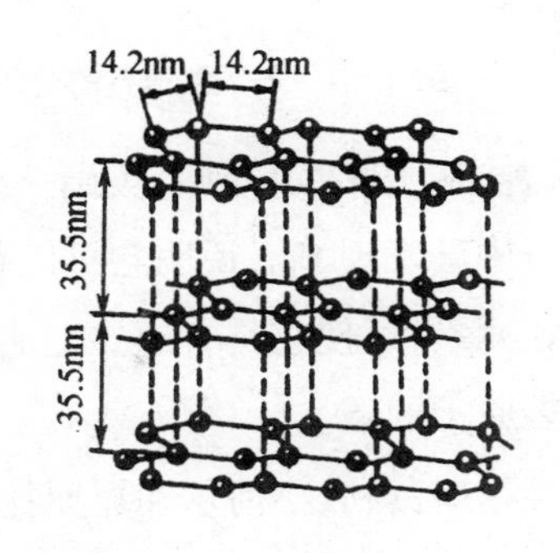

图1-1-2　石墨的分子结构

同素异形体是指同一化学元素因结构不同而形成不同的单质。木炭等是无定形体;石墨和金刚石是(结)晶体。晶体不同于无定形体,晶体的外表具有整齐的、有规则的几何外形,有固定的熔点。石墨和金刚石虽同是晶体,但结构也不同。石墨是层状结构,如图1-1-2,同层碳原子间的距离是14.2纳米(nm,$1nm=10^{-9}$ m),层与层间的距离是35.5纳米,每一层平面上有电子自由移动,因而石墨具有导电性和导热性,在今天工业生产中被用作电池和电解池的电极。由于层与层之间距离较大,引力较弱,所以容易滑动,工业生产中用作润滑剂。金刚石晶体中每个碳原子与其他三个碳原子相连接,形成正四面体,每个碳原子间的距离都是15.5纳米(图1-1-3),比较短,结合力比较强,因此熔点较高,硬度很大。金刚石晶体中没有自由电子,所以不导电。石墨和金刚石的结构都是无限扩展的,是一个巨大的分子。

由60个碳原子形成的分子C_{60}与它们又不同,是一个新型建筑网络球形结构,是一个有轴对称和中心对称的三维空间高度对称的结构,酷似一个足球(图1-1-4),因此它又引用网格球顶结构建筑设计者美国建筑学家富勒(Buckminster Fuller)的姓氏称为富勒球。

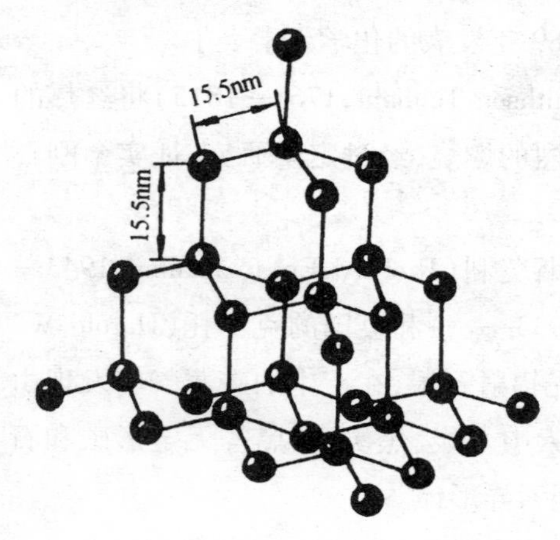

图1-1-3　金刚石的分子结构

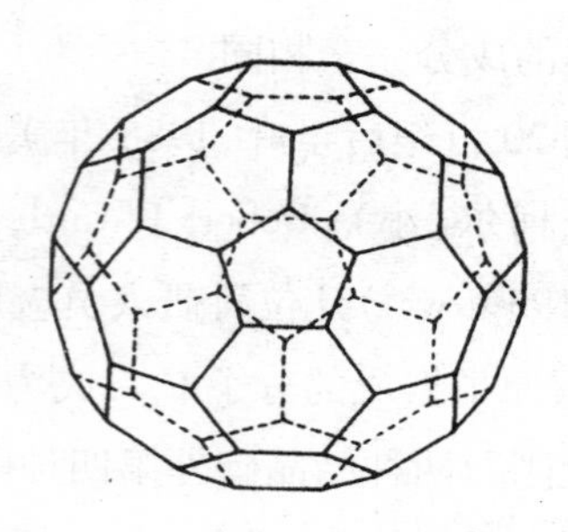

1-1-4　C_{60}的分子结构

从1992年开始,美国一些科学杂志上先后报导,坠落在地球上的一些陨石中已发现C_{60},说明它早已存在于自然界中了。还有报导说在C_{60}中掺入特定元素,可使它具有超导性能;后又发现它具有优良的润滑性能。现已发现更多原子的碳。

斯莫利、小柯尔和克罗托三人因发现C_{60}同获1996年诺贝尔化学奖。

在碳元素的发现中,还要谈一谈碳-14。这是一种碳的同位素。同位素是指同一种元素的原子,化学性质完全相同,只是原子量不同。这是由于同一元素的原子中含有的质子数和电子数完全相同,而中子数不同所致。它们都位于化学元素周期表的同一位置上。碳在自然界中有三种同位素:碳-12、碳-13和碳-14。这里联结在元素符号后面的数字表示原子的质量数,也就是质子数和中子数之和,也可以写成^{12}C、^{13}C和^{14}C。

碳-14是一种放射性同位素,是美国化学家在1940年发现的。它存在于大气中的量很少很少,只是碳总量的亿万分之一。如果把一座几十米高的沙丘当做碳的总量,那么碳-14在其中也就只有两三粒,其余主要是非放射性的碳-12和少量碳-13。碳-13是英国物理学家伯奇(R. T. Birge)在1929年发现的。

美国化学家利比(Willard Frank Libby,1908—1980)从1947年起就开始研究利用大气中这个含量极少的碳-14来测定物体的年代。

大气中含放射性碳-14的二氧化碳和非放射性碳的二氧化碳。植物在进行光合作用的过程中,统统把它们吸进体内,转变成它们组织的一部分。植物被动物吃了以后碳-14又进入动物体内。生物体内碳-14与其他碳同位素量的比率与大气中是相同的,即每有1×10^{12}个碳-12原子,便有1个碳-14原子。动物死亡后,碳-14不再进入它们体内,只是留下的在不断衰变。碳-14的半衰期是5730年,就是说,每经过5730年,碳-14的量就减少一半。这样,测定木材、肌肉、兽角或动植物体某一部位碳-14与其他碳同位素量的比率,就可知道一段木材、肌肉最初脱离生物体死亡的年代。而这种测定方法可使所测年代误差在二百年左右。

虽然很多文物本身不是生物体,如陶罐、青铜器等,但是总能在它们上面找到一些生物体的残留物,像烟灰、油脂等。所以只要找到这些生物体或其残留物,就能够探测到它们附着的陶罐、青铜器等物体的年代。

20世纪80年代末,西方基督教会用这种测定手段,鉴定出那块令无数基督教徒崇敬的耶稣裹尸布是假的,因为它的亚麻原料纤维是公元13世纪的产物,而那时耶稣已去世1200多年了。

利比荣获了1960年诺贝尔化学奖。

1-2 灿烂、明亮的金和银

金在自然界中绝大部分成单质状态存在。在许多河流的河床上,它和沙子混合在一起;在一些岩石中,它和岩石掺杂成块。由于金的化学惰性,使它不论在哪里,都不与空气和水作用,显现出它固有的黄色光辉,吸引着人们的注意。因此它在人类生活的最初时期就被人们发现了。它被认为是人们最早发现的化学元素之一。1985年8月11日,苏联塔斯社自莫斯科发出电讯,说在东西伯利亚地区发现一块重3708克的天然金。同年8月3日《北京晚报》第3版刊出一条新闻:四川省甘孜藏族自治州白玉县一位采金农民采到一块4.2千克的自然金,是我国迄今发现的最大金块。它长235毫米,宽135毫米,厚30毫米,形似金砖。

从古代遗址的发掘中,发现金制的物件和古代人类石制的用具并放在一起,说明人类在石器时代已经发现并使用了金。

东非努比亚(Nubia)、意大利波河(Po)、印度恒河和希腊萨索斯岛(Thasos)都是古代世界上闻名的产金地区。在这些地区的人们在公元前2世纪已知道淘金法。我国战国时代托名春秋初期的政治家管仲(?—前645)的著作《管子》(讲述天文、地理、经济、农业等多方面知识的书)中有:"上有丹砂者,下有黄金"句。可见我国春秋战国时期以前已有开采金矿的知识。这里的"丹砂"是指硫化汞。

就在春秋战国以前的商代(约前16世纪—约前10世纪),黄金的淘洗和加工技术已达到较高水平。河北藁城的商中期宫殿遗址14号墓出土有金箔、河南辉县商代墓中发现有金叶片。安阳殷墟中不仅出土有重50多克的金块,还有厚度仅0.01±0.001毫米的金箔。1968年河北满城西汉刘胜妻窦绾墓中鎏金长信宫灯(图1-2-1)是采用了先将金汞齐涂在铜器表面,再经烘烤,汞蒸发后,金就牢固地附着在器物表面的这种方法制成。这些说明在这段时期里,我国对金的加工技术已成熟。[1]

图1-2-1　河北满城西汉刘胜妻窦绾墓中出土的鎏金的长信宫灯
(摘自《满城陵山汉墓》)

银在自然界虽然也有单质状态存在,但大部分是化合物状态,因而它的发现比

① 周嘉华、赵匡华著,中国化学史古代卷,广西教育出版社,2003年。

金晚，一般认为在距今5500—6000年以前。

天然银多半是和金、汞、锑或铂形成合金；天然金几乎总是与少量银形成合金。我国古代已知的琥珀金，在英文中称为electrum，就是一种天然的金、银合金，含银约20%。

含银的矿石辉银矿Ag_2S往往与方铅矿PbS共生。我国古代的银大部分是从含银的粗铅中提炼出来的。这是利用一种"吹灰法"，即将含银的粗铅放置在用动物骨灰制成的钵中强热，铅和其他杂质形成氧化物，部分被鼓风吹去，部分渗入灰中，留下未氧化的银。

马克思（Karl Marx，1818—1883）在《政治经济学批判》中讲到："金实际上是人所发现的第一种金属，一方面自然本身赋予金以纯粹结晶的形式，使它孤立存在，不与其他物质化合，或者如炼金术士们所说的，处于处女状态；另一方面自然本身在河流的大淘金场中担任了技术操作。因此对人来说，不论淘取河里的金或挖掘出冲积层中的金，都只需最简单的劳动；而银的开采却以矿山劳动和比较高度的技术发展为前提。因此虽然银不那么绝对稀少，但是它最初的价值却相对的大于金的价值。"①事实上在大约公元前1780年—前1580年间埃及王朝的法典中规定，银的价值是金的两倍。甚至到17世纪，在日本银和金的价值还是相等的。

金、银最早被人们用来制作装饰品，后来作为货币。这两种应用至今仍在沿袭着。根据埃及古代坟墓挖掘中的发现，知道在公元前2 000年以前，埃及已经开始使用镀金、包金和镶金的器物，并且把金丝用在刺绣上。图1－2－2是我国北京平谷刘家河商墓出土的商代金钏。

图1－2－2　北京平谷刘家河商墓出土的商代金钏

（摘自《中国文物精华大辞典》）

黄金和白银明显表现出充当货币的一些特点：易于分割，可以长期保存，体积和重量小而价值大。远在公元前8世纪—前7世纪，在希腊就流通黄金硬币；公元前1世纪在亚美尼亚（Armenia）（今处

① 卡尔·马克思著，劳伦斯（Lawrence）、韦恰尔特（Wishart）译，政治经济学批判，伦敦，1971年。

图1-2-3 金饼

高加索中南部)出现了金币。按我国的《史记》中的记载,我国采用金、银作为货币提前到夏虞以前,即公元前3世纪—前2世纪。《史记》中记载:“夏虞之币,金为三品,或黄或白或赤。”这“黄”是指金;“白”是指银;“赤”是指铜。现存古饼子金,或称饼金、印子金、爰(音元)金。有黄金饼(如图1-2-3),也有银饼,状如饼,上面印有文字,如“郢(音影)爰”、“陈爰”等。“郢”、“陈”是指地名,“爰”是古代一种重量单位,也可能是货币单位。

随着金、银作为有价货币的使用,战争、犯罪和流血冲突与金、银联系起来,假黄金出现了。

早在远古时代,人们已经会利用金、银的比重、颜色以及焰色反应等检验金银的真伪和纯度。金的比重特别大,大到19.3克每立方厘米。科学史中流传着希腊公元前2世纪的科学家阿基米德(Archimedes,约前287—前212)苦思冥想如何测定一顶金制皇冠中是否掺有银的故事,最后他在洗澡时得到启示,兴奋地跳出澡盆,分别测定了相同重量的金块、银块和皇冠排出水的体积,确定了皇冠中确实掺入了银。并且还计算出皇冠中金和银的具体重量。在我国《旧唐书》中记载着一段故事:“诜少好方术,尝于凤阁侍郎刘祎之家,见其敕赐金,谓祎曰:‘此药金也,若火烧其上,当有五色气。’试之果然。则天闻而不悦,因事出为台州司马。”这里“诜”指孟诜,唐朝人,是我国古医学家、药物学家孙思邈(581—682)的学生,曾任同州(今陕西大荔县一带)刺史,喜好研究炼金术。全文大意是:孟诜有一次到皇家秘书处(凤阁)副秘书长(侍郎)刘祎家,见到武则天皇帝赐给的黄金,告诉他说,这是伪黄金,将此伪黄金放在火上一烧,从火焰的颜色就可看出是假的。武则天听悉此事后很不高兴,借事把孟诜调离。

我国汉朝末年炼丹家魏伯阳(约100—170)著有《周易参同契》,是世界上最古老的炼金术著作。书中说:“金入于猛火,色不夺精光。”这是根据金的高度化学稳定性以鉴定金。在我国和古罗马都有利用试金石检验金的方法,即根据所试黄金在一种黑色石头上刻留下来的条痕颜色和深度以判断它的纯度。到 1518 年在欧洲出现法定的预知成分的系列金针(图 1－2－4),共 24 根。其中 1－23 根分别含金 1－23 克拉,其余为铜,另一根为纯金,用来作为条痕对比的标准,至今纯金以 24 克拉计即源出于此。

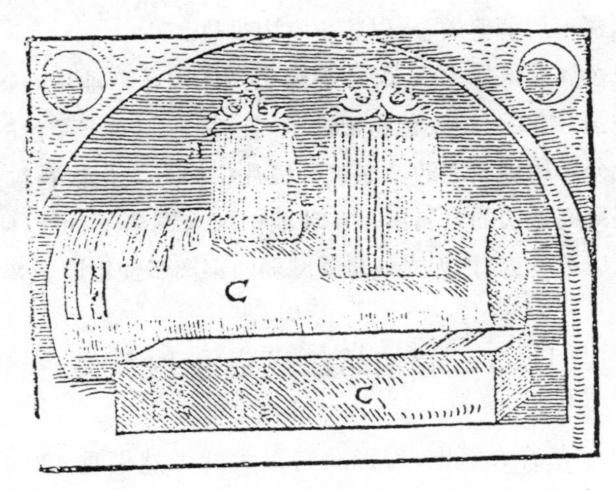

图 1－2－4 古代欧洲制作的金针和试金石

"金"在我国古代文献中常指铜,或泛指一般金属。如《史记》中有"禹收九牧贡金,铸九鼎。"还有秦始皇"收天下之兵(器)聚咸阳,销(熔炼)锋铸鐻(音巨,古代悬挂钟的架子两旁的柱子),以为金人十二"。这些文字中的"金"显然指铜或铁。《汉书·食货志》中说:"古者金有三等,黄金为上,白金为中,赤金为下。注:白金,银也;赤金,丹阳铜也。"这里的"金"就是泛指金、银、铜。

我国古代的"金"字在东汉和帝十二年(公元 100 年)文字学家许慎(约 58—约 147)所著《说文解字》中解释说:"五金黄为之长,久薶(mái,埋葬)不生衣,百炼不轻,从革不违,西方之行,生于土,从土,左右注,象金在土中形,今声。"这说明我国古代已经认识到金的一些性质,它久埋在地下不会生锈,冶炼它不会和空气中氧气发生化学变化而减轻重量,可以销铸而无伤。银在我国称为白金。

西方古代人民对金和银也很重视,用太阳和月亮的符号来表示它们。拉丁文中"金"是 aurum。来自希腊文 aurora,是"灿烂"的意思。"银"是 argentum,来自希腊文 argyros(明亮)。因此,金和银的化学元素符号分别是 Au

和 Ag。

现今，金和银除作为货币和饰品外，还有许多其他用途，如，由于金耐腐蚀、能反射红外辐射、防止过热，所以它是航天器表面优良的涂料。在现代宾馆大窗玻璃上覆一层薄薄的金，以防止室内过热。

银在所有金属中电导率最大，用在最尖端的电子产业中。银的卤化物中溴化银感光性强，用在照相胶卷和相纸中。一种在阳光下变色的太阳镜也是利用银盐遇光分解原理制成的。在这种镜片中掺有氯化银颗粒，光照时玻璃表面形成一层薄而透明的金属银。在玻璃中加入铜离子，可以使造成这种现象的光分解反应可逆进行，无光或光线减弱时铜离子使银原子变回原来状态。

1-3 青铜的组成成分铜和锡

自然界中存在着天然铜，曾经获得最大的天然铜重 420 吨①。新华社 1984 年 2 月 25 日电讯说：新疆地区矿产陈列馆征集到一块罕见的特大天然铜标本。铜块长约 40 厘米，宽约 37 厘米，厚约 21 厘米，重 102 千克，通体呈铜红色，表面部分氧化成绿黑色。

在古代，当人们最初发现天然铜的时候，用石斧把它砍下来，用锤打的方法把它加工制成物件。于是铜器开始挤进石器的行列，并且逐渐取代石器，结束了人类历史上的新石器时代。这大约发生在公元前 7000—前 6000 年间。

《考古学报》1960 年第 2 期中刊登有甘肃省博物馆写的一篇文章《甘肃武威娘娘台遗址发掘报告》，其中谈到，为明确发掘的铜器成分，他们请甘肃省冶金工业局化验室用光谱定性、半定量分析方法分析了铜刀和铜锥的组成，结果如下：

---

① J. Newton Friend, *Man and the Chemical Elements*, 1951

表1－3－1　我国古青铜器成分分析

含量＼成分 铜器	铜	铅	锡	锑	镍
铜刀	大量	≤0.03%	0.1%—0.3%	0.01%	0.03%
铜锥	大量	≤0.03%	0.1%	无	无

从表1－3－1可见,铜在所发掘的铜器中含量高达99.63%—99.87%,属于纯铜。娘娘台遗址距武威县城2.5公里,是一处内涵丰富的我国铜石并用时代的齐家文化遗址,表明我国早在新石器时代晚期已开始使用铜器了。

不过,天然铜的产量毕竟是稀少的。随着生产的发展,人们若只是使用天然铜制造工具,就很难满足生产实践的需求了。生产的发展促进人们找到了从铜矿中取得铜的方法。铜在地壳中的含量并不太大,但是含铜的矿物还是比较多见的,而且它们大多具有各种鲜艳而引人注目的颜色,招致人们的注意,例如金黄色的黄铜矿 $CuFeS_2$、鲜绿色的孔雀石 $CuCO_3 \cdot Cu(OH)_2$、深蓝色的石青 $2CuCO_3 \cdot Cu(OH)_2$。将这些矿石在空气中焙烧,形成氧化铜 CuO,再用碳还原,就可得到金属铜。

1933年,在我国河南省安阳县殷墟发掘中,发现了重达18.8千克的孔雀石、直径在一寸以上的木炭块、陶质炼铜用的形的“将军盔”(图1－3－1)以及重21.8千克的炼渣,这些向我们呈现了三千多年前我国劳动人民从铜矿制得铜的过程。[①]

可是,纯铜制成的物件太软,容易弯曲,而且很快就钝了。后来人们又发现把锡掺到铜里去,可以制成坚硬的铜锡合金——青铜。

而实际上锡比铜还软,而且更不结实,但是若将锡掺进铜里,制成的合金——青铜却变得坚硬起来。假如将锡的硬度定为5,那么铜的硬度就是30,而青铜的硬度则是100—150了。

① 刘屿霞,殷代冶铜术的研究,安阳发掘报告,1933年第4期。

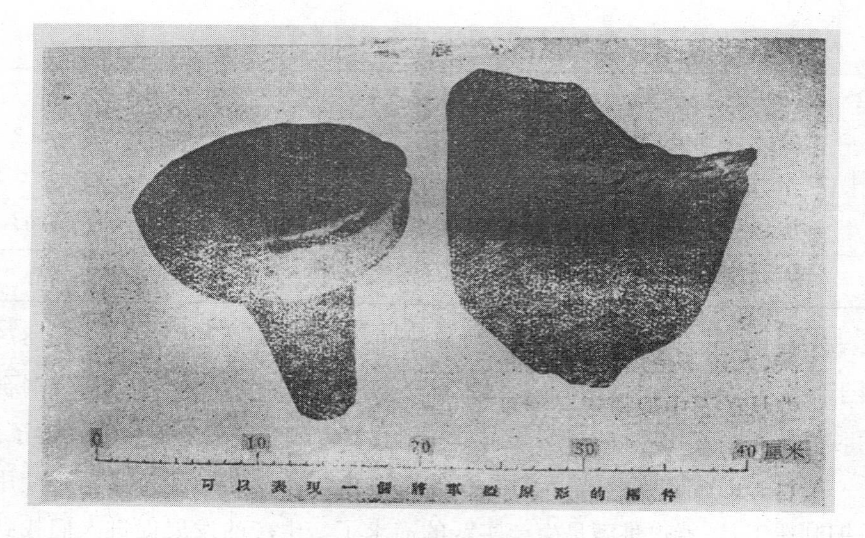

图 1-3-1　将军盔原形两件

而且青铜熔化的温度比纯铜低，这就使青铜器的熔炼和制作比纯铜容易得多。于是人们制成的劳动工具和武器有了很大改进。历史上称这个时期为青铜时代。据历史学家说，世界上最早进入青铜时代的是美索不达米亚和埃及等地，开始于公元前 3000 年。我国在商代（前 16 世纪—前 11 世纪）已是高度发达的青铜时代了。①

古代人是怎样开始把锡掺到铜里炼成青铜的呢？是先冶炼得到锡，然后把它掺入铜里？还是冶炼了混有锡和铜的矿石，直接得到了青铜？

锡的熔点比铜低。它在自然界中多以锡石 SnO_2 的矿石形式存在，直接用木炭还原锡石就得到锡，因此锡的冶炼比铜简易。这就使古代人们在从矿石中制得铜的差不多同一时期也从含锡矿石中制得了锡。在我国安阳殷墟发掘中，也发现有成块的锡，有锡制的戈，有铜面镀锡的物件，就说明了这一事实。考古学家们从埃及第一王朝时期（约开始于前 3200 年）的坟墓中发现了许多铜制工具，如锯、刀、手斧、锄等，说明古埃及劳动人民在这个时期已经掌握了铜的冶炼、热锻、铸造技术。就在差不多同一时期，埃及人也从矿石中熔炼出

---

① 辞海，上海辞书出版社，2234 页，1990 年 12 月第 1 版。

锡。苏联地质矿物学家费尔斯曼(Александр Евгеньевич Ферсман,1883—1945)在论锡的文章中说:"人利用锡比利用铁早得多,在公元前五六千年的时期,人还不会熔炼铁,然而已经会熔炼锡了。"①

当人们一再熔炼混有铜和锡的矿石后,终于认识到铜和锡混熔的良好结果。混有锡和铜的矿石有黄锡矿 $SnS_2 \cdot Cu_2S \cdot FeS$ 和铜锡石 $4SnO_2 \cdot Cu_2Sn(OH)_6$。前者在锡矿中除锡石外,是存在较多的一种含锡矿石,产在南美的玻利维亚、澳大利亚的新南威尔士等地;后者在自然界的存量很少。显然,在古代某些地区的人们是利用这种方式取得了青铜。英国的康瓦尔半岛的锡石跟黄铜矿产在一起,用这种矿石熔炼就得到青铜。在这个地区的古代劳动人民也可能从熔炼这种矿石中制得了青铜。不过,由于古代人民在从铜矿中取得铜的差不多同一时期已经从锡石中制得了锡,因此开始偶然地把锡掺进了铜里,后来逐渐认识到混合起来的合金的优良性能,而按一定比例把铜和锡混合起来熔炼获得了青铜。这种情况应该是古代在世界各地普遍存在的。

在我国战国时代的著作《周礼·考工记》里就总结了熔炼青铜的技术经验,讲到用青铜铸造各种不同物件而采用铜和锡的不同比例:"金有六齐,六分其金而锡居一,谓之钟鼎之齐;五分其金而锡居一,谓之斧斤之齐;四分其金而锡居一,谓之戈戟之齐;三分其金而锡居一,谓之大刃之齐;五分其金而锡居二,谓之削杀矢之齐;金锡半,谓之鉴燧之齐。"这里的"金"指的是铜;所谓"齐",就是"剂",也就是合金,如铸造戈戟,就用80%的铜和20%的锡;铸造大刃,就用75%的铜和25%的锡;铸造鉴燧(取火镜)就用50%的铜和50%的锡。这表明在两千多年前,我国劳动人民已明确认识到用途不同的青铜器所要求的性能有所不同,用以铸造青铜器的金属成分比例也应有所不同。成分与性能之间的关系是从长期实践而积累的经验中获得的。这也表明在两千多年前,我国劳动人民已经有了铸造和使用青铜器的长期经验。

从我国古代遗址发掘中所获得的青铜实物来看,品种是多种多样的,有作为兵器的戈、矛和镞(zú,箭头);有作为生活用具的针、锥和小刀;还有作为装

① 费尔斯曼著,石英、安吉译,趣味地球化学,161—162页,中国青年出版社,1956年。

饰用的饕餮（tāo tiè，古代传说中的一种贪吃的凶恶的兽，多刻在古代铜器上作为装饰）。1939年在河南省安阳武官村出土的鼎是我国发掘出土古青铜器中最大的一件，重832.84千克，高133厘米，口长110厘米，宽79厘米，足高46厘米，壁厚6厘米，鼎大得可以做马槽，所以人们又称它为“马槽鼎”。在鼎的内壁有铭文“司母戊”三个字，所以又称司母戊鼎（图1－3－2），根据化学分

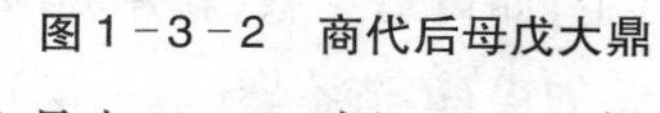

图1－3－2　商代后母戊大鼎

图1－3－3

析，它是由84.77%铜、11.64%锡和2.79%铅的合金铸成。

现今根据考古学家们的意见，司母戊鼎应改称后母戊鼎较好，因为后母戊鼎是商代后期（约公元前14世纪至公元前11世纪）的铸品，商代字体较自由，可以正写，也可以反写，“司”和“后”字形一样（图1－3－3），而意思上“后”字更能体现此鼎的含意，因为此鼎是商王祖庚或祖甲为祭祀其母（名戊）所铸。

青铜由于坚硬，易熔，能够很好铸造成型，还能够被磨

光擦亮,在空气中稳定存在,因而即使在它的时代以后的铁器时代里,也没有退出历史舞台,丧失它的使用价值。人们用它制造艺术品、货币、铜镜、钟、大炮等。例如在公元前约290年在欧洲爱琴海中罗得岛(Rhodes)的罗得港口矗立的青铜太阳神像,高达32米;公元752年日本奈良东大寺铸造的青铜佛像,重四百多吨,高16米,是世界上铸造的最大佛像。也有人认为我国西藏日喀则扎什伦布寺的青铜佛像净高22.4米,是世界上铸造的最大佛像。

我国古代劳动人民还最早创造湿法炼铜,就是把铁放在含有胆矾($CuSO_4 \cdot 5H_2O$)的溶液中,使硫酸铜中的铜离子被金属铁取代而生成单质沉积下来,是湿法冶金技术的起源。早在西汉时代的著作《淮南万毕术》中说:"曾(白)青得铁则化为铜。"曾青又名空青、白青、石胆、胆矾等,都是指天然硫酸铜。将这句话用现代化学反应式表示就是:

$$CuSO_4 + Fe \longrightarrow FeSO_4 + Cu$$

我国到宋代(960—1279),用这种方法生产铜的地方很多。《宋史·食货志》记载着:"以生铁煅成薄片,排置胆水槽中浸渍数日,铁片为胆水所薄,上生赤煤,取括铁煤,入炉三炼成铜。大率用铁二斤四两,得铜一斤……所谓胆铜也。"

铜的化合物大多有颜色,并具有杀菌作用,例如醋酸铜早在古罗马时代就被用作绘画的颜料,法国人最早将硫酸铜、生石灰和水按一定比例调和制成波尔多液(Bouillie bordelaise),用于防治葡萄霉菌。波尔多是法国大西洋沿岸的一个小城,波尔多液因这座小城得名。

关于锡,应当说它有三种同素异形体。一是典型的有延展性的金属锡,称为白锡,可以制成锡箔;二是脆性的粉末状的灰锡。白锡在13.2℃以上是稳定的,低于这个温度变成灰锡。三是脆锡,存在于161℃以上,观其名,即可知其性。有人认为1812年法国将军拿破仑率领60万大军远征俄罗斯,到12月初剩下1万士兵衣衫褴褛的败退回国的原因是大衣、裤子和鞋子上的纽扣都是锡制的,由于俄罗斯寒冷的冬天使这些锡纽扣都变成了脆性的灰锡。这有些夸张。

铜在我国古书《说文解字》中解释为:"赤金也。"锡,"银铅之间也"。

西方传说,古代地中海的塞浦路斯(Cyprus)岛是出产铜的地方,因而得到它的拉丁名称 cuprum 和它的元素符号为 Cu。英文中的 Copper、法文中的 Cuivre、德文中的 Kupfer 都源于此。至于锡的拉丁名称 Stannum,传说来自梵文 Sthas,是坚硬的意思,可能是认为由于它掺进铜中而成为坚硬的青铜。它的元素符号因此定为 Sn。

铜除与锡制成青铜合金外,还与锌制成黄铜;与镍制成白铜。

铜的电阻小,仅次于银,因此用作电线等电导体。

锡除与铜制成青铜外,还与铅制成焊锡(含锡 33%、铅 67%),用于焊接中。还与铅、锑合金,用于铸造印刷字模。

锡的化学性质稳定,不易被锈蚀,镀在铁皮外可以防止铁皮腐蚀,用于食品罐头制造中,我国俗称马口铁,传说最初是由英国人经过印度从西藏阿里马口地方输入我国的。

1-4 地下喷出的硫

硫在自然界存在有单质状态,不仅火山爆发从地下喷出大量的硫(图 1-4-1),地下滚烫沸腾的矿泉水里和地底下的通气口里也聚集有大量的硫。硫还与多种金属形成硫化物和各种硫酸盐,广泛存于自然界中。

单质硫具有鲜明的橙黄色,燃烧时形成强烈有刺激性嗅味的气体二氧化硫。金属硫化物矿在焙烧过程中,或者落进古代人们的篝火中时,同样产生硫在燃烧时产生的气味,因此可以断言,硫在远古时代已被人们发现并使用了。

在西方,古代人们认为硫燃烧所形成的浓烟和强烈的气味能够驱除魔鬼。在古罗马博物学家老普林尼(Pliny,23—79)的著作里讲到:硫用来清扫住屋,因为很多人认为,硫燃烧所形成的气味能够消除一切妖魔和所有邪恶的势力。大约在 4000 年前,埃及人已经用硫燃烧形成的二氧化硫漂白布匹。古希腊诗人荷马(Homēros,约前 9 世纪—前 8 世纪)的著作里也讲到硫燃烧所生成的气体有消毒和漂白作用。

中西方炼金术士们都很重视硫。这与硫的易燃性和它能与多种金属结合

图 1－4－1 意大利维苏威火山喷出大量硫黄(古代木刻画)

而形成各种不同颜色的硫化物有关。西方炼金术士们把硫看作是可燃性的化身,认为它是组成一切物体的要素之一。中国炼丹家们首先用硫、木炭和硝石的混合物制成黑色火药。

不论在西方国家还是我国,古医药学家们都把硫用于医药中。我国著名的明朝医药学家李时珍(1518—1593)编著的《本草纲目》中,讲到硫在医药中的作用:治腰肾久冷,除冷风痹寒热,生用治疥癣。

硫黄的广泛应用促进了硫黄的提取精炼。我国明朝末年宋应星(1587—约 1661)总结我国古代工农业生产技术而编著的《天工开物》(1637 初刊)中讲到:“凡硫黄乃烧石承液而结就。……掘取其石,用煤炭饼包裹丛架,外筑土作炉。炭与石皆载千斤于内,炉上用烧硫旧渣罨(掩)盖,中顶隆起,透一圆孔其中。火力到时,孔内透出黄焰金光。先教陶家(烧制陶器的工人)烧一钵盂,其盂当中隆起,边弦卷成鱼袋样,覆于孔上。石精感受火神,化出黄光飞

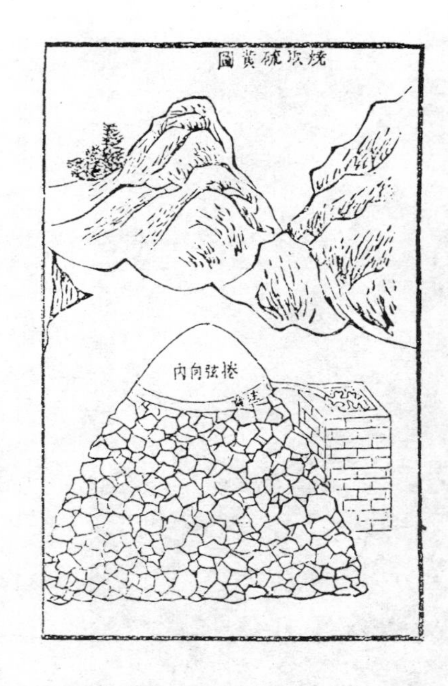

图1-4-2 烧取硫黄

走，遇盂掩住，不能上飞，则化成液汁，靠着盂底，其液流入弦袋之中，其弦又透小眼流入冷道灰槽小池，则凝结而成硫黄矣。”（图1-4-2）

这是加热粗硫黄，使它升华后冷凝成精制纯硫黄的过程，与西方的制取方法不谋而合。16世纪德国采矿学家和冶金学家阿格里科拉（Georgius Agricola，1494—1555）的著作中也讲述了这种方法（图1-4-3）：用两个陶制瓦罐A和B，A侧有穿孔，内盛粗硫黄，受热升华后冷凝流入B中。

随着工业的发展，硫在制取硫酸中起着关键作用，而硫酸是工业之母，于是工业生产需要大量硫，使硫成为18世纪

图1-4-3 中世纪熔炼硫的情形

西方各国斗争的主要导火索。地中海中最大的岛屿西西里岛(Sicilia)长期为硫的唯一供应地,是在意大利王国的统治下,而英国舰队从18世纪初年起,好几次炮轰西西里岛沿岸,企图侵占这个富有硫的地方。后来从黄铁矿提取硫的方法出现后,西班牙丰富的黄铁矿又成为欧洲国家关注的目标,这时候英国舰队就又在西班牙沿海出现,想占领这个硫和硫酸的泉源。

美国人在佛罗里达(Florida)州发现了世界上储藏量最丰富的硫的矿床。一位出生在德国的美国工业化学家弗拉施(Herman Frasch,1851—1914)利用硫的熔点低(只有119℃)的特性,创造了一种开采地下硫的方法(图1-4-4),即将三个同心管打入地下含硫层,将高温热水从外管通入,熔化硫,同时将压缩空气从内管通入,迫使熔融的硫从中管引上地面。这个方法在1900年得以实现。

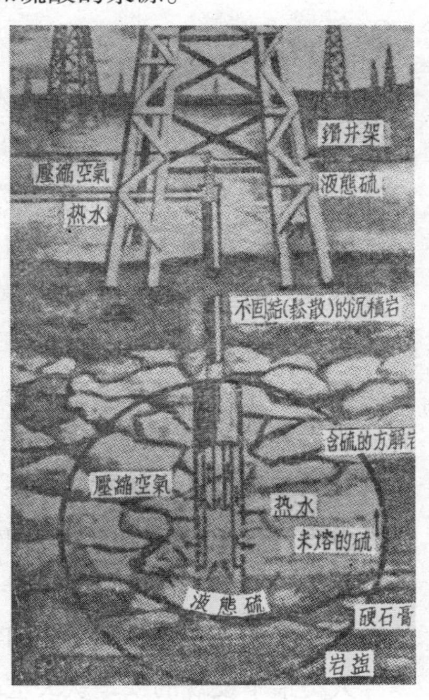

图1-4-4 从地下提取硫

现今硫在橡胶生产中有着特殊的作用。生橡胶受热易黏,受冷易脆,但加入少量硫后,由于硫能把橡胶分子联结在一起,起“交联剂”的作用,因此大大提高了橡胶的弹性,受热不黏,遇冷不脆。这个过程叫做硫化处理。

18世纪后半叶,德国结晶学家、化学家米切里希(Eilhard Mitscherlich,1794—1863)和法国化学家波美(Antoine Baumé,1728—1804)等人发现硫具有不同的晶形,提出了硫的同素异形体。

现在已知最重要的晶状硫是斜方硫和单斜硫。斜方硫又称菱形硫(图1-4-5)。它是由蒸发硫的二硫化碳溶液制得的,在室温下斜方硫是最稳定的。将熔化的硫缓慢冷却便生成单斜硫。它是针状晶体,只稳定存在于95.5℃以上,在室温下就逐渐转变成斜方硫。

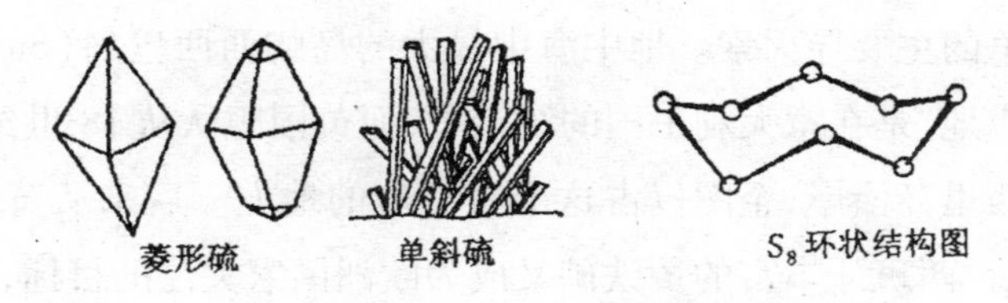

图 1-4-5　硫的同素异形体

斜方硫和单斜硫都是由 S_8 环状分子组成。

1776 年法国化学家拉瓦锡发表近代第一张化学元素表，把硫列入表中（表 2-1）。它的拉丁名称 Surphur 和元素符号 S 传说来自印度的梵文 Sulvere，原意是鲜黄色。我们用"硫"，延用它的古代名称。

今天硫除了用于硫化橡胶和生产硫酸外，还用于医药和农药中，例如医药中的硫黄软膏，农药中的石灰硫黄混合剂等。

1-5　天上落下的铁

铁矿石是地壳主要组成成分之一。铁在自然界中分布是极广泛的，但是人类发现铁和利用铁却比黄金和铜晚。这首先是因为天然单质状态的铁在地球上是找不到的，而且它容易氧化生锈，再加上它的熔点高（1535℃），比铜（1083℃）高得多，就使铁比铜难以熔炼。

人类最早发现的铁是从天上落下的陨石。陨石有铁陨石、石陨石和铁石陨石三种。铁陨石中约含铁 90.85%，石陨石中约含铁 15.60%，铁石陨石中约含铁 49.50%，其余是镍和钴等。考古学家曾经在今天伊拉克境内美索不达米亚乌尔（Ur）城的古代苏美尔人（Sumerians——伊拉克境内早期居民）坟墓中，发现一把陨铁制成的小斧。在埃及第五王朝至第六王朝（前 2400 年前）的金字塔中所藏的宗教经文中，记述着当时太阳神等重要神像的宝座是用铁制成的。这显然也是从陨石中得来的，铁在当时被认为是带有神秘性的最珍贵的金属。埃及人干脆把铁叫做"天石"。阿拉伯人传说，天上的金雨落进沙漠里变成了黑色的铁。在古希腊文中，"星"和"铁"是同一个词。

1973 年，在我国河北省藁城县（今藁城市）台西村商代遗址出土了一件铜钺(yuè,古代一种像斧头的兵器)(图1－5－1),上面镶有铁刃。铁刃虽已全部腐蚀。但经过科学鉴定,证明铁刃是用陨铁锻制的,因为铁中没有人工冶炼的硅酸盐杂质,同时铁刃中含有镍和钴,尽管经过锻造和长期风化,镍和钴仍保留在铁中,呈高低层相间分布。这种层状分布的成分只能从高温每一万年冷却几度的条件下生成,而这个条件是人工无法达到的。

图1－5－1　河北藁城出土的商代的铁刃铜钺

早在1931年,在我国河南省浚县出土了商末周初的铁刃铜钺和铁援(“帮”的意思)铜戈各一件,新中国成立前流入美国,现存于华盛顿弗里尔艺术馆。国外学者对这两件铜件中的铁进行反复研究,判断是用陨铁锻成的。

1978年,在北京市平谷县南独乐镇刘河村发掘了一座商代墓,出土了许多青铜器,其中引人注目的是一件古代铁刃铜钺,经鉴定铁刃中含有氧化镍。未见氧化钴,与藁城出土的那件铁刃铜钺有差别,但也是由陨铁锻成的。

这4件铁刃铜钺和铁援铜戈的出土不仅表明人类最早发现的铁是来自陨石,也说明我国劳动人民早在3300年前就认识了铁,熟悉了铁的锻造性能,识别了铁与青铜在性质上的差别,并且把铁锻接到铜兵器上,以加强兵器的锋利性。

图1－5－2　陨石雕成的佛像

2012年9月30日《参考消息》报导一则消息,1939年德国纳粹分子从中国西藏掠走世界上第一尊含铁和镍的陨石雕成的佛像,高24厘米,重10多公斤(图1－5－2)。这枚陨石是在1.5万年前坠落在西伯利亚或蒙古的,没有说明我国古代西藏劳动人民是如何雕成的。

可是,陨石的来源极端稀少,据科学家们计算,每年从天空落到地球上的陨石至少有1000

块，找到的只有4—5块，其余的或掉进海洋，或落在深山和森林里。而落下的铁陨石更少，平均每落下16块石陨石才落下一块铁陨石。因此从陨石得来的铁对人们的生产起不了什么作用。只是随着青铜熔炼技术的成熟，才逐渐为铁的冶炼技术发展创造了条件。虽然最初提炼出来的铁在硬度和防腐性能方面都不如青铜，但是由于铁矿在自然界中的分布比铜矿广泛得多，而且铁的坚韧性毕竟比铜器高，因而后来铁器代替了青铜和石头。

如果说公元前2000年是青铜时代的典型时期，那么公元前1000年对很多地方的居民来说，是由青铜时代到铁器时代的过渡时期。大约在公元前1500年左右，埃及、美索不达米亚开始有了炼铁业。几百年后，希腊、小亚细亚也相继出现了炼铁业。但只是在公元前1000年前后，铁器（剑、斧、装有铁犁头的木犁）在上述各国以及中国才基本上从日常用具中排挤了铜器、青铜器和石器而占据统治地位。①

图1-5-3　古代波斯人炼铁

对我国古代人民什么时候开始使用铁，我国历史学者和科学史研究者虽然各说不一，但大致断定在公元前六七世纪的春秋时代。如杨宽认为："中国在公元前六七世纪的春秋时代已经发明了冶铸生铁的技术，这个发明比欧洲

① 弗·尼·尼基甫洛夫著，中共中央直属高级党校历史研究室译，《世界通史讲义》，上册，26页，高等教育出版社，1956年。

早一千几百年。”[①]我国历史学家、社会活动家郭沫若（1892—1978）说：“铁制耕具的使用在战国中期已十分普遍，文献上和地下发掘上都有充分的证据，无疑铁器的开始使用是在春秋时代。”[②]清华大学化学系教授张子高（1886—1976）根据发掘出的古代铁器考察结果，认为：“战国时代已经掌握了冶炼生铁的技术。”[③]冶金史研究者们认为：“从一些文献记载来看，大致可追溯到春秋时代，再早的还有一些传说或推测，难以为据。”[④]

从考古发掘的结果来看，我国最早人工冶炼的铁也证明在春秋战国之交出现的。江苏六合县程桥镇春秋墓出土的铁条、铁丸和河南省洛阳市战国早期灰坑中出土的铁锛（bēn，削平木头用的平头斧）是确定我国最早的生铁工具。经金相检验，铁条属于早期的块炼铁，铁丸和铁锛是我国最早的生铁。人类在冶炼铁的过程中，最初因鼓风设备的限制，炼出的铁不能熔化，只是块状海绵体熟铁，性质柔软，可锻而不可铸，不宜制作硬度较高的工具，只是在提高炼铁炉的温度后，才能得到熔融的生铁，用于铸造。这些铁器证明我国在春秋晚期或战国早期已出现了生铁冶铸技术，比欧洲早一千九百多年。

现在伫立在河北省沧县东南旧沧州城旧州镇的铁狮子，是我国现存最古最大的铁铸艺术品，是五代后周广顺三年（公元953年）铸造，高5.78米，长5.34米，宽5.17米，重约50吨，头顶铸有“狮子王”三字，身披障泥，背负莲花，昂首瞋目，震怒若吼，姿态雄伟（图1－5－4）。2014年4月25日《北京晚报》刊出一名记者专程前往探视的报导，见到这个国家级文物的铁狮子已锈迹斑斑，伤痕累累，但仍跨越千年不倒，叫人由衷钦佩。

古代印度劳动人民的炼铁技术也是杰出的。至今竖立在印度德里附近一座清真寺大门后的铁柱，高22英尺（6.7米）、上部直径12 $\frac{1}{2}$英寸（31.75厘米）、下部直径16 $\frac{1}{2}$英寸（49.91厘米），重6吨多，柱上没有一点接缝，刻着铭

① 杨宽，中国古代冶铁技术的发明和发展，上海人民出版社，1956年。

② 郭沫若，中国古代史的分期问题，红旗，1972年第7期。

③ 张子高，中国化学史稿·古代之部，科学出版社，1964年。

④ 北京钢铁学院，中国冶金简史，科学出版社，1978年。

图 1-5-4 河北沧州后周铁狮子

文，说明它是在公元 310 年铸造的（图 1-5-5）。它经历了 1600 多年，在印度多雨高温气候情况下却没有锈蚀。据《参考消息》报 2002 年 8 月 16 日第 7 版刊出“印度古柱不锈之谜”的文章说，现在印度理工大学一名研究人员已经解开铁柱没有锈蚀的谜，是因为柱中的铁含磷量非常高，磷与铁以及空气中的水汽和氧气发生反应，生成一种含磷酸氢铁的化合物，形成保护层，防止了里层铁与氧气接触而生锈。

我国炼钢技术发展也很早。汉朝赵晔著《吴越春秋 · 阖闾内传》中记载着：“阖闾请干将铸做名剑二枚。干将者吴人也，与欧冶子同师，俱能为剑，越前来献三枚，阖闾得而宝之。以故使剑匠作为二枚，一曰干将，二曰莫邪。……使童女童男三百人鼓囊装炭，金铁乃濡（rú，柔韧），遂以成剑。”阖闾（？—前 496）是春秋末吴国君，莫邪是干将的妻子。后来两枚宝剑就以他们两人的名字命名。“囊”是古代鼓风用的皮囊。可见距今两千多年前，我国劳

图1-5-5 印度德里一座清真寺大门后的铁柱

动人民已能炼钢，而且规模还不小。

1978年，湖南省博物馆长沙铁路车站建设工程文物发掘队从一座古墓出土一把钢剑，从古墓随葬陶器的器形、纹饰以及墓葬的形制断定是春秋晚期的墓葬。这把剑(图 1－5－6)所用的钢经分析是含碳量 0.5% 左右的中碳钢,金相组织比较均匀,说明可能还进行过热处理。[1]

图 1－5－6 我国春秋晚期墓葬中的钢剑

铁的拉丁名称是 ferrum,因此它的元素符号定为 Fe。

现代高炉炼铁是逐渐由“碗”式、竖式炉演变而来。劳动人民在实践中认识到,加高炉身可以使燃料与矿石充分接触,节省燃料,更重要的是铁水和炉渣从炉底排出,燃料和矿石从炉口投入,可以使炼铁连续生产,一座炼铁高炉一经点火开炉冶炼,就一直延续下去了。

现代炼钢,一直到 19 世纪中期,在欧洲还是采用一种搅拌法,是把生铁加热到熔化或半熔后在熔化池中进行搅拌。这样可以借助搅拌时空气中的氧气将生铁中的碳氧化掉,这正是一千多年前我国汉朝时代出现的炒钢法(图 1－5－7)。

1856 年英国人贝塞麦(H. Bessmer,1813—1898)创造了一种转炉炼钢法,成为现代炼钢的方法。

贝塞麦是一位浇铸工人,曾参加英法对俄罗斯开战的克里米亚(Cremean)战争(1853—1856),亲身体会到用生铁或熟铁制造的枪身经受不住火药的爆炸力,往往发生爆裂,这促使他开始寻找一种生产钢的方法。他几经试验,终于于 1856 年在伦敦圣潘克拉斯(St. Pancras)建成一座炼钢炉。

这是一座固定式的容器,不可以转动,可盛放 350 千克铸铁,鼓入气流压力为 10—15 磅/英寸^2。炉中反应强烈曾使贝塞麦大吃一惊,因为他没有估计到空气中的氧气与金属中的碳以及其他杂质反应放热如此猛烈。幸好十分钟后,所有杂质已被氧化完,火焰平息,得到的是低碳的可锻铁,也就是钢。

不久,他就制成一种可转动的可倾倒式转炉,每炉可容 5 吨生铁,熔炼时

① 人民日报,1978 年 8 月 5 日第二版。

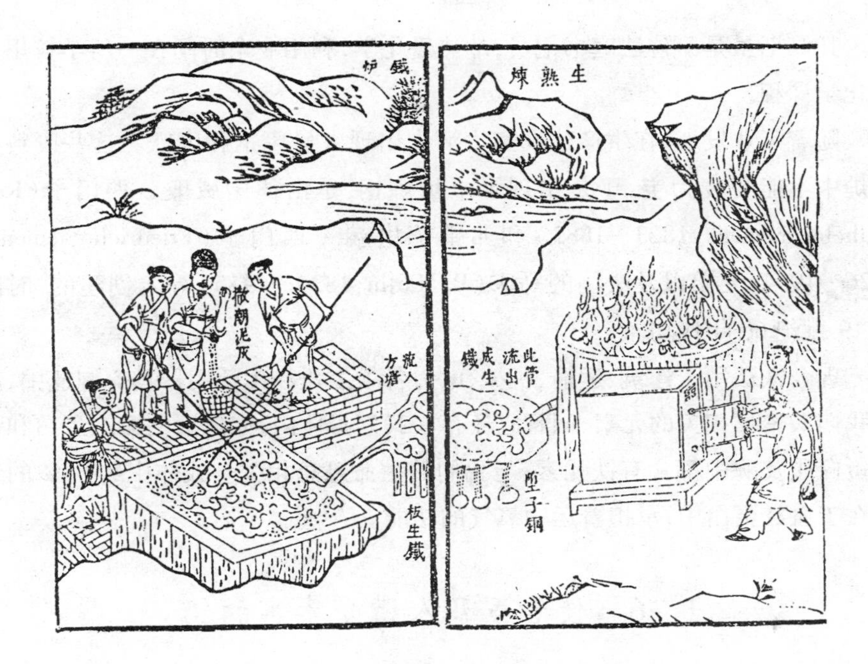

图1－5－7　**生熟炼铁炉**（摘自《天工开物》）

间为一小时，大大缩短了搅拌炼钢的时间，更减少了搅拌操作所费的力气，开创了现代炼钢的新纪元。

贝塞麦在1856年8月11日宣布他的发明后受到热情赞扬，得到一大笔专利费，还得到一个贵族称号。但是人们很快就发觉，用他发明的方法炼出来的钢锭由于氧化过度而生成氧化铁，同时生铁中的磷未能除去。

关于钢中存在过量氧化铁的问题，由英国的富有炼钢实践经验的马希特（R. F. Mushet）解决了，方法是在熔化了的金属中添加被称为镜铁的铁、锰和碳的合金。

除去铁矿石中磷的问题是炼钢中长期未能解决的问题。贝塞麦和其他所有炼钢炉的建造者一样，是用硅质材料做为炉衬。这种炉衬不会与磷被氧化的产物结合。到1787年，英国一位法庭书记员托马斯（S. G. Thomas，1850—1880）经过试验，证明用焙烧过的白云石和石灰黏结做衬里，不仅除去了磷，而且还产生宝贵的含磷肥料，被称为托马斯磷肥。

托马斯虽是一位法庭书记员，却热爱化学，利用业余时间在一所学校里进修化学课程。

随着工业发展，在生产建设和生活中出现大量废钢和废铁。这些废料在转炉中不能变废为宝，于是出现了平炉炼钢，是由德国威廉·西门子(Karl Wilhelm Siemens，1823—1883)和弗雷德里赫·西门子(Friedrich Siemens，1826—1904)兄弟以及法国的马丁(P. Martin，1824—1915)等人创建的，时间在19世纪60年代初。

现今铁被用于建筑、运输、机械、电力各项工业和生活用器具等制造中，成为我们最密切相关的元素，而且它还存在我们身体内，如血液的血红蛋白和多种蛋白质及酶中都含有铁元素，与我们的生命息息相关。人体中约65%的铁存在于血红蛋白中，承担着运输氧气的功能。

1-6 使古罗马人遭受毒害的铅

铅在地壳中的含量不大，自然界中存在很小量天然铅，但是由于含铅矿物聚集，铅的熔点很低(328℃)，使它在远古时代就被人们制得并利用了。铅可能是古代继金、银、铜、锡、铁后被人们发现的第六种金属。

方铅矿(PbS)一直到今天仍然是人们提取铅的主要来源。远古时代的人们偶然把方铅矿投入篝火中，它首先被焙烧成氧化物，而后被炭还原，形成金属铅。

在英国博物馆里藏有埃及阿拜多斯(Abydos)清真寺发现的公元前3000年前的铅制塑像。

在爱琴海中米提尼利岛(Mytilene)上发现了公元前2600年前的铅制手镯，分析结果显示那几乎是纯铅。

在伊拉克古乌尔(Ur)城和其他一些城市发掘古迹所获得的材料中，不仅有属于公元前4000年前的各种金属物件，而且有古代波斯人所用的楔形文字的黏土板文件记录。这些记录说明，在美索不达米亚(Mesopotamia)亚克得(Akked)的统治者萨艮(Sargon)时代(约公元前2350年)已经从矿石中提取出大量铁、铜、银和铅。在最杰出的巴比伦(Babylon)皇帝汉穆拉比(Hammurabi,公元前1792—前1750)统治时期,已经有了大规模铅的生产。

我国公元前14世纪—前13世纪的商代中期,有两件出土铜器的含铅量分别是24.45%和21.75%;公元前12世纪—前8世纪的西周,有一件铅戈的含铅量达到97.5%,说明冶铅技术已有一定水平。①

希腊人和腓尼基(Phoenicia)人在西班牙开采了许多铅矿,后来被罗马人占有。罗马人制得大量铅锭(图1-6-1),用来制造导水管、烹调食物和盛酒的容器,却致使人们广泛中毒,对古代罗马人的遗骸分析证明了这一史实。

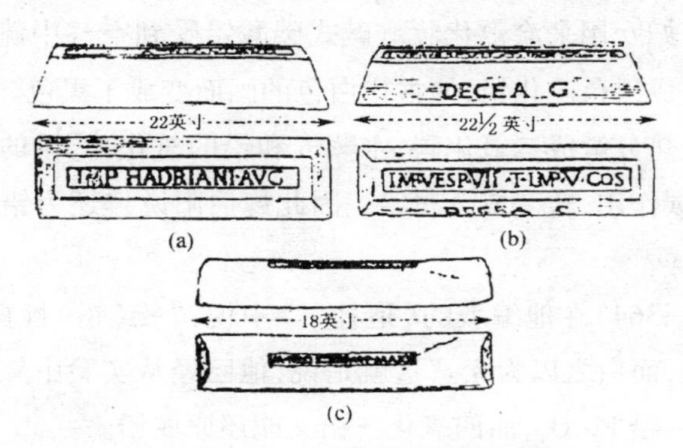

图1-6-1 罗马时期典型的铅锭

(a)希罗普郡,韦斯特伯里附近;

(b)斯塔福德郡,欣茨科默;

(c)西班牙,巴伦西亚,奥里维拉附近。

(摘自华觉明等编译,世界冶金发展史,科学技术文献出版社,1985年)

我国自殷商至汉代,历代青铜器中铅的含量有增大的趋势。青铜中铅的增加对于液态合金流动性的提高起了重要作用,使铸件纹饰毕露。

不过古代人对于铅和锡的区分并不是十分明确的。罗马人称铅为黑铅(plumbum nigrum),称锡为白铅(plumbum album),因此,后来plumbum一词

---

① 朱晟,我国古代关于铅的化学知识,化学通报,1978年第3期。

成为铅的拉丁名称，铅的元素符号定为 Pb。

这种情况在我国也是如此，如《说文解字》中说："铅，青金也。"而《淮南子》注："青金，锡也。"

中外古炼金家和炼丹家对铅和铅的一些化合物进行了实验。我国的炼丹家们把铅称为"鈆"，例如在魏伯阳所著的《周易参同契》中说："胡粉投火中，色坏还为铅。""胡粉"即碱式碳酸铅 $2PbCO_3 \cdot Pb(OH)_2$。在晋朝张华《博物志》中有："纣烧铅作粉，谓之胡粉，即铅粉也。"说明胡粉在我国起源很早，是利用铅与醋中的醋酸作用，生成醋酸铅，在空气中再受到二氧化碳、水、氧气和水蒸气的作用而成碱式碳酸铅，是一种白色无定形的重质粉末，古人在绘画中用作白色颜料，妇女用来涂敷化妆。碱式碳酸铅受到空气中硫化氢(H_2S)气体的作用，会生成黑色硫化铅，使古代白色的画面变成了黑色。将碱式碳酸铅投入火中后，受热分解成二氧化碳、水蒸气和铅的氧化物，铅的氧化物进一步与炭或一氧化碳作用，转变成金属铅。因此魏伯阳说，"还为铅"，因为胡粉本来是用铅制的。

葛洪(284—364)在他编著的《抱朴子》中说："鈆(铅)性白也，而赤之以为丹，丹性赤也，而白之以为鈆。"这就是说，他已经从实验中知道铅能转变成红色的四氧化三铅 Pb_3O_4，而四氧化三铅又能还原成铅。

我国古代所知铅的化合物除铅粉、铅丹外还有铅霜。铅霜是指醋酸铅 $Pb(CH_3COO)_2$。1062 年刊出的《图经本草》中有："铅霜亦出于铅，其法以铅杂水银十五分之一合炼，作末置醋瓮中密封，经久成霜，亦谓之铅白霜，性极冷。"

这是铅先生成氧化铅，然后与醋酸作用，生成醋酸铅。铅霜比起铅粉来，同为白色，但铅粉不溶于水，而铅霜可溶，有凉甜收敛感，即"性极冷"。铅粉用作白色颜料，铅霜则用作收敛剂，有毒，又称铅糖。

一直到 16 世纪以前，在用石墨制造铅笔以前，在欧洲，从古希腊、罗马时代起，人们就是手握夹在木棍里的铅条在纸上写字。这正是今天"铅笔"这一名词的来源。

到中世纪，在富产铅的英国。一些房屋，特别是教堂，屋顶是用铅板建造的,因为铅具有化学惰性,耐腐蚀。

最初制造硫酸使用的铅室法也是利用铅的这一特性。

今天大量的铅用于制造蓄电池。在蓄电池里,一块块黑色的负极都是金属铅,正极上红棕色粉末也是铅的化合物——一氧化铅。一个蓄电池需要几十斤铅。飞机、汽车、拖拉机、坦克都是用蓄电池作为照明电源。工厂、码头、车站都会使用“电瓶车”,这个“电瓶”就是蓄电池。

金属铅还有一个奇妙的本领,它能阻挡X射线和放射性射线。在医院里,医生作X射线透视诊断时,胸前常有一块铅板保护着,在原子能反应堆工作的人员也常穿着含有铅的大围裙。

铅具有较好的导电性,所以也被制成粗大的电缆,输送强大的电流。

1-7 形成江河大海的汞

汞在自然界中分布量很小,被认为是稀有金属,但是人们很早就发现了它。它的使用历史在金属中仅次于金、银、铜、锡、铁和铅。这与汞在自然界中存在稀少的单质和比较容易从含有它的矿石中制得有关。将天然硫化汞在空气中焙烧,就可以得到汞,再加上它有较大的比重、强烈的金属光泽、特殊的流动状态,能够溶解多种金属而形成合金的性能,就更吸引人们的注意了。

天然的硫化汞又称朱砂,或丹砂。由于它具有鲜红的色泽,因而很早就被人们用做红色颜料。我国《诗经·秦风·终南》中有“颜如渥丹”句。“渥”音wò,是沾润的意思。这句话的意思就是说这个人的容貌美好,如涂了丹砂一样。

根据殷墟出土的甲骨文上涂有丹砂,在甘肃省发掘出的石器时代的墓葬中发现有丹砂,可以证明我国在有史以前就已开始使用天然硫化汞。

我国汉朝史学家司马迁(约前145年或前135年—?)编著《史记·秦始皇本纪》中记述着:“葬始皇郦山。始皇初即位,穿治郦山……以水银为百川、江河、大海,机相灌输……。”“郦山”在今天陕西省临潼市城东;“机”在古代指弓弩上发射箭的机关,在今天有“机械”、“机器”的意思;“相”是“帮助”的意思。就是说,在埋葬秦始皇时,墓穴里用机械灌输进水银,形成江河、大海,以防护尸体不腐烂。我国学者们曾认为这一描述是文学上的夸张,成为一个千年之谜。20 世纪 80 年代我国考古工作者用仪器探测了秦始皇陵墓,测得在深处 12000 平方米的范围弥漫着水银气体,据此可推断《史记》中的记述是准确的,新华社为此发出电讯,并在全国多家报纸刊出。[①]

根据我国古代文献记载,在秦始皇(前 259—前 210)死以前,一些王侯在墓葬中也早已使用了水银,例如齐桓公(前 643 年死)葬在今山东临淄县;吴王阖闾(前 496 年死)葬在今苏州虎丘,也都倾水银为池。

这就是说,我国在公元前 6 世纪或更早时间已经可以制得大量汞。

按西方化学史书籍说,开掘公元前 15 世纪—16 世纪埃及的古墓,也发现其中有水银存在。[②]

我国考古工作者从地下挖出的实物证实我国在公元前 4 世纪—前 3 世纪间,已用水银镀金。1956 年在北京故宫博物院展出“五省出土重要文物”中,有山西省长治县分水岭战国墓出土的镀金车马饰件。次年河南省信阳长台关楚墓出土了镀金带钩。这些物件都是将汞金合金涂布在铜件上后,加热烘烤,汞挥发后金留在表面形成金膜。

不论是西方的炼金术士,还是我国古代的炼丹方士,都对水银产生过兴趣。这大概就是由于它能够溶解几乎所有的其他金属而成合金,而其他金属在被它溶解后又能“再生”出来。西方的炼金术士们曾经认为水银是一切金属的共同性——金属性的化身。他们所认为的金属性是一种构成一切金属的“元素”。

我国汉末炼丹术士魏伯阳著有《周易参同契》,书中讲到水银说:“河上姹(chà)女,灵而最神,得火则飞,不见埃尘,鬼隐龙匿,莫知所存,将欲制止,黄芽为根。”按今人解释:“河上姹女”就是指水银,易挥发,遇火即转变成气态,

---

① 1985 年 3 月 29 日新华社西安电讯(记者苏民生、刘海民)。

② 〔美〕M. E. 韦克思著,黄素封译,化学元素的发现,商务印书馆,1965 年。

弥散在空气中,如果要回收它,就利用硫黄(黄芽)与它化合:

$$Hg + S \longrightarrow HgS$$

我国古代还把水银用作外科医药,1973年长沙马王堆汉墓出土的帛书中有《五十二病方》,抄写年代在秦汉之际,是目前发掘的我国最古医方,可能出于战国时代。其中有四个医方应用了水银,例如用水银、雄黄混合治疗疥疮等。

我国古代劳动人民是怎样制得大量水银的呢?我国古老的医药书籍《神农本草经》中记有:"丹砂能化为汞。"将丹砂,也就是硫化汞,在空气中焙烧,是会得到汞:

$$HgS + O_2 = Hg + SO_2$$

但是生成的汞会挥发,不易收集,而且会使操作人员汞中毒。

我国劳动人民在实践中认识到这一点,于是改用密闭的方式,有的是在密闭的竹筒中,有的是在密闭的石榴罐中。

在密闭的竹筒中焙烧硫化汞出现在唐朝武则天(624—705)执政时期的著作《大洞炼真宝经九还金丹妙诀》中。是将竹筒埋在地下,将硫化汞放置在上部,下面垫黄泥。在地面上燃烧薪柴,使上部硫化汞受热,生成的汞透过黄泥层流向竹筒底部(图1-7-1)。

石榴罐是一个陶瓷的状似石榴的罐子(图1-7-2)。

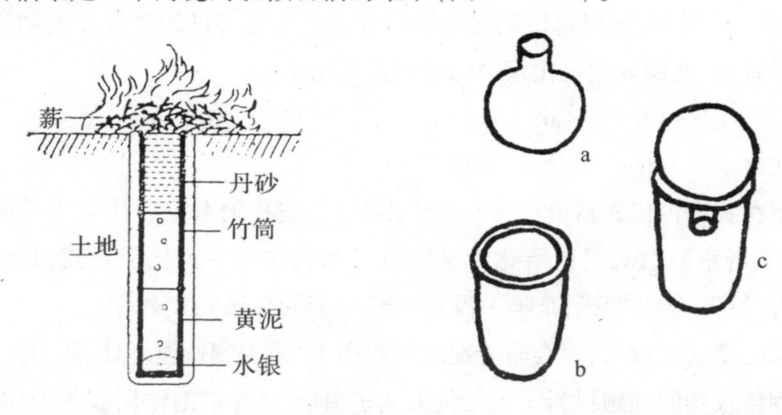

图1-7-1　我国古代炼汞示意图　　图1-7-2　石榴罐装置

使用时硫化汞装入罐中,并用大小适宜的碎瓷片堵在罐口,以确保将瓷罐倒转后硫化汞不致落出。倒转的瓷罐是安置在陶瓷坩埚 b 上,成为 c 的装置。再将陶瓷坩埚全部埋入地下,石榴罐球体露在地面上。在球体周围放置薪柴燃烧,加热罐内硫化汞,生成的汞滴入坩埚中。这种方法出现在 13 世纪初我国南宋时期的著述中。

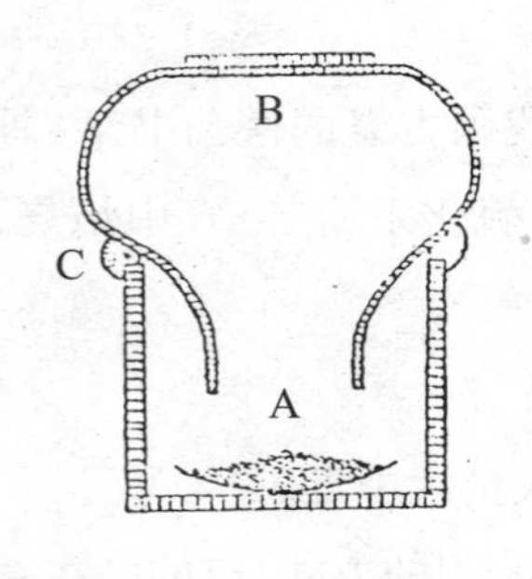

图 1-7-3　古希腊人炼汞

古希腊人采用了与我国类似的方法提取汞,希腊 1 世纪时医生第奥斯科里德(Dioscorides)在他的著述中有图 1-7-3 的装置。这是把一个铁罐子倒置在另一个铁罐子上面。只是硫化汞放置在下面罐子 C 的底部铁盘 A 中,加热罐子 C 的底部,产生的汞在上面罐子内部凝结,冷却后将它刮下来。这一反应过程中不仅是硫化汞与氧气反应生成汞,也与铁反应生成汞:

$$HgS + O_2 \longrightarrow Hg + SO_2$$

$$HgS + Fe \longrightarrow FeS + Hg$$

正是第奥斯科里德把汞称为 hydro argyros(水银),因而得到汞的拉丁名称 hydrargyrum 和它的元素符号 Hg。

公元前 3 世纪希腊矿物学家、植物学家提奥弗拉斯特(Theophrastus,前 372—前 287)的著述里也讲到提取汞的方法。这是将丹砂放置在铜制研钵中用铜棒研磨,使铜取代硫化汞中的汞而置换出汞:

$$HgS + Cu \longrightarrow CuS + Hg$$

他称汞为 Chytos argyros(液体银)。

汞在我国古代文献里称为“澒”(读汞)。按我国东汉时代文字学家许慎著《说文解字》:“澒,丹砂所化为水银也。”把它作为一种化学元素,我们曾把它称为“銾”,今用“汞”,是唯一没有“金”字旁的金属元素名称。

汞的膨胀系数大,不会附着在玻璃表面上,成为制造温度计、压力计、血压计等测量仪器的理想材料。正二价汞离子(Hg^{2+})有杀菌作用和收敛作用,氯化汞($HgCl_2$)自古代就被用作消毒药剂。

1-8 与锡和铅分不清的锑和铋

锑和铋在地壳中的含量不大,但是它们在自然界中都有单质状态存在。瑞典采矿研究人员斯瓦比(Anton Swab,1703—1768)1748年在瑞典,匈牙利采矿官员包恩男爵(Baron Ignaz Edler von Born,1742—1791)1777年在匈牙利先后发现天然锑。瑞典化学家克莱夫(Per Theodor Cleve,1840—1905)等人分析了瑞典法隆(Fahlum)地区和来自南美玻利维亚(Bolivia)的天然铋,含铋达91%—95%和99.91%。将天然辉锑矿(Sb_2S_3)煅烧成氧化物再用碳还原,或直接用金属铁还原,就可得到金属锑:$Sb_2S_3 + 3Fe \longrightarrow 2Sb + 3FeS$。将天然辉铋矿 Bi_2S_3 加热就可以取得金属铋,因为铋的熔点很低,可使它从残留的矿渣中流出。因此人们很早就制得了锑和铋。

可是古代人们在获得它们时,最初没有把它们认为是独立的金属。一直到17世纪德国植物学、医药学教授埃特缪勒(Michael Ettmüller,1644—1683)指出铅有三种:普通的铅、锡和铋。欧洲人称锑为"ne plumbum fiat"(没有变成的铅),把铋称为"Plumbum Cinereum"(白铅)等。我国是锑的主要产地之一,主要产于湖南省新化锡矿山,明朝末年曾一度开采,也因把它误认为是锡而称为锡矿山。

早在1世纪,希腊医生第奥斯科里德在他编著的《药典》(*De materia medica*)中讲到锑硫化物矿石辉锑矿,妇女们用来描眉画眼,称为 stibium,意思是"美丽的眼睛",成为锑的拉丁名称和元素符号 Sb 的来源。不过根据另一些文献记述,古埃及妇女描眉使用硫化铅比硫化锑多,早就使锑和铅混淆不清。

在今天波斯湾西北部、公元前4000年古巴比伦王国南部地区,迦勒底(Chaldeans)人居住的地方曾经挖掘出一个锑制花瓶。

西方化学史研究者们多数认为1604年出版的德国修道士巴西尔·范伦泰(Basil Valentine)的著作《锑的凯旋车》(*Gurrus Triomphalis Antmoii*)是讲述锑的最早专著。

正是这本著作中的 Antimoii 生发出了今天英文中的 antimony、德文中的

antimon、法文中的 antimoine,这些锑的同一词源的名称。有人解释:“anti”在西文中是“反”的意思,“monk”是“修道士”、“僧侣”。把 antimony 直译就成“反僧侣”。据说范伦泰发现用锑的化合物喂猪,增进了猪的食欲,于是他同样把锑的化合物供给他的同伴们吃,结果一些人死亡了。这样,锑的化合物就成了“反僧侣”。另有人解释是:“mono”是“单一”的意思,“antimony”就是“反单一”、“反孤独”,这是因为锑易与其他金属形成合金。欧洲炼金术士们用一只狼口吞“♁”表示锑。“♁”是西方炼金术士们表示铜的符号。这表示狼在吞食其他金属(图 1-8-1)。

图 1-8-1 十七世纪炼金术士用以代表锑的符号

现在已经查明,范伦泰是虚构的姓氏。《锑的凯旋车》的真正作者是一位炼金术士邵尔德(Johann Tholde)。

将 10% 至 20% 的锑加入铅中可使铅变硬,适用于制作榴霰弹、子弹和轴承。锑与铜、锡的合金称为巴比特(1839 年 Issac Babbitt 研制)合金,耐磨,用于制作机床的轴承。锑和铋一样,在熔融后凝固时会膨胀,因此被用作铸字合金,使铅字印刷品清楚而准确。

德国采矿学家、冶金学家阿格里科拉在 1546 年出版的著作《论化石的性质》(*De natura fossilium*)一书中讲述到,用碳还原硫化锑获得金属锑。

阿格里科拉还在 1556 年出版的著作《论金属》(*De re Metallica*)中讲到铋,认为它是一种不同于铅和锡的金属。当时德国矿工们称它为 wismat,意思是 weisse masse,即“白色物质”或“白色金属”。这一词改为拉丁文后“w”改为“b”,成为 bismuthum,成为铋的拉丁名称和元素符号 Bi 的来源。

到 18 世纪 30 年代,一位法国化学家埃洛(Jean Hellot,1685—1766)旅行到英国出产天然铋的康瓦尔郡(Cornwall)。注意到当地金属熔矿工人将天然铋加到锡中一起熔化后,锡就变硬,并变得发亮。随后他从辉铋矿中获得一小粒金属铋。1753 年法国化学家若弗鲁瓦(Claude Joseph Geoffroy, 1685—1752)①研究了这种金属,确定它不同于铅和锡。

铋、锡和铅的一些合金具有很低的熔点,例如罗斯合金(Rose's metal),含 Bi 50%、Pb 25%、Sn 25%,熔点 94℃;伍德合金(Wood's metal),含 Bi 50%、Pb 25%、Sn 12.5%、Cd 12.5%,熔点 65.5℃,用作保险丝、锅炉安全塞、防火自动喷洒装置。

1-9 我国古代最早获得砷和锌

砷在地壳中的含量不大,但是它在自然界中到处都有,无论是在人和动物以及植物的有机体中,还是在煤、海水中,都含有它。砷在地壳中有时以单质状态存在,不过主要是以硫化物矿的形式存在,如雄黄 As_4S_4、雌黄 As_2S_3、㕍(què)石 FeAsS(又名毒砂、砷硫铁矿)。无论何种金属硫化物矿石中都含有一定量砷的硫化物。

因此人们很早就认识了砷和它的化合物。

砷的硫化物矿自古以来被用作颜料和杀虫剂、灭鼠药。在公元前 4 世纪的希腊哲学家亚里士多德(Aristoteles)的著作中引用了 arsenikon 这一词,就是指今天我们所称的雄黄。arsen 在希腊文中是"强烈"的意思,说明当时希腊已知砷化合物具有强烈毒性。今天砷的拉丁名称 arsenium 和元素符号正是由这一词演化而来。西方炼金术士们也用蛇作为砷的符号(图 1-9-1)。

古代罗马人称砷的硫化物矿叫 auripigmentum。"auri"表示"金黄色";"pigmentum"是指颜料。二者合起来就是"金黄色的颜料"。

同样,雄黄和雌黄在我国古代也都被用作颜料。在陕西宝鸡西周墓出土的黄色绣线就是用雌黄涂成的。6 世纪中叶我国北魏末年农学家贾思勰(xié)编著的农学专著《齐民要术》中讲到:将雄黄、雌黄研成粉末,与胶水

① 法国有两位姓若弗鲁瓦的化学家,另一位是 Étienne François Geoffroy, 1672—1731,是 C. J. Geoffroy 的兄长。

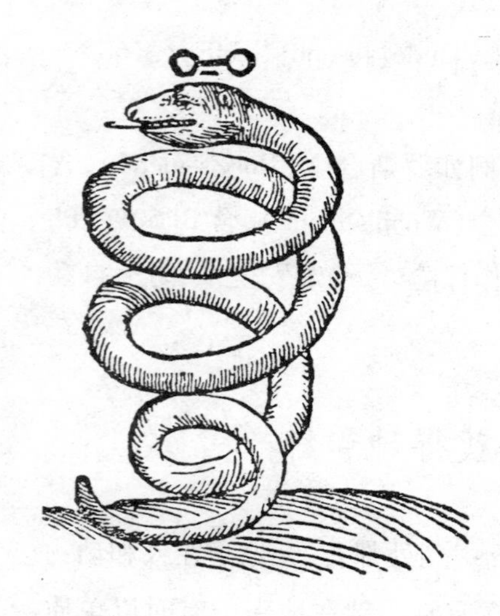

图1-9-1 十七世纪炼金术士所用代表砷的符号

泥和,浸纸可防虫蠹(dù)(蛀虫)。这样制成的纸既被认为具有“高贵”的黄色,也可以防止虫蛀。我国古代人在这种黄色的纸上写字,写错了就用雌黄涂抹掩盖后重写。“信口雌黄”这个成语就由此而来,比喻不顾事实,随口乱说。

同样,我国民间习俗在端午节时,将雄黄与酒混合称雄黄酒,喷洒在屋角墙根,用来杀菌驱虫。我国明朝自然科学家宋应星编著的论述农业和手工业的著作《天工开物》一书“砒石”一节中讲道:“……以晋地菽麦必用拌种,且驱田间黄鼠害,宁绍群稻田必用蘸(zhàn)秧根,则丰收也。”文中“晋”指山西;“菽”(shū)是豆类;“宁绍”是指浙江省的宁波、绍兴。

砒石又称信石、砒霜,化学成分是三氧化二砷 As_2O_3,有天然产的,是白色结晶固体,在我国因产于江西省信州(今江西省贵溪市与上饶市之间的地区)而得名。这个“砒”字源出“貔(pí)”,是指我国古代传说中的一种吃人的凶猛野兽貔貅(xiū),以表明砒霜的毒性。

1世纪希腊医生第奥斯科里德将砒霜用于医药中。我国唐朝初期医生孙思邈编写自《千金要方》中也记载用小剂量砒霜治疟疾。用雄黄、雌黄作为医药最早出现于公元前1世纪至公元1世纪间成书的《神农本草经》中。

到4世纪我国晋朝炼丹家、古医药学家葛洪认为服用雄黄对身体健康有益,在他编著的《抱朴子内篇》第十一卷《仙药》中讲到服用雄黄的各种配方:

> 又雄黄……饵服之法:或以蒸煮之;或以酒饵;或先以硝石化为水,乃凝之;或以玄胴肠裹蒸之于赤土下;或以松脂和之;或以三物炼之,引之如布,白如冰……。

葛洪列举了服用雄黄的六种方式:一是蒸煮,即用沸水或水蒸气使之分解,生成氧化砷;二是制成雄黄酒;三是用硝石的水溶液溶解它,生成砷酸钾

K_3AsO_4;四是用玄胴肠和赤土(含铁陶土)存在的条件下用水蒸气分解它;五是制成雄黄和松脂的混合剂;六是用上文所说的三物与之共炼,以提取其精华。①

20世纪80年代,中国科学院自然科学史研究所王奎克、北京大学化学系赵匡华、清华大学化学系郑同(女)、袁书玉(女)等几位研究人员、教授意识到,按葛洪的这些讲述将得到单质砷。他们进行了模拟实验,结果获得了三氧化二砷和单质砷,说明了葛洪在4世纪制得了单质砷。

他们的解释是:雄黄在蒸煮时会生成三氧化二砷,玄胴肠是指猪肠,含有大量猪脂,猪脂和松脂在高温下都会碳化,生成炭,使三氧化二砷还原为砷。"引之如布"是指三氧化二砷结晶前的状态;"白如冰"是指生成的金属砷单质,是一种银白色结晶体,放置空气中会变成银灰色。②

西方化学史学家们一致认为最早从砷化合物中分离出单质砷的是13世纪德国经院哲学家、自然学家阿尔图斯·马格努斯(Albertus Magnus,1200—1280)。事实上,这不是他的真实姓名,"Magnus"是尊敬的称呼,相当于"伟大的";"Albert"是西方男人常用名,合起来就是"大男人"。他的真实姓名是冯·博尔斯塔德伯爵(Count von Bollstädt),是一位教会中的神职人员,讲授神学,通晓自然科学,是西方具有代表性的炼金家,著有《炼金术》(*De alchymia*)。他是用双倍重量的肥皂与雌黄共同加热获得单质砷的。肥皂是用猪油或牛油与氢氧化钠或碳酸钠(苏打)共同熬煮制成的,化学成分是硬脂酸钠。硬脂酸钠是不可能与砷的硫化物共同加热而得到单质砷的,只是肥皂中未充分皂化的猪油或牛油受热碳化后,形成的炭使砷的硫化物转变成砷的氧化物中的砷还原出来,与我国葛洪制得砷的方法是一样的,但是比葛洪晚大约九百年了。

接着到17世纪,德国医生施罗德(Johann Christian Schröder,1600—1664)在他的《医药化学处方集》(*Pharmacopoeia Medico Chymica*)(1649)中论说到

① 王奎克、朱晟、郑同、袁书玉,砷的历史在中国,自然科学史研究,第1卷第2期,1982年。

② 郑同、袁书玉,单质砷炼制史的实验研究,自然科学史研究,第1卷第2期,1982年。赵匡华、骆萌,关于我国古代取得单质砷的进一步确证和实验研究,自然科学史研究,第3卷第2期,1984年。

砷的化合物,指出将白砷(三氧化二砷)与木炭共热得到单质砷。

又一个世纪后,1733 年瑞典化学教授布朗特(Georg Brandt,1694—1768)将砷与锑、铋、钴等列为半金属。稍后德国矿物学家亨克尔(Johann Friedich Henckel,1678—1744)在他死后 1755 年出版的著述中,讲到金属砷,是在密闭的容器中升华砷获得。现在已知这种金属砷具有金属外观,即平常存在的稳定的一种砷的同素异形体,又名灰砷,是单原子的 As。将砷的蒸气骤冷得到的是黄砷,最不稳定,分子式是 As_4。还有一种是黑砷,是由黄砷到灰砷过渡过程中的中间产物。

到 18 世纪末,著名的法国化学家拉瓦锡在 1789 年发表的世界上第一张化学元素表(表 2-1)中把砷与金、银、铜、铁、锡等同列为金属元素。

现今在铅弹中添加一定量砷,提高了铅弹的硬度;在铜锌合金制成的黄铜中加入微量砷可以防止脱锌;在作为轴承用的巴比特合金中加入砷可提高高温时的强度。目前砷已成为固态电子学领域非常重要的材料,少量砷加入锗和硅等半导体材料中制成晶体管。砷同镓还可以合成砷化镓 GaAs,它可以直接将电转化成光,用于生产发光二极管。

关于黄铜合金中的锌,也是我国古代最早发现的。我国地质学家章鸿钊(1877—1951)认为我国早在西汉就知道制造黄铜了。他根据《汉书·景帝纪》里记载着"铸钱伪黄金弃市律"和刘安(约前 179—前 122)著的《淮南子》里有"铒丹阳之伪金"的话,认为"伪黄金"和"伪金"就是指的黄铜。[1] 化学家、化学史学家袁翰青(1905—1994)根据记述南朝宋、齐、梁、陈四代历史的《南史》中出现"黄铜",认为我国在南北朝时期,即公元 5 世纪—6 世纪间已制作黄铜。[2] 另一位化学家、化学史学家张子高根据《唐书·食货志》中记载:"玄宗时(712—755)天下炉九十九,每炉岁铸三千三百缗(mín,古代穿铜钱用的绳子),黄铜二万一千二百斤。"认为这里不仅出现了"黄铜"的名,而且产量

① 章鸿钊,中国用锌的起源,科学,第 8 卷第 3 期,1923 年 3 月,又见于:中国古代金属化学及金丹术,中国科学图书仪器公司,1955 年。

② 袁翰青,我国古代的炼铜技术,中国化学史论文集,三联书店,1956 年。

大,是从冶炼炉中生产出来的。① 分析化学家王琎(1888—1966)根据分析我国古铜钱的结果,认为我国古代用锌的进程可分为四个时期:第一期,锌夹在铅中,用而不知其为锌,此时期起于汉末,终于隋、唐;第二期,以炉甘石(含碳酸锌的菱锌矿)制鍮(tōu)石(指黄铜,也指带黄色兼具金属光泽的矿石,如黄铁矿 FeS_2、黄铜矿 $CuFeS_2$ 等。),以为装饰品,锌之分量增加,然仍不知其为锌,此为唐时期;第三期,将炉甘石或鍮石加入钱内,钱内锌量骤增,然仍不能制锌,自宋至明初皆为此时期;第四期,用炉甘石制成纯锌或黄铜,再用纯锌制钱,此时期起自明中叶至清末。②

一些历史文献和事件也说明了王琎的分析。北京大学化学系教授赵匡华在他编著的《107 种元素的发现》一书中讲到:在我国古代把黄铜称为鍮石,早在三国时代魏国人钟会(225—264)在其《刍荛论》中已有"莠生似禾,鍮石象金"的话。到南北朝时期,南朝梁(502—557)人宗懔著有《荆楚岁时记》中讲到七月七日是"乞巧"日,是夕妇女或以金、银、鍮石为针,那时鍮石被认为是较贵重的。这些资料说明我国在公元 3 世纪已有铜和锌的合金黄铜出现,只是"用而不知其为锌"。

把锌认为是一种金属,是一种铅,称为倭铅,最早出现在我国五代十国年代,最早出现在炼丹术士飞霞子(又称青霞子)的《宝藏论》(公元 918 年)中,说:"铅有数种,波斯铅,坚白为天下第一。草节铅,出犍为,银之精也。衔银铅,银坑中之铅也,内含五色,并妙。上饶干平铅,次于波斯、草节。负板铅,铁苗也,不可用。倭铅,可勾金。"这里的"波斯"是今伊朗的旧名,"犍为"在四川省境内,"上饶"在江西省境内,"倭铅,可勾金"是说锌和铜可以炼成黄铜,并能充当黄金。

最重要的文献是前面提到的 1637 年刊出的《天工开物》一书中的"倭铅"一节中讲述的冶炼锌的方法,原文是:

"凡'倭铅'古书本无之,乃近世所立名色。其质用炉甘石熬炼而

① 张子高,中国化学史稿(古代之部),科学出版社,1956 年。

② 王琎,五铢钱化学成分及古代应用铅锡锌镴考,科学,第 8 卷第 8 期,1923 年 8 月。

成，繁产山西太行山一带，而荆衡次之。每炉甘石十斤，装载入一泥罐内，封裹泥固，以渐砑干，勿使见火拆裂。然后逐层用煤炭饼垫盛，其底铺薪，发火锻红，罐中炉甘石熔化成团。冷却毁罐取出，每十耗其二，即倭铅也。此物无铜收伏，入火即成烟飞去。以其似铅而性猛，故名之曰'倭'云。"

图 1－9－2　升炼倭铅

文中附有插图（图 1－9－2）。文中的"砑"（yà）即碾，是指把表面碾光滑；"此物无铜收伏，入火即成烟飞去。"是指锌沸点低（907℃），在火中形成蒸汽，要用铜"收伏"它。

以上文字具体说明了我国在 1637 年前冶炼菱锌矿得到金属锌，实际冶炼肯定比《天工开物》成书年代早。

历史事件有：1745 年瑞典轮船歌德堡号（Gotheborg）在距瑞典的母港哥德堡（Gothenburg）不远处触礁失事，损失了之前在中国广州装上的瓷器、丝绸、茶叶和锌锭等全部货物。大约在 1870 年，潜水员捞起了大部分瓷器和一些锌锭，根据 1912 年的分析，这些锌锭是纯度达 98.99% 的锌。（摘自李约瑟，中国科学技术史，第五卷，第二分册，科学出版社，2010 年）

还有：从地下挖出的明代（1368—1644）锌铜钱分析，含锌量都高达 97%—99%。

国内外另一些学者认为古印度劳动人民首先获得锌。梅建军指出印度生产出锌的时期可能更早。[①] 印度化学教授尼阿纪（P. Neogi）根据 12 世纪及 13 世纪梵文书籍中的记载认为印度最早发明炼锌术，7 世纪已有炼锌的记载，

① 梅建军，印度和中国古代炼金术的比较，自然科学研究，1993 年第 2 期。

图 1-9-3 明代的锌钱

1. 永乐钱,含锌 99%;2. 宣德钱,含锌 98%;3. 隆庆钱,含锌 98.7%;4. 泰昌钱,含锌 97.6%。

不过当时尚不认为是一种金属,①比我国晚 1—3 个世纪。我们能找到明确说明印度冶炼锌的记述是印度加尔各答大学化学讲师雷埃(P. C. Ray)的著作《古代和中古印度化学史》②。书中指出印度 12 世纪的一本著作《*Rasarnava Tantra*》中讲到:"将菱锌矿和羊毛、虫胶……和硼砂混合,放置在密闭的坩埚中加热,有锡样的凝聚物产生。"这个凝聚物明显是指锌。他还指出,在 1374 年,印度有一位马丹阿帕拉(Madanapala)皇帝编了一本药典,锌被明确认为是一种金属记载下来,称为 fasada,明确比我国称"倭铅"晚 300 多年。

在欧洲最早讲到金属锌的是德国贵族政治家、冶金学家龙涅斯(George Engelhard von Löhneyss,生卒年代不详),在 1617 年发表的著述中讲述到,在熔铅的炉壁上出现白色的金属,工人们称它为 Zinck③,这种白色金属像是锡,但比较硬,缺乏延展性。锌的拉丁名称 Zincum 和英文名称 Zink 以及元素符

① 章鸿钊,中国用锌的起源,科学第 8 卷第 3 期,1923 年 3 月,又见于:中国古代金属化学及金丹术,中国科学图书仪器公司,1955 年。

② P. C. Ray, *A History of Chemistry in Ancient and Medieval India*. 此处译自 J. Newton Friend, *Man and the Chemical Elements*, London, 1951。

③ J. R. Partington, *A History of Chemistry*, vol. 2, p. 108,1961.

号 Zn 都由此而来。欧洲在 18 世纪开始提炼锌。

1746 年德国化学家马格拉夫(Andreas Sigismund Marggraf,1709—1782)将菱锌矿与木炭共置陶制密闭容器中焙烧,得到金属锌。拉瓦锡在 1789 年发表的元素表中(表 2-1)中首先将锌列为元素。

现今锌与铜的合金黄铜仍在被广泛应用,锌加入铜中可以提高机械强度和耐腐蚀性。含 60% 铜和 40% 锌的黄铜价廉而坚硬,含 70% 铜和 30% 锌的黄铜柔软美观,富有光泽。音乐器材中的锣、钹、铃、号以及风琴、口琴中的簧片都是用黄铜制作的,因为敲打或拉吹起来音响很好。

普通手电筒等使用的干电池的外壳是锌皮,作为负极,中央一根炭棒作为正极,内填氯化铵、二氧化锰等作为电解质。

锌在空气中表面生成一层致密的氧化物,保护了内层不再氧化。用来镀在铁皮表面,制成白铁皮。

锌的氧化物氧化锌是一种白色粉末,除用作涂料外,还具有杀菌作用,制成软膏作为外用药剂,也用作防晒剂。

氧化锌与硒一样具有光电导性能,也可应用在复印技术中。

1934 年发现动物缺锌症,1961 年在伊朗和伊拉克发现因锌缺乏而停止生长的小人症。而富含锌的食物有海藻类、肉类(肝脏等)、谷类、豆类。

1-10 中国古老白铜中的镍

含镍白铜的出现和使用是我国古代劳动人民在金属冶炼技术上又一出色贡献。它究竟开始于哪一朝代,现在还没有得到一致结论,但是它具有一段比我们所知道的最久远的历史还要久远的历史,那大概是没有错的。①

据历史学家们的考证,秦汉时期,新疆西边的一个国家,大夏,很可能就用我国输去的白铜铸造钱币。这种白铜钱币至今还有保存下来的,它的成分是铜 77%,镍 20%,这和我国白铜的成分相近似。波斯话称白铜做“中国石”,

① 张子高,中国化学史稿。古代之部,科学出版社,1964 年。

可见我国早就有了白铜,并且输出到了西方的国家去。[①]

我国化学家、化学史学家张资珙(1904—1968)在1957年《科学》杂志复刊第一期中发表《略论中国镍质白铜和它在历史上与欧亚各国的关系》一文,其根据《古币志》,大夏帝国(中亚细亚古国)曾自中国输入含镍白铜,以铸货币,认为我国镍白铜出现于汉代。

1. 

2. 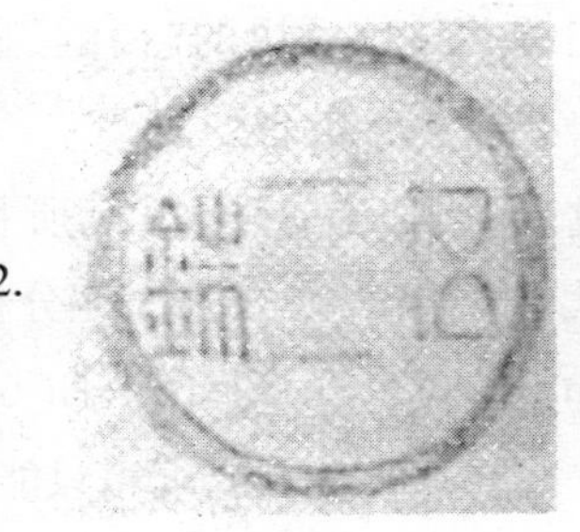 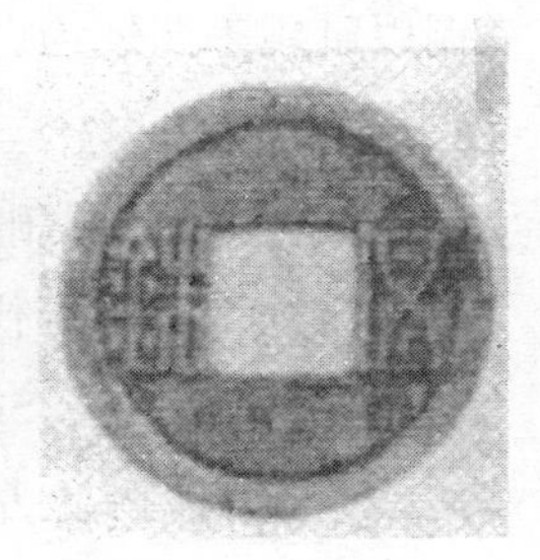

图1-10-1 早期的白铜钱(采自宋大仁博士私人通信)。

1. 大夏国,真兴年间(419—425),拓本;

2. 隋朝,五铢钱(约610年),拓本和照片。

我国化学史研究者王希琴在1955年《化学通报》第9期中发表《我国古代关于锌、镍的化学》一文,其根据《汉书·食货志》中有:"汉武帝通西南夷,府库空虚,改钱币制,造银锡白金"句,认为那时所称银锡白金或已有白铜在内。

三国时代,魏人张揖(公元200多年)著有《广雅》一书,其中有"白铜谓之鋈"句,是最早出现的白铜名称。不过这是不是指含镍的白铜,不能断定,因为铜砷合金中含砷较少时呈金黄色,达到或超过10%左右时则呈银白色。后来东晋人常璩(公元300多年)著有《华阳国志》,在记述滇、蜀地理的部分中讲到:"螳螂县因山而得名,出银、铅、白铜、杂药。"查螳螂县在《汉书·地理志》中写作:"堂琅,属犍为郡。"是现在的云南省东川县,正是出产铜的地方。结合后来文献中的话,如明朝万历年间成书的《事物绀珠》中说:"白铜出滇南,如银。"又如清朝嘉庆年间成书的《滇海虞衡志》中说:"白铜面盆。唯滇制

① 袁翰青,我国古代的炼铜技术,中国化学史论文集。生活·读书·新知三联书店出版,1956年。

最天下。……”可以认为这里的“白铜”是指含镍的铜。还有宋朝人何薳(11世纪)著《春渚纪闻》中有“化铜为烱银”句。这里的“烱银”意思是“灿烂的银子”,正是白铜。元朝人所辑而托名苏轼著《格物粗谈》中说:“赤铜入炉甘石炼为黄铜,其色如金;砒石炼为白铜,杂锡炼为响铜。”明朝李时珍在《本草纲目》中说:“白铜出云南,赤铜以砒石炼为白铜。”宋应星在《天工开物》中说:“铜以砒霜等药炼为白铜。”这些话里的“白铜”显然与现代含镍白铜的概念已经一致了。

问题在砒石或砒霜,是不是就是现代所指的砷的氧化物三氧化二砷(As_2O_3)呢?我国近代分析化学家王琎曾经分析过一个古白铜文具,所得结果如下:Cu 62.5%、Sn 0.28%、Zn 22.1%、Ni 6.14%;Fe 0.64%、Pb 痕迹。[①]其中并不含砷,因此古人所说的砒石或砒霜只能被认为是指镍砒(砷)矿 NiAs 或辉砒(砷)镍矿 NiAsS 等。这就可以说,我国古代劳动人民是将这些含镍的矿石加入铜中,炼成了白铜。

镍砒(砷)矿在17世纪末开始被欧洲人注意,当时德国人用来制造青色玻璃,采矿工人们称它为 Kupfernickel。“Kupfer”在德文中是“铜”;“nickel”是骂人的词,大意是“骗人的小鬼”。因此这一词可以义译成“假铜”或“骗人的铜”,也就是说,把镍砒矿看成是一种含假铜和砷的矿物。

瑞典化学家克龙斯泰德(Axel Fredrik Cronstedt,1722—1765)研究了这种矿物,发现它的酸性溶液与铜的酸性溶液完全不同,将铁片浸放在它的溶液里,根本没有铜被置换出来。他用火煅烧这种绿色结晶体的矿石,得到新金属的氧化物,再用木炭还原,得到少量金属。实验证明与铜不同,这种金属具有磁性。他在1751年发表研究报告,认为是一种新金属,就称它为 nickel。这也就是镍的拉丁名称 niccolum 和元素符号 Ni 的来源。我们从这一词的第一音节音译成镍。

克龙斯泰德的研究报告发表后,立即得到瑞典化学家们的承认,但是法国的一些化学家持有异议,认为它是钴、砷、铁和铜的混合物。

① 王琎,中国铜合金内之镍,科学,13卷,1929年。

1775 年,与克龙斯泰德同一时代的瑞典分析化学家贝格曼(Torbern Olof Bergman,1735—1784)经过反复焙烧矿石,利用多种试剂多次提纯,制得了纯镍,证明它与钴、砷、铁、铜混合制成的合金完全不同。他强调锰、镍、钴、铂都是特殊的金属,与其他所知的金属不同。于是克龙斯泰德发现的镍得到公认。

镍在欧洲被发现后,德国人首先将它掺入铜中制成所谓日耳曼银,或称德国银,也就是我国古老的白铜。

在 1943 年 4 月出版的美国《化学教育杂志》中刊出一篇摘自国际制镍公司发表的有关文章,标题是"神秘的白铜(Paktong)",用译音翻译了我国的"白铜"两字,全文共三段:

"距今三百年前,一天,一艘巨大的饱经风浪袭击的去东印度做生意的商船摇摆而缓慢地驶进泰晤士河(流经英国伦敦的一条河流),船头驶向码头。又回到家了!一年前,它出航离开伦敦,去寻找远东(西方国家向东方扩张时对亚洲东部地区的称呼,一般指中国、朝鲜、日本、菲律宾和俄罗斯太平洋沿岸地区)。现在它驶回来了,运载着茶叶、丝绸和香料等货物。另外还有一种新的——在欧洲从来没有人见过的精致金属物件。

它是用一种金属制造的。这种金属发光,具有纯银的柔软光泽,但是它确实不是银,是一种坚硬的金属。中国人称它为 Paktong(白铜)。他们谨慎地保守着如何制造它的秘密。

当这种奇异的金属传播以后,欧洲的金属工人一代一代试图仿制白铜,但他们连每次失败的原因也没有找到。一直到 18 世纪中叶,一位瑞典的科学家鉴定了一种新金属,并被另一位科学家证实,就是制造白铜的神秘合金中的金属。它就是矿工们在萨克森(Sexony)(德国的一个州)发现并且咒骂它是假铜的同一种金属。"①

这些话正好可以作为镍的发现史的结论。

今天的镍白铜含镍 25%,含铜 75%,还有一种合金含镍 10%—20%、铜 40%—70%、锌 20%—30%,称为洋银,因其光亮银白色而用于美术工艺品、

---

① *The Mystery of Paktong*, Journal of Chemical Education, April, 1943, vol. 20, No. 4, p. 188.

餐具和乐器等。

镍镉电池因反复充电性能好而快速普及,这种电池是以金属镉为负极,氧化镍 NiO 为正极,氢氧化钾或氢氧化钠的水溶液为电解液。

还有一种新型的氢镍电池,正极是氧化镍,负极是氢电极,电解液是氢氧化钾水溶液,寿命超过 10 年,将应用在航天工程中。

1-11 古埃及人和中国人最早制得氧

英国皇家学会会员、科学博士梅勒(J. W. Mellor)在 1922 年编著出版的 15 大卷《无机和理论化学论说大全》(*A Comprehensive Treatise on Inorganic and Theoretical Chemistry*)的第一卷中论说到氧气的发现说:早在 8 世纪中国人已经知道关于氧气的一些知识。他引用了德国人克拉普罗特的一篇题为“关于 8 世纪中国人的化学知识”中的话写着:“There are many substances which rob the atmosphere of part of its yin, the chief of these are the metals, sulphur and carbon ... The yin of the air is always pure, but by the aid of fire, yin can be extracted from nitre, or from a black mineral(black oxide of manganese)found in the marshes. It also enters into the composition of water, where the union is so close that decomposition is extremely difficult ... Gold never amalgamates with the yin of the air.”把这段话译成中文是:“许多物质夺取空气中阴(yīn)的部分,这些物质是金属、硫黄和碳。空气中的阴总是纯净的,但借助于火,阴可以从硝石或一种从沼泽地带得到的黑色矿物(锰的黑色氧化物)中提取出来。它还进入水的组成中,结合得紧密,极难分解……金从来不会与空气中的阴结合。”

这里的“阴”明显是指空气中的氧气。这就是说中国人早在 8 世纪时已经发现了氧气。

1934 年出版的由美国康萨斯大学化学副教授韦克斯编著的《化学元素的发现》(*The Discovery of the Element*)一书中,也提到克拉普罗特的论文。我国化学家黄素封翻译了这本书,也找到了克拉普罗特的论文,一并翻译附在书后,在 1936 年由商务印书馆出版。

克拉普罗特全名是亨利·朱利斯·克拉普罗特(Heinrich Julius Klaproth,1783—1885),是德国化学家马丁·亨利·克拉普罗特(Martin Heinrich Klapoth,1743—1817)的儿子,是一位东方语言学家,懂得中文,曾任俄罗斯彼得堡科学院亚洲语言研究教授。

他的这篇论文是用法文写的(因为当时沙皇俄国的统治阶级曾经一度喜爱用法文),在1807年宣读,1810年刊登在彼得堡科学院院刊上。

按黄素封先生的翻译文和所附原文(图1-11-1—图1-11-4)看,原文中附有汉字。译文中关于氧气的一些知识正如《无机和理论化学论说大全》中的一段英文译文,还有关于8世纪中国人的化学知识资料的来源,摘录如下:“最近逝世的波尔南先生(Mr. Bournon),在他从中国带回的一些手抄本里,有一本小书,是专门叙述化学和冶金的经验。其中有好几段确有很精彩的见地,在1802年的时候,我就把这几段抄下来了。

这本小书一共有68页,书名叫《平龙认》——意思是静龙的自白。在序言的末尾说明这本书是Maò hhóa著的,时间是丙申,也就是至德元年3月9日。这里至德两个字并不是皇帝的名字,而是一种尊号或是年号,还是唐朝肃宗在位二年的时候,他自己封的。这位皇帝当权的时期是从西历756年起,至762年止,至德元年正是西历756年。”

所以这本中国人Maò hhóa写的《平龙认》被认为是公元8世纪的著作。

到新中国成立初期,国内翻译了大量苏联物理、化学方面的大学教科书。1953年翻译出版了涅克拉索夫(Б. В. Некрасов)编著的俄文《普通化学教程》(*Основы Общей Химии*),书中又提到中国学者Mɑò hhóa的著作,引起了国内化学史研究者们的重视。我国科学院院士、化学家、化学史学家袁翰青在1954年4月号的《化学通报》上发表题为《马和发现氧气的问题》的论文。

“马和”是Maò hhóa的译音,是黄素封翻译的,也有人把他译成“毛华”、“孟诘”等。袁翰青先生在论文中说他遍查了中国许多古籍中也没有找到与这个译音相近的人名,也没有找到《平龙认》这本小册子,最后作出这样结论的推测:

“唐玄宗的时候,有一位炼丹术士或是从别处知道的,或是他自己观察到

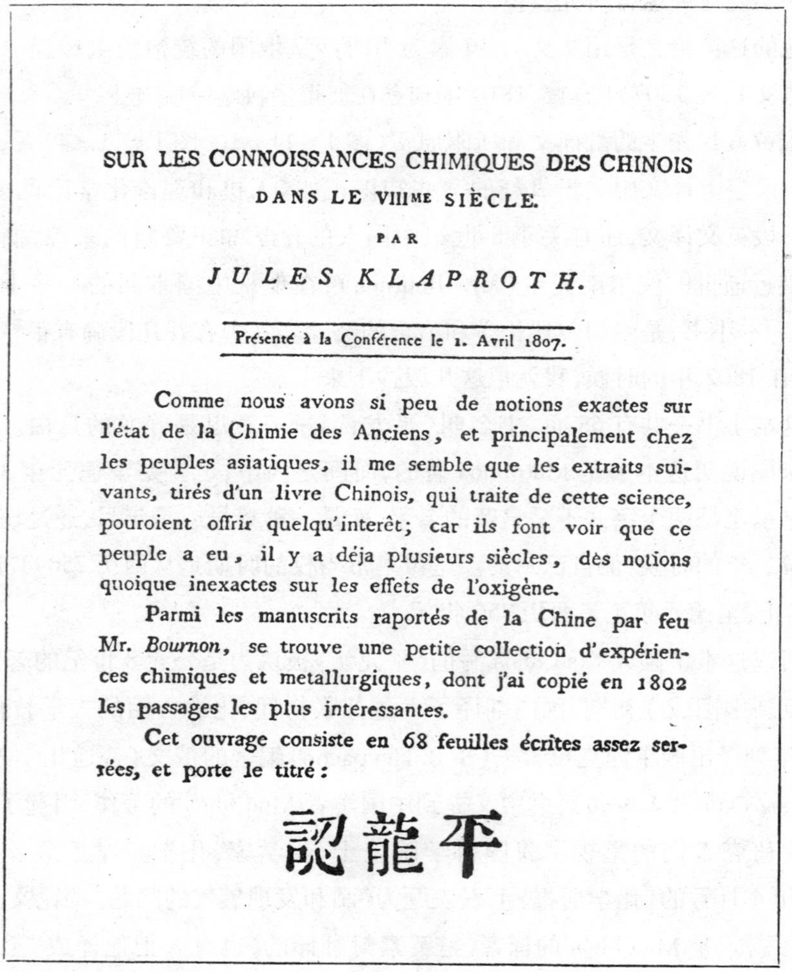

SUR LES CONNOISSANCES CHIMIQUES DES CHINOIS

DANS LE VIIIME SIÈCLE.

PAR

JULES KLAPROTH.

Présenté à la Conférence le 1. Avril 1807.

Comme nous avons si peu de notions exactes sur l'état de la Chimie des Anciens, et principalement chez les peuples asiatiques, il me semble que les extraits suivants, tirés d'un livre Chinois, qui traite de cette science, pouroient offrir quelqu'interêt; car ils font voir que ce peuple a eu, il y a déja plusieurs siècles, des notions quoique inexactes sur les effets de l'oxigène.

Parmi les manuscrits raportés de la Chine par feu Mr. *Bournon*, se trouve une petite collection d'expériences chimiques et metallurgiques, dont j'ai copié en 1802 les passages les plus interessantes.

Cet ouvrage consiste en 68 feuilles écrites assez serrées, et porte le titré:

認龍平

图1-11-1 书影一

Pinn - loúnn - jinc; qui signifie: *Confessions du paisible dragon.* À la fin de la préface on lit, que ce livre est composé par Maò hhóa, l'année Binn - chêne prémier de celles nommées:

德至

Dschí - dě le 9me jour du troisième mois. Ce nom de Dschí - dě n'est pas celui d'un Empereur, mais titre honorifique ou Niêne hhâo que l'Empereur Soú - dsoûnn de la dynastie des Tânn, a donné à deux années de son regne, et. signifie *persistant en vertue.* Cet Empereur regnoit entre les années 756 et 762 de J. C., et la prèmiere des celles appellées Dschí dě corresponde avec 756 de notre ère. Les deux autres caracteres Binn chêne avec lesquels elle est marquée désignent le 35me an du LVIIIme cycle Chinois. • Pour l'auteur Maò hhóa je ne trouve son nom ni dans. le

譜統姓萬

Ouánn - chénn - toùnn - bóu, qui est un dictionnaire généalogique, ni dans le

图 1-11-2 书影二

攷通獻文

Ouéne hhiéne - toônn - kào, 'ouvrage historique et litteraire très - important. — Il est aisé de s'appercevoir que son système se rapproche à celui de la secte des Dáo - chè. Dans son premier chapitre l'auteur dit : Tout ce que l'homme peut sentir et observer par les sens, et tout ce qu'il peut concevoir par son esprit et par son imagination, est composé des deux principes fondamentaux, le Yânn et le Yne qui désignent le parfait et l'imparfait. Ce système est représenté dans les huit Goûa de Foú - hhy. Le Yânn est le puissant ou l'accompli, et le Yne lui est diamétralement opposé.

Nôtre auteur s'écarte pourtant souvent de cette définition, dans le cours de son ouvrage, et on remarque clairement qu'il suppose à ces deux principes des modifications à l'infini, qui se manifestent dans les formes de ce monde. Sur ce point il diffère du système des Daó - ché, qui explique la différence des formes des objets visibles par les changements continuels dans les proportions du Yânn et Yne.

图 1－11－3 书影三

Après avoir donc ainsi exposé le principe du systéme de Maò-hhôa, je passe à l'extrait de son ouvrage, auquel je joins de courtes explications:

Pinn-lounn-jine Chap. III.

Atmosphere ou Hhiā-chenn-kí.

Ce Hhiā-chenn-kí est le ki qui se répose sur la surface de la terre, et qui s'éleve jusqu'aux nuages. Quand la proportion de l'Yne, qui fait partie de sa composition, est trop grande, il n'est pas si parfait (ou plein) que le ki au delà des nuages. Nous pouvons sentir le Hhia-chenn-kí par les sens du toucher, mais le feu élémentair dont il est mèlé le rend invisible à nos yeux. Il y a plusieurs moyens qui le purifient et qui lui ôtent une partie de son Yne. Cela se fait d'abord par des choses qui sont des modifications du Yânn, tels que les métaux, le souffre (Lieôu-hhouânn) et le Tāne ou charbon. Ces ingrediens quand on les brule s'amalgament le Yânn de l'air et donnent de nouvelles combinaisons des deux principes fondamentaux.

Le Ký-ȳne ou l'Ȳne de l'air ne se trouve jamais pur; mais à l'aide du feu on le peut extraire du Tchîne-chĕ, du Hhò-siao (salpétre) et de la pierre qu'on appelle Hhĕ-tânn-chĕ. — Il entre aussi dans la compo-

图 1-11-4 书影四

木炭和硫黄等物燃烧之后，使空气有些变化，又观察到硝酸盐被加热后能放出气体。于是乎他用阴阳学说来解释，他所用“阴”、“阳”字样，是很含糊的一般哲学概念，并没有清楚地意识到空气的成分和氧气之为单独的物质。他把这些情形和解释记录下来，写入了一本名为《平龙认》的著作里。这一手抄本可能始终不曾有机会刊印出版，后来大概只留下一个孤本。这一孤本被德国人波尔南于18世纪末年从我国搜集去，带往德国，被克拉普罗特见到，成为化学史上的重要资料。”

1984年，山西太原工学院化工系教授孟乃昌先生在《自然科学史研究》杂志上著文指出：“细读克氏的文章，已经发现了一些可疑之处，也可以说已经找到了否定《平龙认》一书的内证。克氏说：‘那个手抄本是至德元年岁次丙申三月初九写的。’‘至德’不是皇帝的名字，而是尊号或年号，唐朝肃宗皇帝的年号是在他的统治时期的第二年颁布的。一查新、旧《唐书》，那正是安史之乱的年份。是年，玄宗避难去四川，肃宗即位于灵武。公元756年被分成两半，即只有一月至六月的天宝十五载和只有七月至十二月的至德元年。因此至德元年是没有三月初九的。”

这就完全否定了这份“化学史上的重要资料”。或者说，把《平龙认》认为是一本伪书，是克拉普罗特伪造的。

本书编著者认为不能把“至德元年没有三月初九”作为《平龙认》是伪书的确实证据。关于中国皇帝的年号，不是中国历史专家，不查阅中国历史资料，是说不确切的。公元756年，即中国纪元丙申年，正是安禄山、史思明发动叛乱的时期。攻进了唐朝的首都长安，玄宗皇帝（年号天宝）逃往四川，太子到达灵武（今宁夏回族自治区青铜峡市），借助回族武装打击叛军，为了早正大位，以安民心，在未得到玄宗皇帝下诏退位情况下，太子宣告即位皇帝，自封年号至德，从程序上说是不合法的，是一种篡位行为。因此756年这一年在一般史书中既是至德元年，也是天宝十五年，说是至德元年，那就有三月初九了。这是克拉普罗特弄不清楚的，认为他是伪造，很难确定他的动机和目的。

从化学知识来判断，《平龙认》中所说的加热硝石，即硝酸钾，得到氧气，在8世纪我国唐朝时代是完全可能的。硝酸钾早在我国唐朝以前南北朝时期

(5 世纪)已成为炼丹术士们的常用药剂了。名医陶弘景(456—536)的著述里就说:"以火烧之,紫青烟起,云是真硝石也。"

至于说氧气"还进入水的组成,结合得很紧密,极难分解"是令人怀疑的。8 世纪的中国人是不可能用电解或其他方法分解水的。这或者是叙述的错误,或者是由中文译成法文,再由法文译成英文,造成原文走样。但也不能因此怀疑而否定其可信度,更不能因怀疑而否定全盘。

在化学史中不仅出现 8 世纪中国人加热硝酸钾获得氧气的事实,还出现 4 世纪埃及炼金术士苏西摩斯(Zosimus of panopolis,3 世纪)的著述中谈到加热氧化汞获得氧气的事实。就在上面提到的《无机和理论化学论说大全》的同一部分引用了苏西摩斯的话:"Take the soul of copper which is borne upon the water of mercury, and disengage an aerifom body."

法国化学家霍佛(F. Hoefer)在他所著的《化学史》(*Histoire de la chimie*, Paris,1843)对这句话的解释为:

"soul of copper"中的"copper"直译是"铜"。由于纯铜是红色的,因此可译成"红色的化身",它在液汞的上面,那就是指"红色氧化汞"。全句的意思就是:"加热液汞面上的氧化汞,有一种气态物体放出。"这个"气态物体"只能是氧气。

到 15 世纪—17 世纪,欧洲各国不少人加热硝石或氧化汞,获得氧气。荷兰发明家、英国国王詹姆士一世宫廷炼金术士德莱贝尔(Cornelis Jacobszoon Drebbel,1572—1633)发表《元素的性质》(*Of the nature of Elements*)一书。书中绘有加热硝酸钾制取氧气并将氧气溶解于水的图(图 1-11-5),但没有写明他如何收集氧气。1615 年,他受雇于英国皇家海军,将制得的氧气充满一"潜水艇"中,艇中乘坐 12 人,包括国王詹姆士一世,在流经英国伦敦的泰晤士河上航行了三小时。[1] 而由图片来看,这一潜水艇只是船舱在水下的船而已。

---

① J. W. van Spronsen, *Cornells Drebbel and Oxygen*, Journal of Chemical Education, vol. 54, No. 3, March, 1977.

图 1-11-5 加热硝石制取氧气

到近代,瑞典药剂师、化学家舍勒在 1771 年至 1772 年间加热红色氧化汞,获得氧气,把燃着的蜡烛放在这个气体中,火焰烧得更明亮。他把这种气体称为 feuerluft(火空气),这一发现他在 1777 年才发表。

同一个时期,英国牧师、化学家普里斯特利(Joseph Priestley,1733—1804)将氧化汞放置在玻璃钟罩内的水银面上,用一个直径 12 英寸(30.48 厘米)、焦距 20 英寸(47.3 厘米)的取火镜将阳光聚焦在氧化汞上。很快他就发现氧化汞分解了,放出一种气体,将玻璃钟罩内的水银排挤出来。他也将燃着的蜡烛放进这个气体中,发现火焰燃烧得更明亮,发出耀眼的光辉。他把这些情况记录在 1774 年 8 月 1 日的实验记录中。

到 1775 年 3 月 5 日,普里斯特利重又进行实验,将老鼠放入这种气体中,才发现这种气体维持人和动物呼吸的功能比普通空气大,便将之命名为脱燃素空气(dephlogisticated air)。

图 1-11-6 氧气用于船舱中

这个名称来源于 18 世纪初德国医生、化学家施塔尔(George Ernst Stahl,1660—1734)提出解释燃烧的燃素(phlogiston)

说。燃素说认为:可燃物体和金属中含有燃素,可燃物燃烧和金属煅烧时放出燃素,散失在空气中。例如硫是可燃物,在燃烧中放出燃素,生成挥发性的酸。挥发性的酸与富有燃素的木炭共热,吸取了木炭中的燃素,又重新生成硫:

硫 - 燃素 ⟶ 挥发性酸

挥发性酸 + 燃素 ⟶ 硫

金属在煅烧中失去燃素,变成金属煅渣。金属煅渣与富有燃素的木炭共热,吸收了木炭中的燃素,又重新生成金属。

这一燃素说在近代化学没有兴起科学实验前,统治了欧洲化学界很长一段时期。普里斯特利是燃素说的崇信者,他根据燃素说,提出蜡烛在燃烧时放出燃素,在一密闭容器中燃烧一段时间后就熄灭是因为空气为燃素所饱和。一般空气能够助燃是因为它只是被燃素部分地饱和,还能吸收更多一些燃素。蜡烛在普通空气中燃烧仅生出适度火焰光亮,而在这种他所制得的气体中火焰特别明亮,说明这种气体必定是含有很少或不含燃素,所以这种气体就被称为脱燃素空气了。当时"空气"成为气体的泛称。

普里斯特利在发现这个气体后约两个月,在 1774 年 10 月间,访问巴黎,法国化学家拉瓦锡设宴招待。普里斯特利在宴会上告诉拉瓦锡,加热氧化汞获得一种新气体。拉瓦锡在 1774 年 11 月和 1775 年的 2 月底和 3 月初的时间里多次实验,加热氧化汞,获得了氧气,并证实这种气体比普通空气更适合人和动物呼吸及物质燃烧。拉瓦锡在 1785 年出版的著作《化学基础概论》(*Traité Élémentaire de Chimie*)中说:"这种空气是普里斯特利先生、舍勒先生和我本人同时发现的。普里斯特利先生称它为脱燃素空气,舍勒先生称它为火空气。我称它为卓越的呼吸空气,后来改称它为生命的空气。我们应当考虑给它正确命名。"

这些话引起国内外一些科学家和拉瓦锡传记作者对拉瓦锡的批评和谴责。例如日本化学史学家原光雄说:"氧元素是普里斯特利在 1775 年 3 月发现的,而拉瓦锡却说是自己独立发现的。……这种卑劣作风使他的学者人格受到玷污。”[①]苏联科学史研究者斯吉柏诺夫(B. Степанов)说:“为什么这位法国科学家要把普里斯特利的这一发现算做自己的? ……”这也就是这个人的品质,在他的身上,天才的科学家性格和贪财如命的收税人(拉瓦锡曾担任承包国家税收)是可以和平共存的。[②] 美国科普作家阿西莫夫(Isaac Asimov)说:“拉瓦锡的品德本来是可以受人尊敬的,但是他有一个缺点,他有一种好窃取并不属于自己的荣誉的倾向。”[③]中国科学院自然科学史研究所周嘉华研究员说:“拉瓦锡也是一个普通的人,不可避免地暴露出存在于他身上的阴暗疵点,后人较多议论的是他表现在学风上的道德。拉瓦锡对氧气的研究明明是来自普里斯特利的明确暗示,他却在《化学基础概论》中说,这种气体是普里斯特利、舍勒和我大约同时发现。”[④]

同样,在国内外出版的多数关于化学元素发现的书中以及教科书中讲到氧气的发现时,只提到普里斯特利,或加上舍勒,不谈拉瓦锡。这都是由于误会,认为拉瓦锡发现氧气是由于普里斯特利告诉他的。

而史实是普里斯特利告诉拉瓦锡加热氧化汞得到一种新气体前,拉瓦锡早已知道了。

1774 年,法国军中药剂师巴扬(Pierre Bayen,1725—1798)两次公开发表加热红色氧化汞获得一种气体的实验报告,最早一次是在 1774 年 2 月,第二次是在这年 11 月。他在第一次公共会议上宣读报告时拉瓦锡在场。只是巴扬错误地认为获得的气体是二氧化碳气,没有进一步研究,失去了发现氧气的优先权。

1774 年 5 月 20 日,法国一位骑兵上校、业余化学家德米莱伯爵(Nicolas Christian de Thy. Count de Milly)利用电流加热氧化汞得到一种气体,提交法国科学院审核,拉瓦锡是法国科学院院士、化学家,与其他几位化学家组成一

---

① 〔日〕原光雄著,黄静译,《近代化学的奠基者 · 拉瓦锡》,科学出版社,1986 年版,60 页。

② 斯吉柏诺夫著,曹毅风译,《人类认识物质的历史》,中国青年出版社,1956 年版,86 页。

③ 阿西莫夫著,胡树声译,《阿西莫夫论化学》,科学普及出版社,1981 年版,31 页。

④ 胡亚东主编,周嘉华著,《世界著名科学家传记 · 化学家Ⅱ · 拉瓦锡》,科学出版社,1992 年版,112 页。

个委员会进行审核,进行了加热氧化汞的实验,得到一种气体。

后来拉瓦锡所以在1774年11月和1775年的2月底、3月初再次实验加热氧化汞获得氧气,是为了弄清楚他在1772—1774年进行燃烧磷、硫和煅烧锡、铅的实验中,吸收了空气中一部分气体而增重了。他对燃素说持怀疑态度,按照燃素说,物质在燃烧和金属在煅烧过程中是放出燃素,不是吸收空气中一部分气体,是应当减轻重量,而不是增加重量。

于是拉瓦锡就着手寻找金属在煅烧过程吸收的这种气体,他加热了多种金属煅烧后产生的煅渣,也就是金属氧化物,试图将吸收的气体在加热后再释放出来。最后才加热氧化汞得到氧气。

1775年,拉瓦锡在法国科学院宣读的《关于金属在煅烧中所结合并使其增重的性质的论说》中,讲到他加热氧化汞所得的气体说:"动物在其中不死,它似乎更适宜它们呼吸。蜡烛和燃着的物体在其中不仅没有熄灭,而且燃烧的火焰很明显扩大……。"①

这就比普里斯特利较早认识到这种气体不仅能支持物质燃烧,还支持动物呼吸。

正是拉瓦锡认识到物质的燃烧是物质与空气中的氧气结合,提出了燃烧的氧化论,推翻了燃素说,引起化学史中一场化学革命。

也正是拉瓦锡把氧确定为一种元素,他错误地认为一切酸的组成中都含有氧,命名它为oxygéne(法文,英文是oxygen),来自希腊文oxys(酸)和geinomai(产生、源),元素符号因此定为O。我们曾称它为"养气",以表示"滋养"的意思,后来统一化学元素的名称,采用以一个字表示元素名称的原则,在常温常压下为气体的从"气"。曾采用"养"、"阳"等字或偏旁放进"气"中,成为"氧"、"氜",后改为氧。

因此,恩格斯(Friedrich Engels,1820—1895)在1885年整理出版马克思(Karl Marx,1818—1883)的《资本论》第二卷序言中写着:"普里斯特利和舍勒析出了氧气,但不知道他们析出的是什么。他们为既有的燃素说范畴所

---

① 凌永乐,拉瓦锡,108页,中国社会科学出版社,2007年。

束缚。这种本来可以推翻全部燃素说观点并使化学发生革命的元素,在他们的手中没有能结出果实。但是,当时在巴黎的普里斯特利立刻把他的发现告诉了拉瓦锡,拉瓦锡就根据这个新事实研究了整个燃素说化学,方才发现这种气体是一种新的化学元素,在燃烧的时候,并不是什么神秘的燃素从燃烧物体中分离出来,而是这种新元素与燃烧物体的化合。这样他才使过去在燃素说形式倒立着的全部化学正立过来了,即使不是像拉瓦锡后来所说的那样,他与其他两人是同时并且是独自获得了氧气,然而真正发现的还是他,而不是那两人,因为他们只是析出了氧气,但却不知道自己所析出的是什么。”

在氧气的发现中,还应当提到臭氧 O_3。这是一种具有特殊臭味的气体。因而得名,因为它具有比氧气更强的氧化能力,用于消毒与漂白中,但进入人体内则有毒,会破坏细胞膜。它是德国化学家舍恩拜因(Christian Friedrich Schönbein,1799—1868)在1840年研究放电时发现的。阳光中紫外线的照射、天空中闪电时和一些物质氧化时都能使空气中的氧气转变成臭氧。空气中的臭氧含量大约在千分之三,90%的臭氧存在于地球上空7公里—30公里大气的同温层中,形成一个臭氧层。紫外线中较长的光波又会使臭氧分解,这样,太阳射到地球上的紫外线总能量的5%在分解臭氧时消耗掉了。这样就使地球上的生物免遭强烈紫外线的伤害,臭氧层对于我们人类是一个保护层。1970年间荷兰化学家克鲁茨(Paul Crutzen,1933—)研究指出,来自土壤中的一氧化二氮和喷气飞机释放出的氮氧化合物破坏着臭氧层;1974年美国化学家罗兰德(F. Sherwood Rowland,1927—)和墨西哥化学家莫利纳(Mario Molina,1943—)又研究指出,冷冻剂氟氯碳化合物也在破坏着臭氧层,甚至把臭氧层“捅”了一个大洞,引起了世界各国科学界、政治界人士的注意。国际社会于1987年在加拿大蒙特利尔制定了“关于消耗臭氧层物质的蒙特利尔协议书”,倡议逐步淘汰生产消耗臭氧层的物质。克鲁茨、罗兰德和莫利纳三人也共获1995年诺贝尔化学奖。

氧-17和氧-18两种氧的同位素是1929年美国化学家吉奥克(William Francis Giauque,1895—1982)和约翰斯顿(H. L. Johnston,1898—)从氧的

光谱中发现的。它们与氧-16在自然界存在的比例是$^{16}O:^{17}O:^{18}O=500:0.2:1$。

氧气在工业上用于氢氧焰和氧炔焰焊接和切割金属,用于熔炼和精炼金属;在航天中用于促使火箭燃料液体氢气的燃烧;医疗、登山、潜水、航空中也需要氧气供应。这些氧气是冷却、压缩空气除去氮气和稀有气体后得到的液体氧,在一定压力下用钢筒储存运输。

1-12 古南美洲印第安人早已利用的铂

铂和它的同系元素钌、铑、钯、锇、铱与金一样,几乎完全成单质状态存在于自然界中。铂和金在地壳中的丰度几乎相同,而它们的化学惰性也不相上下,但是人们发现并使用铂比金晚。这是由于含铂系金属矿产极度分散,它们的熔点又较高。铂的熔点是1772℃,金是1064℃。铂的极度分散,使人们不易发现它;熔点高使人们不易利用它。

在欧洲首先提到铂的可能是出生在意大利、在法国逝世的自然哲学家斯卡里吉(Julius Caesar Scaliger,1484—1558)在1557年发表的著说中,讲到所有金属都能熔化,但有一种墨西哥和达里南(Dariam,今巴拿马)矿里的一种金属不能熔化。这可以认为是指来自南美洲的铂。

大约200年后,1735年,法国和西班牙两国政府联合派遣一个考察团去当时西班牙的殖民地南美洲的秘鲁和厄瓜多尔考察,测量赤道的子午线。这个考察团中有一位西班牙年轻的海军军官唐·安东尼奥·德·乌罗阿(Don Antonio de Ulloa,1716—1795)在1744年回到欧洲,1748年月发表他写的一本题为《关于到南美洲旅行的历程报告》的书,其中讲到在秘鲁见到一种白色似银的金属,当地人把它称为platina del pinto。"platina"在西班牙文中是"银";"pinto"是秘鲁的一条河名。全词就是"pinto的银"。现今铂的拉丁名称platinum和元素符号Pt正由此而来。

同一个时期里,旅居在南美洲加勒比海中的岛国牙买加的英国冶金学家伍德(Charles wood)从尼加拉瓜购得一些天然铂于1741年回到欧洲,将少许赠送给英国医生、皇家学会会员布朗宁(William Browning,1711—1800)。布朗宁收到伍德的赠品后进行了提炼,9年后写了一篇论文,叙述铂的性质,连同标本送交伦敦皇家学会。

英国药剂师沃森(Williain Watson,1715—1787)鉴定了铂,在1748年发表文章,确认它是一种半金属。

瑞典化学家谢费尔(Henrik Theophilus Scheffer,1710—1759)也研究了铂,在1752年发表文章,也确认铂是一种特别金属,称它为aurum album(白金)。

就这样,欧洲人知道了铂,也只是叙述了他们发现铂的过程。不过他们也说明了认识铂是从南美洲传过去的。这表明南美洲古印第安人肯定比欧洲人较早知道铂。现今在美国宾夕法尼亚大学博物馆和丹麦哥本哈根国家博物馆中保存了中南美古代印第安人的铂和金的合金制成的装饰品。

中美洲哥伦比亚和厄瓜多尔是铂的产地。在厄瓜多尔的早期器物中发现了一种金、铂、银比为70:18:11的合金;在哥伦比亚印第安人制造的实物中铂含量在20%—27%之间。说明南美洲古印第安人早已利用了铂,①以此作为铂发现的又一说法,留待人们考证。

1782年奥地利驻法国大使西金根伯爵(Count von Sickingen)首先利用铂制成仪器。

18世纪末英国医生渥拉斯顿(Francis Wollaston,1731—1815)发现海绵状铂经过强力压轧可以锤打成锭。这种铂锭再加热后可锤成薄片或拉成细丝,制成实验用仪器。因采用者日多,使渥拉斯顿收益甚丰,因此渥拉斯顿在34岁时即弃医从事化学研究,也使他后来陆续发现钯和铑。

19世纪初期以前,世界上商业中的铂多来自南美洲。1819年在俄罗斯乌拉尔发现了铂矿,从1824年起,大量铂从俄罗斯出口。在1822年俄罗斯出版的《矿业杂志》中叙述着:“在淘洗乌拉尔金矿沙时,发现在沙金中掺杂有一种特殊金属,和金一样成粒状,不过却是灿烂的白色。”②

---

① 华觉明等编译,世界冶金发展史,9页,科学技术文献出版社,1985年。

② Г. Г. Диогенов, История Открытия Химических Элеменов, СТР. 209, 1960, Москва.

1828 年—1846 年，俄罗斯用铂铸造了 3 卢布、6 卢布和 12 卢布的钱币（图 1－12－1）。铂和金、银一样具有作为货币的特殊性能。

图 1－12－1　俄罗斯在 1828 年—1846 年铸造的铂制钱币

如今，铂是化学实验和化工生产中常常选用的一种催化剂，还用在电子工业和电化学研究用的电极触点、电阻线等中。

1－13　得自人尿的磷

西方化学史的研究者们几乎一致认为，磷是在 1669 年首先由德国汉堡的一位姓布兰德，名叫亨尼格（Hennig Brand）的人发现的。至于他究竟是什么样的人，有的说他是一个炼金术士，有的说他是一个破产商人，还有的说他是一个江湖医生，当然，也可能他身兼三任。他是怎样获得磷的呢？一般只是说，他是强热蒸发大量人尿获得的。布兰德在蒸发尿的过程中，偶然在曲颈甑的接收器中发现了一种特殊的白色固体，像是蜡，带有大蒜味道，在黑暗中不断发光，这种光被称为冷火（德文 Kalte Feuer）。

他为什么选择了人尿？有的说他是异想天开企图从有机体中找到西方炼金术士们所企求的能使贱金属转变成金和银的“哲人石”；有的说当时有些人认为凡是金色的东西里都会含有金，尿是金黄色的，所以他选择了尿。不过，早在布兰德选择尿一百年前，在瑞士古医药学家帕拉塞尔苏斯（Theophrastus

Paracelsus,1493—1541)的著作中,就提到蒸发人尿获得冰状物,称为火的要素。①这也许给了布兰德一些启发。

布兰德的发现首先引起当时德国一些学者们的重视,其中有哲学家、数学家莱布尼茨(Gottfried Wilhelm Leibniz,1646—1716)、化学家孔克尔(Johann Kunckel,1630—1702)、艾尔绍兹(J. S. Elsholz,1623—1688)、克拉夫特(Johann Daniel Krafft)等人,有人用金钱购得布兰德的秘密,有人按照布兰德的方法实验获得磷;有人在当时欧洲好几个国家王侯的宫殿里熄灭了烛火,表演磷发光的实验。其中包括勃兰登堡(Brandenburg)大选侯(17 世纪德国皇帝统治下的一个侯国君主,有选举皇帝权利的诸侯)腓特烈·威廉(Friedrich Wilhelm, 1620—1688)和英国皇帝查理二世(Charles Ⅱ,1630—1685)的宫殿(图 1-13-1)。莱布尼茨著有《磷的发现史》(*Geschichte der Erfindung des Phosphoris*),孔克尔著有《奇异的磷和奇异的发光丸》(*Treatise the Phosphoris Mirabilis, and The Wondeful* Shining Pills),艾尔绍兹著有《磷的观测》(*De Phosphoris Observationes*)(图 1-13-2),将布兰德发现磷的事迹传播开。

图 1-13-1 在王侯宫殿中表演磷在黑暗中发光

① M. F. Crass, *A History of the Match Industry*, Journal of Chemical Education, march, 1941, p. 116.

人尿中是含有磷酸钙 $Ca_3(PO_4)_2$ 等磷酸盐的，是含磷的蛋白质、磷脂类等物质在肾脏与其他器官内经磷酸酶的催化作用生成，最后随尿液排出。尿中含碳有机化合物在强热下形成炭，或者是添加到尿里的炭与磷酸钙一起强热会按下式进行反应，生成磷：

$$Ca_3(PO_4)_2 + 8C = Ca_3P_2 + 8CO$$

$$3Ca_3(PO_4)_2 + 5Ca_3P_2 = 24CaO + 16P$$

如果有沙子（SiO_2）存在，可以使磷酸钙熔点降低，并且与氧化钙 CaO 结合，形成硅酸盐熔渣：

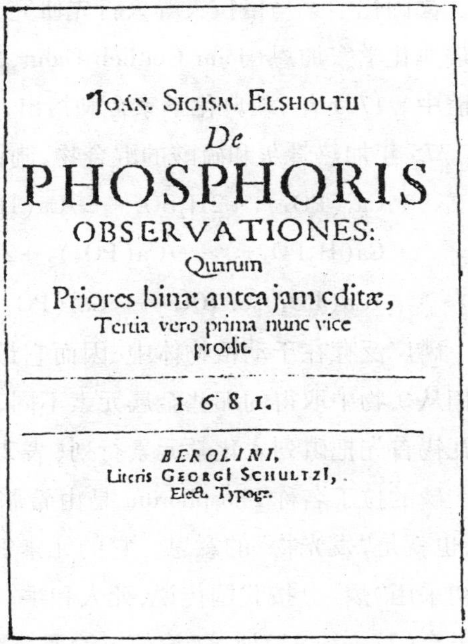

$$Ca_3(PO_4)_2 + 3SiO_2 + 5C = 3CaSiO_3 + 5CO + 2P$$

JOAN. SIGISM. ELSHOLTII
De
PHOSPHORIS
OBSERVATIONES:
Quarum
Priores binæ antea jam editæ,
Tertia vero prima nunc vice
prodit.
1681.
BEROLINI,
Literis GEORGI SCHULTZI,
Elect. Typogr.

图 1-13-2　1681 年出版的《磷的观测》封面

这至今仍是工业上制取磷的方法，不过今天所用的原料是矿产磷酸钙，而加热是在电炉中进行的。

英国著名科学家波义耳（Robert Boyle，1627—1691）在 1680 年 9 月 30 日也从尿中制得磷，在这年 10 月 14 日写成报告，送交皇家学会，一直到 1693 年他死后才发表。波义耳在报告中讲到，在蒸馏的尿中添加了细砂子，只需适度加热。①

波义耳的助手，一位德国化学家亨克维茨（Ambrose Godfrey Hanckwitz）利用波义耳制取磷的方法从事大规模生产，把磷发展为商品。②

---

① J. W. Meller, *A Comprehensive Treatise on Inorganic and Theoretical Chemistry*, vol. Ⅷ, p. 730.

② ［美］M. E. 韦克思著，黄素封译，化学元素的发现，商务印书馆，1965 年。

德国化学家马格拉夫等人首先研究了磷和它的化合物的一些性质。1769年瑞典化学家加恩(John Gottlieb Gahn,1745—1818)证明磷存在于人和动物骨骼中。1771年,瑞典化学家舍勒指出,人和动物的骨骼是由磷酸钙组成,并在1775年加热骨灰和硫酸的混合物,制得磷。这个化学反应过程是:

$$Ca_3(PO_4)_2 + 2H_2SO_4 \longrightarrow Ca(H_2PO_4)_2 + 2CaSO_4$$

$$Ca(H_2PO_4)_2 \longrightarrow Ca(PO_3)_2 + 2H_2O$$

$$3Ca(PO_3)_2 + 10C \longrightarrow Ca_3(PO_4)_2 + 4P + 10CO$$

磷广泛存在于动植物体中,因而它最初从人尿和骨骼中取得。这和古代人们从矿物中取得的那些金属元素不同,它是第一个从有机体中得到的元素。拉瓦锡首先把磷列入化学元素行列(表2-1)。

磷的拉丁名称Phosphorum是由希腊文Phos(光)和Phero(携带)两词组成,也就是"发光物"的意思。它的元素符号因而采用P。我国在对磷命名时最初采用"燐"。按我国传说,死人和牛、马的血变为燐,即"鬼火"。东汉哲学家王充(27—约97)所著《论衡·论死篇》中说:"人之兵死也,世言其血为燐,人夜行见燐,若火光之状。"这就是说,"燐"在我国古书中表示物质在空气中自动燃烧的现象。后来根据我国化学元素命名原则,固态的非金属元素从"石",便由"燐"改为磷。

现在已知,所谓的"鬼火"实际上是磷的氢化物P_2H_4气体在空气中自动燃烧产生的火焰。

磷在最初被发现时获得的是白磷,是无色半透明晶体,在空气中缓慢氧化,产生的能量以光的形式放出,因此在暗处会发光。当磷在空气中氧化到表面积聚的能量使温度达到40℃时,便达到磷的燃点而使磷自燃。

因此,磷的发现促进了火柴的制造。最早出现今天形式的火柴是在1827年。一位英国外科医生瓦克(J. Walker,1781—1857),在他的家乡英格兰蒂斯河畔斯托克顿(Stockton on Tees)行医并开设药房。他在配制药剂中创造了一种摩擦火柴,在小木条头上渍涂氯酸钾、三硫化二锑和树胶的混合物,使用时将涂了药的木条头在砂纸上摩擦着火。氯酸钾是一种强氧化剂,受到撞击,易燃烧和爆炸。但在实际使用时要将火柴头放置在对折起来的砂纸中间,并用一只手紧捏,用另一只手用力拖拉火柴杆后才能着火,着火后还会出现小爆炸,火花四溅,所以这种火柴不久之后就慢慢消失了。

1830 年,法国一位学习化学的青年人索里尔(C. Sauria)首先用白磷代替瓦克摩擦火柴头中的三硫化二锑,结果轻轻一擦就着火,效果很好。可是制造这种火柴的工人却一个又一个遭受病魔缠身乃至死亡,而其中的原因是白磷有剧毒,0.1 克的白磷足以使人死亡。并且,经常有使用这种火柴的人放在衣兜里的火柴突然着火的事件发生。因此这种火柴也没有维持多久就停产了。

1845 年,奥地利维也纳工业大学化学教授施勒特尔(Anton Schrötter, 1802—1875)在隔绝空气的情况下加热白磷,得到红磷,并确定它与白磷是磷的同素异形体,无毒,在 240℃左右着火,受热后能转变成白磷。于是人们又想用红磷代替白磷制造火柴。但是,红磷和氯酸钾混合即使是轻微的碰撞也会发生爆炸。因此最初只得把氯酸钾和红磷分隔放置。这样就出现了两头的火柴,就是说,在火柴的一头渍涂氯酸钾、硫黄、玻璃粉和树胶的混合物;另一头渍涂红磷、玻璃粉和树胶的混合物。使用时将火柴从中间折断,然后使两头互相摩擦着火。这种火柴使用安全,着火效果好,很快就在欧洲、美国和加拿大等国流行开了。

后来,在生产中对火柴不断进行改革创新,在火柴头上渍涂氯酸钾、三硫化二锑和树胶等的混合物,在火柴盒两侧涂敷红磷、玻璃粉和树胶等的混合物,使用时将火柴头摩擦涂敷有红磷的火柴盒一侧就着火了,不再需要将火柴折成两半了。这就是我们今天使用的安全火柴。

1854 年法国化学教授勒摩英(C. G. Lemoine,? —1922)将红磷和硫黄在隔绝空气条件下加热,获得三硫化四磷 P_4S_3。它无毒,在常温下稳定,加热到 100℃左右时着火。于是有人将用它和氯酸钾、硫黄、树胶等制成的混合物渍敷在火柴头上,制成新的火柴。这种火柴在粗糙的墙壁、地面、鞋底等处摩擦都可以着火。由于这种火柴使用方便,着火效果好,曾流行一时,被称为摩擦火柴,以区别于安全火柴。但终因着火太易,偶尔不慎就会摩擦着火容易引起火灾,在安全方面比不过安全火柴而被淘汰。

我国的火柴是从西方传入的,最早是在 1838 年由英国人当做礼品送给清朝道光皇帝的。当时它在皇宫里被视为珍宝,只有在大典时才使用。火柴正式以商品的形式传入我国最早见于1865年天津海关的报道。1879年广东佛山建成的巧明火柴厂是我国最早的民族火柴工业。1905年北京开办了第一家火柴厂,叫丹华火柴厂。那时凡是舶来品都加一个“洋”字,火柴就叫做“洋火”,北京人又叫它“洋取灯”。

如今,人们早已知道,磷是人体营养必需的和植物生长不可缺少的元素之一,人体内的磷80%—85%以磷酸三钙的形式存在于骨骼和牙齿中。磷酸是组成遗传物质核糖核酸(DNA)的主要成分,它还与脂肪酸、胆固醇、甘油、氨醇等组成磷脂,是构成生物细胞膜的主要成分。

天然磷酸三钙不溶于水,经硫酸处理后生成磷酸二氢钙 $Ca(H_2PO_4)_2$,可溶于水,用作肥料。

2. 近代化学在科学实验兴起中的发现

14 世纪和 15 世纪的欧洲,随着生产技术的进步、社会劳动分工的扩大、商品生产的增长和国内市场的形成,资本主义生产关系在封建制度内部生产力发展的基础上逐渐成长起来。农民和手工业者在长期辛勤劳动中积累了生产经验,改进了生产工具,推动着生产的发展。这时天体望远镜、显微镜、温度计、水银气压计等相继出现,为人们解开了许多自然奥秘,为人们进行科学实验研究提供了工具。

到 15 世纪末和 16 世纪初,哥伦布(Cristoforo Colombo,约 1451—1506)航抵新大陆后,欧洲人继续进行探航活动,从而打开了人们的眼界,促使人们不再停留在中古时期有限材料和各种荒谬的观点上,开始对大自然进行直接观测。

波兰天文学家哥白尼(Nicolaus Copernicus,1473—1543)根据大量事实,写成《天体运行论》,于 1543 年出版,提出了宇宙的中心是太阳的论说,向宗教神学权威的地球中心论挑战,被宗教列为禁书。但是科学家们却不顾宗教禁令,继续研究并发展哥白尼的学说。接着意大利物理学家和天文学家伽利略(Galileo Galilei,1564—1642)遭到教会的严刑拷打。意大利思想家、唯物主义哲学家布鲁诺(Giordano Bruno,1548—1600)被宗教裁判所活活烧死在罗马的广场上。然而,这些不仅没有吓倒人们,反而增强了人们打破经院哲学的信心,以实际材料和科学实验为基础,以求获得真实的科学知识。

1640 年,英国资产阶级革命继尼德兰后爆发,标志着人类社会近代史的开始。资产阶级为了扩大市场,相互竞争,对提高社会生产力起到了促进作用。生产的发展对推进近代自然科学的发展起着不可估量的影响。在中世纪的黑暗之后,科学以意想不到的力量重新兴起。

新的资产阶级哲学思想以实验的自然科学成果为依据，力图从世界本身说明世界。英国哲学家培根（Francis Bacon，1561—1626）大声疾呼，运用实验的方法去认识自然界，在他的著作《新工具》（*Novum Organum*）中写道："科学是实验的科学，科学就在于用理性方法去整理感性材料。归纳、分析、比较、观察和实验是理性方法的主要条件。"法国哲学家笛卡儿（René Descartes，1596—1650）宣称，必须创立为实验服务的哲学，才能加强人们对自然力量的统治，在他的著作《方法论》（*Discours de la Methode*）中写道："必须以实践哲学代替学校中讲授的思辨哲学，借助实践哲学，我们就会像匠人认识本行手艺的对象一样，清楚地认识火、水、空气、星、天以及我们周围的一切物体的力量和作用。这样，我们才能像匠人那样，充分利用一切可利用的力量，才能成为自然的主人和统治者。"

在生产实践需要的推动下，在新的实验工具出现的协助下，在新的唯物主义哲学思想的影响下，近代科学实验蓬勃兴起。17 世纪欧洲各国纷纷建立起科学团体、科学院，提倡科学实验，追求科学真理。1662 年英国伦敦的皇家学会成立；1666 年法兰西皇家科学院成立；1700 年普鲁士成立柏林科学院，随后意大利佛罗伦萨、奥地利维也纳相继成立科学院。大量有识之士、教师、医生、律师、药剂师、神职人员、贵族、工人等也纷纷投入科学实验中，在自己的庭院里建立起化学实验室，在公共场所表演化学实验（图 2－1），创制各种实验仪器，配制多种化学实验试剂，并且根据实验结果，提出假说，创立理论，在科学团体中报告、讨论、鉴定，使化学与物理学分立，18 世纪末从自然哲学中脱颖而出，成为一门独立科学。从此化学不再是诡秘的炼金术，不再是一门医药或工艺，而是有理论、有实践的一门独立科学，并在实验中不断成长。

一些化学元素也就在这初期的化学科学实验中被发现了。

近代化学元素的概念也在这个时期里提出来了。

英国科学家波义耳在 1661 年发表《怀疑派化学家》，对古代欧洲哲学家们提出的水、火、气、土四元素和炼金术士们提出的汞、硫、盐三原质表示怀疑，提出"我所指的元素，就是那些化学家讲得非常清楚的要素，也就是某种原始的、简单的或完全未经化合的物质，它们既不由其他物质构成，也不是相互构

图 2－1　在公共场所表演化学实验的一幅画

成的，它们是紧密化合的完全化合物的直接构成成分和最终分解的成分。”

法国化学家拉瓦锡更明确表明，元素是指不能用任何方法分解的物质。他在 1789 年发表《化学基本概论》一书中列出化学中的第一张元素表（表 2－1），一共列出 33 种化学元素，分为 4 类：

1. 属于气态的简单物质，可以认为是元素：光、热、氧气、氮气、氢气；

2. 能氧化和成酸的简单非金属物质：硫、磷、碳、盐酸基、氢氟酸基、硼酸基；

3. 能氧化和成酸的简单金属物质：锑、银、砷、铋、钴、铜、锡、铁、锰、汞、钼、镍、金、铂、铅、钨、锌；

4. 能成盐的简单土质：石灰、苦土、重土、矾土、硅土。

拉瓦锡不仅把一些非单质列为元素，而且把光和热也当作元素了。

拉瓦锡之所以把盐酸基、氢氟酸基以及硼酸基当作元素，是根据他自己创立的学说：一切酸中皆含有氧。盐酸，他认为是盐酸基和氧的化合物。也就是

表 2－1 拉瓦锡制定的元素表

	Noms nouveaux.	*Noms anciens correſpondans.*
Subſtances ſimples qui appartiennent aux trois règnes & qu'on peut regarder comme les élémens des corps.	Lumière.........	Lumière.
	Calorique........	Chaleur.
		Principe de la chaleur.
		Fluide igné.
		Feu.
		Matière du feu & de la chaleur.
	Oxygène.........	Air déphlogiſtiqué.
		Air empiréal.
		Air vital.
		Baſe de l'air vital.
	Azote............	Gaz phlogiſtiqué.
		Mofete.
		Baſe de la mofete.
	Hydrogène.......	Gaz inflammable.
		Baſe du gaz inflammable.
Subſtances ſimples non métalliques oxidables & acidifiables.	Soufre...........	Soufre.
	Phoſphore........	Phoſphore.
	Carbone..........	Charbon pur.
	Radical muriatique.	Inconnu.
	Radical fluorique .	Inconnu.
	Radical boracique,.	Inconnu.
Subſtances ſimples métalliques oxidables & acidifiables.	Antimoine........	Antimoine.
	Argent...........	Argent.
	Arſenic...........	Arſenic.
	Biſmuth..........	Biſmuth.
	Cobolt...........	Cobolt.
	Cuivre...........	Cuivre.
	Etain............	Etain.
	Fer..............	Fer.
	Manganèſe.......	Manganèſe.
	Mercure..........	Mercure.
	Molybdène.......	Molybdène.
	Nickel...........	Nickel.
	Or...............	Or.
	Platine..........	Platine.
	Plomb...........	Plomb.
	Tungſtene........	Tungſtene.
	Zinc.............	Zinc.
Subſtances ſimples ſalifiables terreuſes.	Chaux...........	Terre calcaire, chaux.
	Magnéſie.........	Magnéſie, baſe du ſel d'Epſom.
	Baryte...........	Barote, terre peſante.
	Alumine.........	Argile, terre de l'alun, baſe de l'alun.
	Silice...........	Terre ſiliceuſe, terre vitrifiable.

说，他认为盐酸基是一种简单物质和氧的化合物，因此盐酸基就被他认为是一种元素了。氢氟酸基和硼酸基也是因为相同原因而被当作元素。

至于拉瓦锡的元素表中的土，在 19 世纪以前它们被当时化学研究者们认为是不能再分的物质，所以就被当作元素了。“土”在当时表示具有这样一些共同性质的氧化物，如具有碱性，加热时不易熔化，无味，易碎等。氧化钙（生石灰）就是一种典型的土，重土是氧化钡，苦土是氧化镁，硅土是氧化硅，矾土是氧化铝。在今天看来它们属于碱土族或土族元素氧化物。而碱土族或土族中的"土"字就由以上所说的原因而来。

这样，在起初的时候元素和单质这两个概念是混淆的，直到原子结构被人们认清以后，元素的概念才和原子核内的核电荷数联系起来。核电荷相同的一类原子称为一种元素。

2－1 实验研究空气和水的组成中发现的氮和氢

氧气和氮气混合在空气中；氧气和氢气化合在水中。许多含氧的化合物，例如硝酸钾、氧化汞在加热后会放出氧气，因而氧气很早被人们制得，而氮气和氢气较晚被人们发现。

气体和可接触到的、可看得见的固体、液体不同，它们大多无色、无嗅、无味，单纯凭直觉去观察，是不能认清它们的，只是随着生产的发展，科学的化学实验兴起后，才能逐渐认识它们，发现它们。

人们认识并发现氮气是在实验研究空气组成中完成的，是从物质燃烧和人与动物的实验开始的。1674 年，英国医生梅奥（John Mayow, 1641—1679）做了相关实验，还进行了制取气体和转移气体的实验。

图 2－1－1 中图 1（Fig 1）是将一小块樟脑放置在蜡烛燃烧的玻璃钟罩内，用取火镜聚焦点燃它。点燃前，用一虹吸管使钟罩内外水面相同，樟脑和蜡烛燃烧一段时间后熄灭，钟罩内水面上升，钟罩内剩余的空气不再支持物质燃烧；图 2（Fig 2）是将一只老鼠放置在封闭的充有空气的膀胱膜内，一段时间后内部空气减少，膀胱膜内凹，剩余空气不再支持动物呼吸，老鼠死亡；图 3（Fig 3）是将铁弹子放置在一烧瓶中，再将烧瓶倒立在硝酸溶液中，瓶内收集到产生的气体（一氧化氮气）；图 4（Fig 4）是将一小块铁投进硝酸溶液中，收集到产生的气体；图 5（Fig 5）是把产生的气体转移到放置在收集气体容器的上面玻璃管中，测量它的可压缩性；图 6（Fig 6）是检验哪一种气体适合老鼠呼

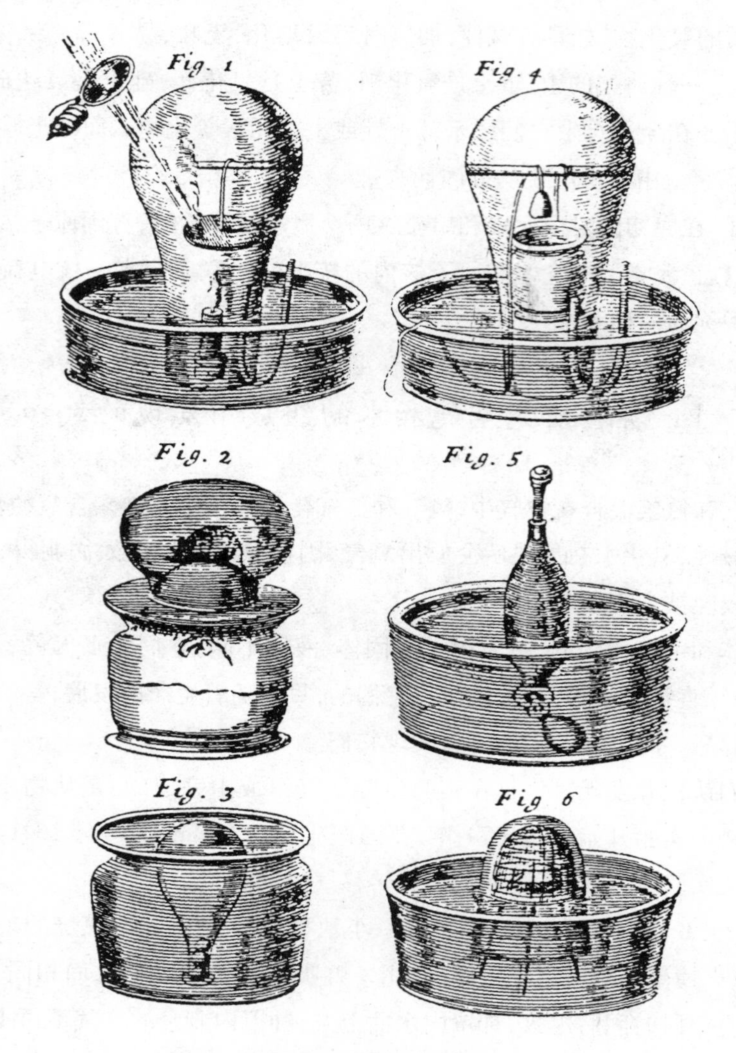

图2-1-1 梅奥的实验

吸。梅奥根据实验认识到空气只有一部分支持物质燃烧和动物呼吸;气体可以收集、转移,并具有一定的可压缩性。

接着,1772年,英国医生、植物学教授丹尼尔·卢瑟福(Daniel Rutherford,1749—1819)发表《所谓固定空气或碳酸气》的论文,讲述他将一只老鼠放置在密闭容器中,等老鼠死后,发现空气减少了1/10。他把残余的空气用碱液吸收后，发现气体体积又比原来体积减小了1/11，剩余的气体既不支持动物呼吸，也不支持物质燃烧，更不能使石灰水产生沉淀，还不能被碱液吸收，不同于固定空气（二氧化碳气，当时又称为碳酸气），并认为这剩余的气体是一种有害气体（noxious gas）。

差不多同一时期，英国贵族化学家卡文迪许（Henry Cavendish，1731—1810）将木炭在空气中燃烧后的气体除去二氧化碳气后称量，发觉它比同体积的普通空气轻一些，木炭在其中不能再燃烧，蜡烛火焰放入其中立即熄灭。卡文迪许称它为恶臭空气（mephitic air）。

随后，普里斯特利将铁屑与硝酸作用，得到“硝酸空气（一氧化氮气）”。接着这种“硝酸空气”与空气中的氧气化合，形成棕色二氧化氮气，可用碱液吸收。他发现空气因此减少了1/5，而剩余的4/5空气比同体积的普通空气轻，既不支持物质燃烧，也不支持动物呼吸。普里斯特利称它为燃素化空气（phlogisticated air）。

到1777年，瑞典化学家舍勒发表的《论空气和火》的著作中，除讲述到火空气（氧气）外，还讲到他将硫的石灰水溶液、亚麻子油、水湿润的铁屑等放置在具有一定容量的密闭容器中，经过一定时间后，大约有1/4空气被吸收掉。他称量了剩余的空气比同体积的普通空气轻一些，蜡烛在这种剩余的空气中不再燃烧。舍勒意识到空气由两部分组成，分别称为feuer luft（火空气—氧气）和verdorbene luft（无效空气—氮气）。

到1789年，拉瓦锡在他出版的著作《化学基础概论》一书中讲述他在1777年进行了确定空气组成的实验：

“我用一个容量大约36立方吋（约合580立方厘米）的长颈卵形瓶（图2-1-2），长颈BCDE的内直径6—7里英（liqne——旧法国长度单位，1里英≌2.26毫米）。这个长颈瓶是弯曲的，将瓶放在MMNN炉上时，它的颈端E能插入玻璃钟罩FG的里面，通过水银RRSS。我将4翁西（once——旧法国重量单位，1翁西≌30.59克）纯汞放进瓶中，用一虹吸管抽空接收器FG中的空气，使水银面升高到LL液面。我小心标志下这一高度，粘贴上一小纸条，记录下温度计和气压计上的高度。

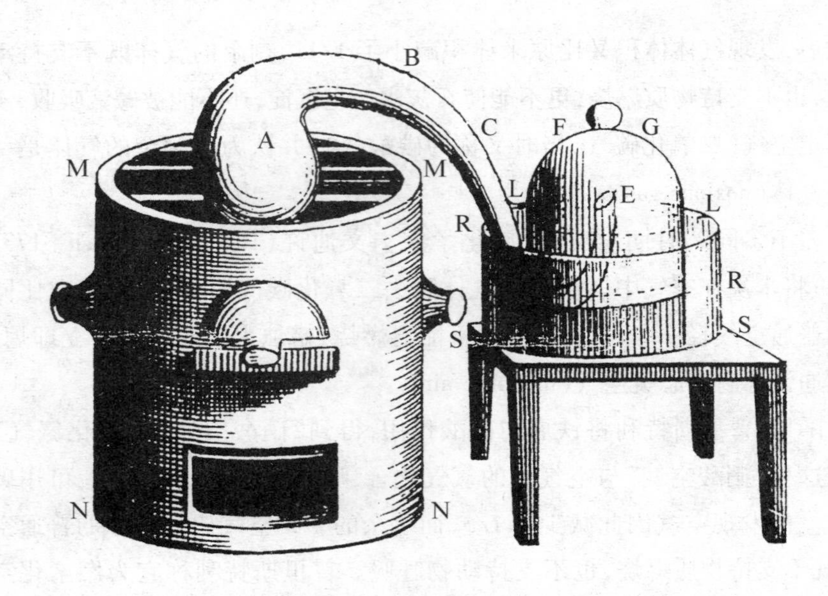

图2-1-2 拉瓦锡研究空气组成的实验

仪器装备好后，我燃起炉 MMNN 中的火，连续 12 天保持汞几乎在沸腾状态。

第一天没有什么显著变化，汞虽然没有沸腾，却不停蒸发，有小珠滴覆盖在容器内壁上，很小很小，后来逐渐增大，直至降落到容器中，回到原来的汞中。第二天汞表面开始出现小的红色颗粒，逐渐增大增多，到第四天、第五天停止增长，余留下来的汞不再变化。到 12 天后看到汞的煅烧不再有进展。我熄灭炉火，使容器冷却。实验开始时温度是雷氏温度计（法国科学家雷奥米尔〈René Antoine Ferchault de Réaumur，1683—1757〉用酒精创制的温度计，以水的冰点为零度，沸点为 80 度）10°、压力为 28 朴西（pouce——旧法国长度单位，1 朴西≌27.12 毫米），卵形长颈瓶内、颈内和玻璃钟罩内空气容量约 50 立方朴西。实验结束后，在同样温度与压力下，剩余的空气是 42—43 立方朴西，因此失去了原来容量的 1/6。收集漂浮在液体汞面上形成的红色颗粒重 45 格林（grain——旧法国重量最小单位，1 格林≌0.0531 克）。

因为一次实验难以收集全部实验的空气和产生的红色颗粒汞煅渣。我不得不重复这个煅烧汞的实验几次。这是我经常所做的，这样我可以把两次或三次实验的结果综合成一个。

实验中煅烧后剩余的空气减少到原来容量的5/6,既不适于呼吸,也不适于燃烧,将动物放入其中,几秒钟内就会窒息而死,燃着的蜡烛放入其中就像放入水中一样熄灭。

另外,我将实验过程中形成的红色颗粒 45 格林放进一个很小的玻璃甑中,另用一容器接收可能放出的液体或气体产物。应用炉火加热甑后,我观察到这种红色颗粒随着受热颜色变深。当甑达到几乎赤热时,红色颗粒的体积开始逐渐减小,几分钟后全部消失。这时在接收器中收集到 $41\frac{1}{2}$格林汞和 7－8立方朴西弹性流体。将此弹性流体收集在玻璃钟罩内,它比大气中的空气更能支持呼吸和燃烧。

将一部分这种空气通入直径约 1 朴西的玻璃管中,显示出下列性质:燃着的烛火放进其中放出炫耀的光辉;燃着的木炭和硫黄放进其中不像在普通空气中那样平静地燃烧,而是放出噼噼啪啪的响声,放出的光亮使眼睛几乎不能忍受。

回顾一下这个实验的情况,就会发觉汞在煅烧过程中吸收空气中有益健康的可呼吸的部分,其余的空气是恶臭的,不能支持燃烧和呼吸。因此大气的空气是由两种性质不同而且相反的弹性流体组成。

如果我们将上列实验中分别获得的这两种弹性流体重新组合,也就是将 42 立方朴西恶臭的空气和 8 立方朴西可呼吸的空气组合。我们就重新产生一种空气。它和大气的空气完全一样。"①

这就是著名的拉瓦锡确定空气组成的 12 天实验,至今在我国中学、大学的化学教科书中仍会讲到这个实验。

早在 1776 年,拉瓦锡就把这种恶臭的空气称为 azote,来自希腊文,"a"是"不"的意思,"zoos"是"生存",二者结合即"不支持生存"。我们译成氮,是冲淡空气中氧气的意思,是把"淡"字的偏旁"炎"放在"气"里,造了一个新字。

---

① Douglas Mckie, *Antoine Lavoisier*, London, 1935.

1790 年法国工业化学家沙普塔尔(Jean Antoine Chaptal, 1756—1832)改称为 nitrogéne(法文,英文是 nitrogen),来自"nitre"(硝石)和"gen"(产生),即"硝石的产生者"。至今 azote 仍留在法文和俄文 азот 中。

那么,氮气究竟是谁发现的?多数关于化学元素发现的文章和书籍中认为是丹尼尔·卢瑟福,可能是因为他较早从空气中分离出氮气的。

这种情况在氢气的发现中也出现了,在同一时期里,几个人同时将锌等金属放进稀硫酸中获得氢气。英国化学家卡文迪许在 1766 年发表关于"可燃性空气"的专题论述中,讲述了用铁、锌、锡与稀硫酸或盐酸作用都得到这种可燃性空气。他测定了同样重量的各种金属充分溶解在酸中所放出可燃性空气的不同容量,测定了它是普通空气的$\frac{5}{54}-\frac{1}{7}$。他确定它不同于二氧化碳,不溶于水和碱溶液中,如果预先把它和空气混合后点燃,会发生爆炸,并测定出 3 体积的可燃性空气和 7 体积普通空气混合后点燃会发生最猛烈的爆炸。

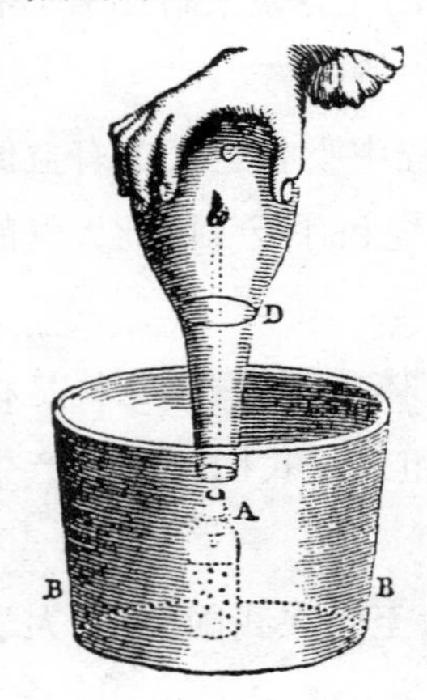

图 2-1-3 舍勒制取氢气

1777 年,舍勒将铁屑与稀硫酸作用获得可燃性空气。他将铁屑与稀硫酸放在一玻璃瓶 A 中反应,(图 2-1-3)玻璃瓶口塞子上插有一根玻璃管,放置在一盛有热水的缸 BB 中。点燃产生的可燃性空气后将倒转的玻璃烧瓶罩在火焰上,水上升到 D 处。火焰熄灭后,水又下沉回到缸中,没有发现有二氧化碳气产生。

1777 年 1 月英国化学家沃尔蒂尔(John Wartire, 1738—1810)写信告诉普里斯特利,利用电火花点燃可燃性空气产生水珠。普里斯特利按照沃尔蒂尔的实验,将普通空气和可燃性空气混合在一密闭容器中点燃,发生爆炸,也发现在容器内壁出现水珠。他又将这一实验结果告知卡文迪许。卡文迪许又进行了同一实验,明确可燃性空气与普通空气混合燃烧生成水。他解释说:"脱燃素空气是丢失了燃素的水,可燃性空气是燃素化的水,它们借助电火花的燃素作用凝结成水。这个水来自这两种空气它们各自原来所含有的。"这些话的意思只能理解为:氧气含有水,没有燃素;氢气含有水和燃素。两者混合后氢气把燃素补偿给氧气,燃烧后各自放出水。

拉瓦锡在知悉可燃性空气与脱燃素空气燃烧生成水后,在1783年6月24日和法国物理学家拉普拉斯(Pierre Simon Marquis de Laplace,1749—1827)共同进行了实验。他们将这两种气体通过Y形铜管混合后通入放置在水银面上的钟罩内并点燃,15—20分钟后,水银面上盖上了一层水。

第二天,他们联名向法国科学院报告:水不是一种简单物质,它是由可燃性空气和生命空气按一定重量比组成。

拉瓦锡在完成合成水的实验后,考虑到如果水确实是由可燃性空气和生命空气组成的,那么能不能分解水呢?于是他在1784年与法国物理学家默尼耶(Jean Baptiste Marie Charles Meusnier, 1754—1793)合作进行了分解水的实验。

他们将一个铁枪筒外涂敷一层用水将黏土、沙子和木炭末调成的混合物,枪筒内放置薄铁片,倾斜放置在炉火中(图2-1-4),加热后将水一滴一滴从较高端通过漏斗滴入枪筒中。在较低一端连接一螺旋管,收集水。

图2-1-4 拉瓦锡分解水的实验

结果报告说:"100份重水被分解。85份重氧气与铁结合,组成黑色氧化物,15份重可燃性空气释放出来,因此水是氧气与可燃性空气按85∶15比例组成。氧气是水的组成的一个要素,同时还是许多其他物质组成的要素,而水含有的另一个要素是水组成的基础,我们必须给它命名,称它为hydrogéne最好,这就是说,它是产生水的要素。”这个词来自希腊文 hydro(水)和 geinomal(产生),意思就是“水的产生者”。

英文 hydrogen 就由此而来。我国在命名时按它是很轻的气体,就把“轻”字的“车”旁去掉,把另一偏旁“圣”塞进“气”中成“氢”,仍读“轻”音。

根据这些史实,我们也可以按照恩格斯对氧气发现的评论说:虽然卡文迪许首先制得氢气,但是他受燃素说的束缚,并不知道得到的气体是什么,真正发现氢气的是拉瓦锡。

1931 年,美国化学家尤里(Harold Clayton Urey, 1893—1981)将液态氢在摄氏 -259℃条件下缓慢蒸发,对剩余物进行光谱分析,发现了质量数为 2 的氢的同位素氢 -2,命名为 deuterium,称为重氢,我们称为氘(音刀)。尤里获得 1934 年诺贝尔化学奖。氢 -2 在地壳中的丰度与氢 -1 相比是 0.015:99.985。1934 年澳大利亚物理学家奥利芬特(M. L. E. Oliphant)和奥地利化学家哈泰克用氘核撞击氘本身产生氢的第三种同位素氢 -3。它的原子核是由一个质子和两个中子组成,质量数为 3,命名为 tritium,我们称为氚(音川)。同时氢 -1 又被命名为 protium,我们称为氕(音撇)。

氮气曾经被认为是“恶臭的空气”“无效的空气”“不支持生存”,但在化学家们研究分析氮是蛋白质组成的要素后,一跃成为“生命的基础”。1901 年—1911 年间,德国化学家哈伯(Fritz Haber, 1868—1934)经多年实验研究,使氮气和氢气直接化合生成氨,用来生产尿素和各种铵化合物,为农作物提供了肥料,提高了农作物的产量,为人类提供了更多的食物。农学家们发现豆科植物根部的根瘤中含有根瘤菌,根瘤菌中存在一种固氮酶,能够把空气中的氮气转变成氮的化合物,供植物吸收后生成蛋白质,于是化学家们提出一个研究课题:“化学模拟生物固氮”。这将是一项重大创举。牛吃的是草,挤出的是牛乳,因为牛胃中存在能消化草中植物纤维素的酶,人类能不能也模拟这种酶呢?!

氢气曾被称为可燃性空气,现今正是利用它的可燃性,用在氢氧焰中,用来切割和焊接金属。火箭把登月飞船送上太空,也是利用氢气和氧气作为燃料。从 20 世纪七八十年代开始已经有飞机和汽车开始试用氢气作为燃料了。

早在20世纪30年代末,出现了用氢气和氧气制作的燃料电池。这种燃料电池是以氢气为燃料,氧气为氧化剂,氢氧化钾溶液为电解质,电极材料用多孔碳制成,在负极中掺有细粉状的铂和钯,正极中掺有钴、金或银的氧化物。电极反应的反应式为:

负极:$H_2 - 2e^- \longrightarrow 2H^+$　　正极:$\frac{1}{2}O_2 + 2e^- + 2H^+ \longrightarrow H_2O$

它的主要优点是能量转换效率高,能长时间连续运行;缺点是需用贵金属催化剂,成本高,这使它目前主要用在航天和军事领域。

今天,不论是氮气、氢气或氧气在使用时多是液态的,是经冷却压缩后得到的。

2-2 “出生”三十多年后才被承认的氯

1773年3月28日,瑞典化学家舍勒在写给他的朋友加恩的信中,讲述了他将软锰矿(MnO_2)溶解在盐酸中加热后,得到一种黄绿色气体,具有王水一样令人窒息的气味,将这种气体收集在膀胱膜中,能使膀胱膜变黄,具有漂白作用,能腐蚀软木塞和多种金属,与氨作用形成白色烟雾(氯化铵)。这表明舍勒制得了氯气:

$$MnO_2 + 4HCl \longrightarrow MnCl_2 + 2H_2O + Cl_2 \uparrow$$

今天,我们知道在这个化学反应中,二氧化锰是一种氧化剂,将盐酸中的氯离子氧化成氯。

但是,舍勒是一位燃素说的信奉者,他认为这种黄绿色气体是从盐酸中除去氢后生成的。他把氢认为是燃素,就把这个气体称为失去燃素的盐酸气,英文是 dephlogisticated muriatic acid gas。这里的“de -”是“失去”,“phlogiston”是“燃素”,“muriatic acid”是当时盐酸的命名。“muriatic”来自拉丁文 muria(盐水)。

因此,舍勒虽然制得了氯气并确定了它的一些性质,但是没有从本质上认识到它究竟是什么。

正是在舍勒制得氯气的这个时期里，拉瓦锡认识到物质的燃烧实质上是与空气中的氧气化合，于是提出燃烧的氧化说，从而推翻了燃素说，在化学科学中掀起了一场革命，对化学这一科学的发展起了卓越的作用。但是他却创立了一切酸中皆含有氧的错误理论，认为盐酸是一种盐酸基和氧的化合物，盐酸基被认为是一种元素，称为 muriatium，用元素符号 Mu 表示。盐酸的化学式就是 MuO_2。这样，舍勒制得的这种黄绿色气体就被认为是盐酸基与氧结合的产物，称为"氧化的盐酸"(Oxymuriatic acid)气。用化学式表示就是 MuO_3。

1785 年，法国化学家贝托莱(Claude Louis Berthollet，1748—1822)研究了这种气体，把这种黄绿色气体的水溶液露置在日光下，产生了盐酸，并且放出了氧气。这一现象肯定了拉瓦锡的论说。但在今天我们早已知道，其实贝托莱的实验中氯气溶解于水后又进一步与水反应：

$$2Cl_2 + 2H_2O \longrightarrow 4HCl + O_2$$

这就表明，从氯水中放出的氧气并不是来自氯气，而是来自水。

1809 年间，法国化学家盖-吕萨克(Joseph Louis Gay-Lussac，1778—1850)和泰纳尔(Louis Jacques Thenard，1777—1857)将熔融的钾放入盐酸气(氯化氢)中燃烧，结果获得氯化钾和氢气。他们又将等量的氢气和"氧化的盐酸气"化合，获得氯化氢，都没有得到氧的化合物。他们又将"氧化的盐酸气"通过燃烧着的木炭，也没有找到预想中该有的二氧化碳气。

这些实验事实本来可以充分说明，氯化氢是氯和氢的化合物，"氧化的盐酸气"中根本不含有氧。但是两位化学家却受到酸中必含有氧的错误论说的束缚，虽然也提出了可以认为这种气体是一种元素，但是又表示还是把"氧化的盐酸气"看作是一种化合物为好。

他们还从理论上作出解释，将"氧化的盐酸气"通过燃烧的木炭没有得到二氧化碳气的原因归结为，碳对氧的结合力比 muriatium 对氧的结合力小，因此没有能把氧从"氧化盐酸气"中夺取过来。

同时，英国的化学家们威廉·亨利(William Henry，1774—1836)、尤尔(Alexander Ure，1778—1857)等人也支持"氧化盐酸气"的论说，还列出不同的氧化物的化学式。

要知道“科学史就是把这种谬论逐渐消除或是更新为新的，但终归是比较不荒诞的谬论的历史。”①一直到1810年，英国化学家戴维（Humphry Davy，1778—1829）将磷放置在“氧化的盐酸气”中燃烧，得到两种磷的氯化物，却没有找到氧化物。他又重复了盖-吕萨克和泰纳尔的实验，将氢气和“氧化的盐酸气”化合，只得到氯化氢，没有找到水；再将炭在“氧化的盐酸”气中燃烧，也没有找到二氧化碳气。这样，他确定了“氧化的盐酸”气是一种新元素，依据希腊文 chōros（黄绿色）命名它为 chlorine。它的拉丁名称 chlorum 和元素符号 Cl 由此而来，我们曾称它为绿气，后改用氯。

同时，1815年盖-吕萨克确定氢氰酸 HCN 中没有氧；贝索莱确定氢硫酸 H_2S 中没有氧。至此，拉瓦锡的一切酸中都含有氧的论说便不攻自破了。

氯是自然界广泛分布的一种元素，在地壳中存在着各式各样的氯化物。如氯化钠，即食盐早被人们当作调味品和维护身体健康的必需食物。它进入人体后，离解成钠离子 Na^+ 和氯离子 Cl^-，维持体液的酸碱平衡和渗透压，并参与胃酸的形成。虽然氯化钠对人体很重要，但人们每天摄入的食盐也不能过多，若长期过多摄入食盐会引起许多疾病，比如高血压等。

在第一次世界大战中，氯气在欧洲战场上被用作毒气。人们吸入很少的氯气也会严重伤害肺。它的强氧化性被人们用作游泳池和水源的消毒剂，也用作漂白剂。

氯气与氢气直接化合成为氯化氢，溶于水成盐酸。氯化氢用于制造聚氯乙烯等塑料，是重要的化工原料。

2-3 典型科学实验发现的锰、钼、钨和钴

锰是地壳中广泛分布的元素之一。它的氧化物矿——软锰矿早为古代人们知悉和利用。这一矿石在我国古代曾被用作药物，称为“无名异”，首先记

① 恩格斯致康·施米特（1890年10月27日），马克思、恩格斯选集，第四卷，485页，人民出版社，1972年。

载于宋朝人编著的《开宝本草》(973 年)中,在同一朝代的《证类本草》(初成稿于 1082 年,后来陆续修订)中记载说:“无名异,……生于石上,状如黑色炭。”在西方,在中世纪,软锰矿被用来添加在玻璃制造中,以清除制造玻璃的原料中低价铁的氧化物,以免玻璃带有绿色。

但是,一直到 18 世纪的 70 年代以前,西方化学家们仍认为软锰矿是含锡、锌或钴等的矿物。

德国玻璃和瓷器制造工艺家帕特(J. H. Pott,1692—1777)在 1740 年论述到它的成分,认为其中含有一种与矾土相似的土质,即含有一种与氧化铝相似的金属氧化物。

1770 年,在奥地利首都维也纳出版了署名卡叶姆(Ignatius Godfrey Kaim)的学术论文,文中叙述到:加热软锰矿和黑色熔剂,得到一种蓝白色有脆性的金属,具有无数不同形状的发光表面,断切面变幻各色,由蓝到黄。他认为这种金属不同于铁,可能是制得了金属锰。但是这一研究报告没有引起当时化学家们的注意。

1771 年—1774 年间,舍勒对软锰矿进行了实验研究,将软锰矿与盐酸作用,得到氯气;将软锰矿与不同酸、碱反应,得到各种不同颜色的锰酸盐。1774 年他发表报告指出,软锰矿是一种特殊的金属氧化物。但是舍勒没有能从软锰矿中分离出锰。他求助于他的朋友、瑞典化学家、矿物学家加恩。

很快,就在 1774 年,加恩在一只坩埚里盛满湿润的木炭末,将用油调过的软锰矿粉末放置在炭末的中央,上面再铺上一层木炭末,又用另一只坩埚盖上,强热后把坩埚打开,发现一粒纽扣一般大的金属锰。

瑞典另一位化学家贝里曼将锰命名为 manganum,它的元素符也就是 Mn。这一命名的来源与镁的命名 magnesium 一致。

在钢中掺进 12%—15% 的锰制成的锰钢,可增强钢的硬度,耐磨损,抗冲击,可用来制造铁路路轨、拖拉机的履带、破碎机的钢锤、坦克的装甲等。用锰钢制成的自行车耐用而轻盈。锰还与铜、铅等金属制成合金,其中锰铜合金是一种能吸收振动能量的“消声合金”,一种含锰 54.25%、铜 37%、铅 4.25%、铁 3%、镍 1.5% 的合金,用来制造潜水艇的螺旋桨。锰、铜和镍的合金的电阻随温度上升而增加,可用来制造热电偶。

由于锰和铁的合金广泛用于生产锰钢,在生产锰铁中往往加入纯锰,而将锰和铁的氧化物混合放进鼓风炉中用焦炭还原制备。含锰量高的合金叫做锰铁,含锰量低的合金叫做镜铁。

锰的氧化物在高温下用铝还原可以得到纯净的金属锰。

现今大量锰的氧化物二氧化锰用于我们日常生活中的锌—锰干电池中。

1870 年,英国海洋调查船“挑战号”从大西洋海底捞到一批黑色的锥形矿物,经分析确定含锰约 25%、镍 1.2%,称为锰结核。后来另一些国家的海洋考察队陆续打捞出锰结核,开始引起人们的关注。

到 17 世纪,欧洲市场上又出现一种与含二氧化锰的软锰矿相似的矿石,外形与石墨一样,它被称为 molybadeite,是天然辉钼矿 MoS_2。这一名称来自希腊文 molybdaina,指辉铅矿和其他一些含铅的矿石。

1778 年,舍勒实验研究了新发现的矿石,硝酸与石墨不发生反应,而与这种辉钼矿则反应,生成硫酸和一种不溶于水的白色粉末。它被称为 terra molybdane,即钼的氧化物,此实验明确了石墨与辉钼矿是两种不同的物质。

舍勒的实验室里缺少高温加热的炉子,无法进行高温实验,于是就将这种钼的氧化物交给他的朋友、瑞典皇家造币厂验金主管耶尔姆(Peter Jacob Hjelm,1746—1813),请他从其中分离出金属。直至 1782 年,耶尔姆将氧化钼粉末用亚麻子油调成糊状放置在密闭的坩埚中强热,获得了不纯的金属钼,命名它为 molybdenum,元素符号因而定为 Mo。

几年以后,1817 年,瑞典化学家贝采利乌斯(Jöns Jakob Berzelius,1779—1848)利用氢气还原氧化钼,得到了纯净的金属钼。

钼的熔点在金属中仅次于钨、铼、锇、钽,但比钨柔软,具有更大的延展性,可以抽成丝,挤压成片,用于制电炉丝,X 射线管和真空管等。

不同种类的钼钢各具有特殊性能,有的用于制造高速工具;有的具有抗酸性能,用于化工生产中;有的具有永久磁性。一种商品名“通肯(toncan)”的铁,是钼、铜和铁的合金,具有优良的抗腐蚀性能。

硫化钼在今天还作为一种润滑剂,用在高真空环境中运行的宇宙飞船的机械运转中。

钼-99 是钼的一种同位素，被用来制备锝的一种同质异能素^{99m}Tc，用在医疗中的内脏器官造影。钼有多种同位素，但没有天然的钼-99。钼-99 是用含钼-98 的天然$^{98}MoO_3$ 在核反应堆中照射后获得的。

1781 年，舍勒还发表他研究另一种在瑞典发现的矿石 tungsten 的报告。这种矿石因比重大而得名，在瑞典文中“tung”是“重”；“sten”是“石头”，因此可译成重石。舍勒将此重石与碳酸钾共熔，然后溶于水中，添加硝酸，得到一种白色沉淀物。他认为这是重石中含有的一种金属氧化物，与钼的氧化物不同。他还证明重石组成的另一部分是石灰，后来这一矿石就称为 Scheelite，以纪念舍勒。

同时 1783 年，一位西班牙矿物化学家唐·福斯图·德埃尔乌耶（Don Fausto de Elhuyar，1755—1833）和他的长兄唐·胡安·乔西·德埃尔乌耶（Don Juan Joséf de Elhuyar，1754—1796）用法文发表《Wolfrom 的化学分析和存在它组成中的一种新金属》的论说。

福斯图·德埃尔乌耶早年与他的长兄到法国、德国学习矿物学，后来赴瑞典跟从贝里曼和舍勒工作学习，1788 年后任墨西哥矿业总监和国务大臣，论说中提到的 wolfrom，来自德国出产的一种棕黑色矿石 wolframite。这一词来自“wolf”（狼）和“rahm”（泡沫），是德国开采锡矿的工人们给它的名称，因为这一矿石和锡矿常常伴生。在冶炼的过程中，由于锡的存在而成矿渣，好像是被狼吞食了一样。论说中提到的一种新金属就是钨。钨的拉丁名称 wolfram 和元素符号 W 也就由此而来。

后来证明，tungsten（白钨矿）的化学成分是钨酸钙 $CaWO_4$；wolfram（黑钨矿）的化学成分是钨酸铁锰 $(Fe,Mn)WO_4$。

由此，多数有关化学元素发现的书本中，都认为钨首先由德埃尔乌耶兄弟发现的。有的书中说，他们将钨的氧化物与炭末放在坩埚中燃烧，在残渣中发现了大头针针头大小的金属钨。①

---

① J. Newton Friend, *Man and the Chemical Elements*, London, 1951.

有的书本中说,舍勒在德埃尔乌耶前已获得金属钨。瑞典矿物学家林曼(Sven Rinman,1720—1792)肯定地认为金属钨是舍勒首先制得的,而德埃尔乌耶得到的只是钨和铁的合金。①

我国钨矿资源特别丰富,估计储量占全世界75%以上,可是在我国古代文献和现今地下发掘的文物中,都没有找到说明我国古代劳动人民对钨的利用。据有些材料说明,我国古代很讲究使用钢刀,但是过去只有少数工匠知道制造优良钢刀的秘密,而且他们的手艺绝不外传,仅仅传授给自己的子孙,经过无数的岁月,这种制钢的秘密才被揭示,就是其中含有钨。而工匠们也只是知道加入一种原料,但并不知道那是什么。还有些材料说,在我国保存的古器物中,在17世纪的瓷器上面有特殊的桃红色,经分析研究,确定其中含有钨。

钨在所有金属中,也是在所有化学元素中,熔点是最高的,蒸气压也低,被用作白炽灯中的灯丝。

将钨加入钢中制成的钨钢,用作制造切割工具,其性能优良,即使在赤热状态下仍能保持刀刃锋利。

一种含钴55%、铬33%—35%、钨10%和碳1.5%—2%的合金可以用来代替金刚石,做钻探的探头。

碳化钨的硬度仅次于金刚石和碳化硼,常用于机械材料和切削工具材料。

除了锰、钼、钨外,钴也是瑞典人在18世纪中期科学化学实验兴起的年代里发现的。

关于钴,古代希腊人和罗马人曾利用它的化合物制造有色玻璃,生成美丽的深蓝色。我国唐朝彩色瓷器上的蓝色也是由于有钴的化合物存在。这些都说明古代劳动人民也早已利用钴的化合物了。

含钴的蓝色矿石辉钴矿 CoAsS,中世纪在欧洲被称为 kobalt,首先出现在16世纪居住在捷克的德国矿物学家阿格里科拉的著作里。这一词来源于希腊文 kobalos,是指"骗子"、"卑鄙的恶棍"。这可能是由于当时这种矿石是无

---

① J. W. Mellor, *A Comprehensive Treatise on Inorganic and Theoretical Chemistry*, vol. XI, p. 674, 1927.

用的，而且其中含有砷，损害采矿工人的身体健康。今天钴的拉丁名称 cobaltum 和元素符号 Co 却正是从这一词而来。

1735 年，瑞典矿物学家布兰特（Georg Brandt，1694—1768）将辉钴矿（Co_3S_4）焙烧，除去砷，获得了一种黑色粉末，然后将此粉末与炭粉混合放置在铁匠用的煅铁炉中强热，获得灰色稍带玫瑰色的金属。经过研究确定这种金属与铁一样具有磁性。与铋不同，铋的硝酸溶液加入过量水后生成白色沉淀，而钴的硝酸溶液不会出现这一现象。这是因硝酸铋溶液加入过量水会生成不溶于水的硝酸氧铋：

$$Bi(NO_3)_3 + H_2O = BiO \cdot NO_3 \downarrow + 2H_2O$$

1780 年，贝格曼制得纯钴，并且与其他一些化学家证明 17 世纪—18 世纪在欧洲市场出现的显隐墨水不是传说由含铋化合物制成的，而是由钴的化合物制成的。

钴离子的颜色变化是特别鲜明的，以 $CoCl \cdot xH_2O$ 为例，它的颜色随 x 数值大小而变：

x	6	4	2	$1\frac{1}{2}$	1	0
颜色	粉红	红	淡红紫	暗蓝紫	蓝紫	浅蓝

$CoCl \cdot 6H_2O$ 在常温下就部分失去水，因而它随着空气中的湿度不同而显现不同的颜色，所以用 $CoCl_2 \cdot 6H_2O$ 溶液浸过的棉花或织品可以当作湿度计。也有人用纸浸在这种溶液中后晾干，制作成花状，插放在花瓶里，成为预报晴雨的晴雨花。晴天时空气中水分少，它呈现蓝色；即将下雨时，空气中水分渐多，就会呈现紫色；下雨时，空气中水分增多，就会呈现出红色。

钴在最初发现的时期里并没有发现它有多大用途，而在今天已经知道，将它掺入钢铁中可以炼出高硬度的合金钢和高温下也不消磁的磁性钢。第二次世界大战期间，德国曾用钴钢制成磁性水雷，使英国舰船遭受重大损失。

钴有 12 种同位素，其中钴 -60（${}^{60}_{27}Co$）能释放出强大的 γ 射线，在医学上用于治疗某些类型的癌症，也用于给食物杀菌。

钴是人体所需的微量元素之一，它存在于肉和乳类制品及维生素 B_{12} 中。

维生素 B_{12}是一种可防治恶性贫血的主要物质，恶性贫血患者血液中缺乏足够数量的携氧红细胞。

锰、钼、钨和钴的发现是典型的由科学实验实现的。事实上科学家的取得这四种金属的方法与古代劳动人民从金属矿石中获得金属的方法是相同的，都是用碳还原金属氧化物。可是古代劳动人民多是偶然的无意识的，而近代化学科学实验者们是有意识地利用化学实验研究物质性能。舍勒、拉瓦锡、普里斯特利、卡文迪许和戴维等人都是在近代化学科学实验中成长起来的化学家中的典型人物。舍勒是一位药房的学徒工；拉瓦锡是一位律师；普里斯特利是一位神职人员；卡文迪许是一位贵族子弟；戴维曾跟从一位医生当学徒，他们都没有接受过化学专业的教育。

3. 分析化学发展过程中的发现

分析化学在古代就有了萌芽,古代劳动人民在应用金属和其他物质的过程中,逐渐认识到它们的一些特性,并用来鉴定它们,例如我国古老的炼丹术著作《周易参同契》中说:“金入于猛火,色不夺精光。”就是利用金的特殊惰性,以辨别金的真伪。

随着化学科学实验的兴起,18 世纪后,欧洲由于冶金、机械工业的发展,要求提供大量、多种的矿石,分析化学逐渐发展并成长起来,由干法到湿法,由定性到定量。

干法就是将待分析的物质放置在火上灼烧,根据火焰的颜色、物质熔化和挥发的难易,判断所含成分。这在古代就已经出现了。17 世纪出现了吹管分析。这是人们在冶炼金属过程中使用风箱得到的启示。17 世纪中叶就有玻璃工人借助一根小管,用嘴把气吹入火焰,以获得较高温度。到化学科学实验兴起后,一些人把它引进化学实验中。简单的吹管就是一根金属管,一端呈喇叭形,紧贴唇口,另一端是尖头,深入火焰。有的还附有收集唾液的小室,尖头镶有白金。使用时把待化验的金属矿粉放置在一小块木炭的穴中,然后用吹管把油灯、蜡烛、酒精灯焰吹到一些金属氧化物上,使之熔化成小球,根据金属颗粒的特性来鉴定。后来又使用硼砂、磷酸盐等作为助熔剂。不过,这样的技艺作为定性分析手段精确度是不够的。

湿法分析是通过物质的溶解、反应、沉淀、结晶等,显现出不同物质的不同特性,在各个化学实验中所获得结果的基础上,经总结完善而成系统化。1821 年,德国化学家普法夫(Christlan Heinrich Pfaff,1773—1852)出版了《分析化学教程》,提出使湿法检验简单化和减少盲目性,应进行初步试验,建议先用一种强有力的溶剂,如硝酸、盐酸把试样溶解,然后再用几种基本试剂进行检验。这些试剂有硫化氢、硫化铵、碳酸铵、氨水、苛性碱等，从而奠定了化学分析的基础。

19 世纪期间，瑞典化学家贝采利乌斯在测定多种元素的原子量中，将新的试剂和新的仪器设备引用到分析化学中，把定性分析和定量分析结合在一起，在 1841 年出版的著作《化学教程》中绘出了一些使用的分析仪器(图 3－1)和天平(图 3－2)。

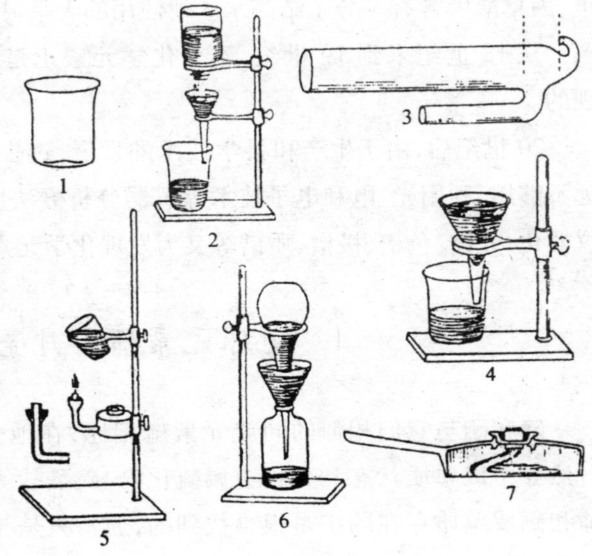

图 3－1 贝采利乌斯使用的分析仪器

1. 烧杯； 2. 自动洗涤沉淀设备； 3. 仪器 2 的毛细调节器； 4. 过滤架和漏斗； 5. 灼烧沉淀； 6. 自动过滤仪； 7. 酒精灯。

1829 年德国化学家罗泽(Heinrich Rose, 1795—1864)制定了系统定性分析方案，按固定顺序将盐酸、硫化氢气、硫化铵、碳酸铵加到试液中，每加入一种试剂，就可以沉淀出一组元素，然后再分别对各组沉淀进行检验。

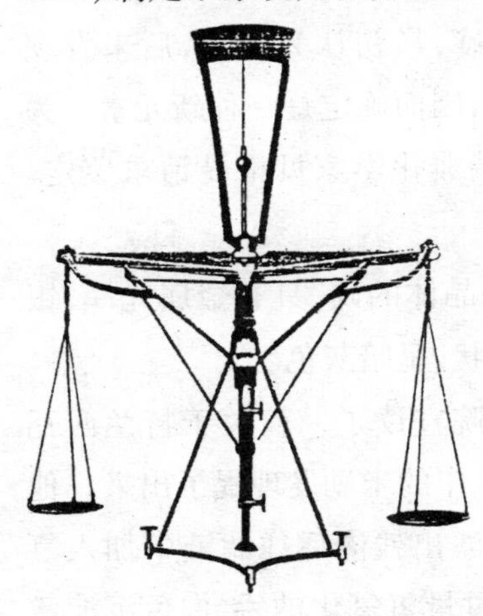

图 3－2 贝采利乌斯的分析天平

到 19 世纪末，美国化学家诺伊斯(Arthur Amos Noyes, 1866—1936)进一步精细研究和改进，使定性分析系统化更加完善。

1862 年德国化学家弗雷泽纽斯(Carl Remegius Fresenius, 1818—1897)创办第一份专业化学分析杂志，发表了一些关于重量分析的论说，提出某些元素进行重量的称量方式，例如利用草酸沉淀钙，必须将草酸在灼烧后再称重,因草酸中含有一分子结晶水。他使用的天平灵敏度可达0.1毫克。

从18世纪末到19世纪,不少化学元素正是从分析化学的发展中被发现的。

20世纪后,由于生产和科学技术的发展,过去应用的化学分析方法已远远不够用,利用光、电和电子技术等仪器分析方法应需求而产生,使分析化学仪器化,光谱、色谱、极谱、质谱等又为发现化学元素开辟了新的道路。

3-1 地球元素碲和月亮元素硒

碲和硒与它们相似的同族元素硫相比,在地壳中的含量少得多。硫在自然界中以单质状态和各种金属硫化物、硫酸盐等化合物状态广泛分布,而碲和硒成单质存在的矿是很难找到的,通常只是与天然硫化物混杂在一起。这些情况注定了硫早在远古时代就被人们发现和利用,而碲和硒则晚得多。

碲在自然界中有一种与金在一起的合金,中古时期在匈牙利王国东部特兰西瓦尼亚(Transyl Vania)发现,被称为aurum problematicum(可疑金)或aurum paradoxicum(奇异金),是一种浅蓝白色的天然碲和金的合金。1782年,奥地利首都维也纳一家矿场监督瑞钦斯坦男爵米勒(Franz Joseph Müller von Reichenstein,1740—1825)从这种矿石中提取出碲,最初认为是锑,后来发现它的外表虽然与锑相似,但它的性质却与之不同,因而确定是一种新元素。为了得到其他化学家们的证实,米勒将样品寄交瑞典化学家贝格曼请求鉴定。由于样品量太少,贝格曼只是证实它不是锑。

碲在一般条件下有两种同素异形体,一种是晶体的碲,具有金属光泽,银白色,性脆,是与锑相似的;另一种是无定形粉末状,呈暗灰色。

1798年1月25日,克拉普罗特在柏林科学院宣读了一篇关于特兰西瓦尼亚的金矿论文,又重新把这个被人们遗忘了16年的米勒发现提了出来。他将这种矿石溶解在王水中(生成可溶性$TeCl_4$),滤出残渣后往滤液中加入氢氧化钠,析出白色沉淀(含水TeO_2)。但在加入过量氢氧化钠后,白色沉淀又溶解(生成Na_2TeO_4),留下棕色氢氧化铁沉淀。克拉普罗特就把沉淀滤掉,再用盐酸中和,白色沉淀再次析出。他认为这种白色沉淀物是一种新元素氧化物。

于是他将这种白色沉淀物洗净并烘干,用油调成糊状物,放置在烧瓶中干馏,烧至红热,在烧瓶内壁凝结出一些银白色金属颗粒。克拉普罗特将其命名为 tellurium(碲),元素符号为 Te。这一词来自拉丁文 tellūs(地球)。

克拉普罗特一再申明,这一新元素是 1782 年由米勒发现的。

克拉普罗特在发表报告后接到匈牙利一位化学教授基塔贝尔(Paul Kitaibel,1757—1817)的来信,说明他在 1788 年从一种含银、铁、铋的碲化物矿 wehrlite 中也发现碲,断定与从可疑金中得到的是同一元素。克拉普罗特复信肯定了他的发现。他们两人的通信至今仍存放在匈牙利博物馆中。

在很长一段时期内,碲被认为是一种金属。1832 年贝采利乌斯确定它和硒、硫的许多性质相似,此后碲才列入非金属中。

碲是能与金化合的为数不多的几种元素之一,因此碲常常是炼金的副产品,由于它也与含铜矿共生,因此也是炼铜的副产品。

碲的主要用途是作为添加剂加入铜和不锈钢等金属中,生成易于加工的合金。

硒是从燃烧黄铁矿以制取硫酸的铅室中发现的。

贝采利乌斯和加恩曾经营一家硫酸制造厂,1817 年他们在铅室底部发现有红色粉末状物质,最初认为是碲,经过分析后,确定是一种与碲相似的元素。在 1818 年 2 月 6 日,贝采利乌斯写信给他的朋友瑞士化学家、医生马塞(Alexander Macet,1770—1822)的信中写道:“我在斯德哥尔摩刚刚仔细地研究了我和加恩发现而认为是碲的物质,是一种新物质,它具有引人注目的性质。这种物质具有金属性,与硫相似达到这样一种程度,会使人说它是一种新的硫。它的一切性质是……,如果把它放置在一个大的容器中升华,它将沉积成朱砂红色的花状,但是不氧化,当逐渐冷却时,在一段时间内保持一定程度的流体。可用手随意揉捏,抽成细丝……。当将这种新物质放进火焰中时,它燃烧形成天蓝色火焰,并产生很强烈的萝卜气味,……因为这种新物质的性质与碲相似,所以我称它为 Selenium。"①

Selenium 一词来自希腊文 Selène(月亮)。我们译成硒。元素符号也就定为 Se。

硒有多种同素异形体,其中最稳定的是金属硒,呈灰色;但是,从化合物的溶液中析出时呈红色粉末状硒。在制造硫酸的铅室中沉积的正是这种红色粉末状硒。

贝采利乌斯发现,先将硒溶解在王水中(成亚硒酸),然后滤去残渣。用氨水中和滤液后析出沉淀(二氧化硒)。将此沉淀与金属钾混合,强热后又得到红色硒。

硒在燃烧时火焰为淡绿色,没有强烈的萝卜气味出现,由此确定它与碲是两种不同的元素。

硒具有半导体性和光传导性,当它被光照射时内部电子被激活,电导率增大。停止照射时,恢复到原来的传导性。硒在被发现后最初只是用作玻璃的脱色剂,但到 1880 年硒被发现具有特殊的光电效应后,便一跃成为贵重的硒光电池的原料。

硒的光电效应还应用在复印技术中。复印时首先给一块覆有硒的硒板或硒带充电,使之带静电,然后使之对着印刷页。当光线照射并穿过印刷页时,光照到硒板上的电荷被静电去除,而与印刷页上深色图案相对应的硒板上的电荷则保留下来。然后把含有细炭粉的着色剂散布在硒板上,着色剂就粘在带电区域,得到原始文件。

硒的发现是化学工作者为化害为利和变废为宝而作出重大贡献的典范之一。针对硒的发现,曾有一位化学史学家赞颂化学家们说:"化学家像是着了魔似地疯狂冲动起来,他们是一些力图在尘雾、蒸汽、烟炱、火焰、毒物和穷困中寻找出快乐的神奇人物。"②

---

① M. E. Weeks, *Discovery of the Elements*, p. 309, 6th. edition, 1956.

② 赵匡华编著,107 种元素的发现,125 页,北京出版社,1983 年。

3－2 “后生可畏”的铀和钍

谁也没有料到，在18世纪末发现的铀和在19世纪初发现的钍，这两种曾被看作是没有用的普普通通的金属，却在分别经过了约100年和70年后被发现具有一种特殊的放射性，又过了约50年，前者已经成为能产生巨大能量核反应堆中的燃料和制造具有巨大威力的原子弹的原料，后者也将可能步前者后尘在核能源中发挥重要作用，真可谓后生可畏。

虽然铀通常被认为是一种稀有金属，其实铀在地壳中的含量比银、汞、铋这些早被古代人利用的元素要多。只是要从铀矿中取得铀，就不像从含汞的矿石中取得汞那样简易。这就注定了它比汞这些元素的发现晚得多。

常见的铀矿是pitchblende（沥青铀矿）和carnotite（钒钾铀矿）。沥青铀矿是深蓝黑色的矿物，具有沥青似光泽，因此得名。它的化学成分是二氧化铀UO_2、三氧化铀UO_3等氧化物和铁、铜、铅等。钒钾铀矿实质上是一种复杂的钾和铀的钒酸盐，它的近似组成成分是$K_2O \cdot 2UO_3 \cdot V_2O_5 \cdot 3H_2O$。

人们认识铀正是从这两种矿石开始。在18世纪末，沥青铀矿在欧洲被当时的化学家认为是含铁和锌的矿石。

1786年8月，德国化学家克拉普罗特发表分析研究沥青铀矿的报告说：“将此矿石部分溶解在王水中后，冷却、过滤，用碱液处理，得到黄色氧化物沉淀物。将这种沉淀物溶解在硫酸中产生一种柠檬黄色结晶硫酸盐；溶解在硝酸中产生一种绿色结晶硝酸盐；溶解在盐酸中产生一种黄绿色结晶氯化物；溶解在醋酸中产生一种类似黄玉的黄色结晶醋酸盐；溶解在磷酸中产生一种黄色无定形磷酸盐，这些现象证明这种矿石不属于含锌或铁的矿石，也不属于含钨的矿石，总括说，不属于含迄今为止已知金属的矿石，我们应当不再称它为pitchblende，而用近期发现的一颗天文行星uranus（天王星）称它为uranite。”①

克拉普罗特又说：“我将120克冷（grains，重量单位，1克冷＝0.0548克）

① J. W. Mellor, *A Comprehensive Treatise on Inorganic and Theoretical Chemistry*, vol. XII, p. 1—2.

黄色氧化物研成粉末,用亚麻仁油调成糊状,放置在一个陶瓷碎片上点燃亚麻仁油,燃烧后留下一种85克冷重的黑色粉末,再将这黑色粉末放置在敞开的骨炭坩埚中加热,得到一种具有金属光泽的暗棕色粉末。"[①]他认为这是金属铀。

铀的拉丁名称 Uranium 和元素符号 U 正是从克拉普罗特命名的沥青铀矿名而来。

经过了55年后,克拉普罗特逝世后24年,法国中央工艺学院分析化学及玻璃工艺学教授佩利戈(Eugére Melchior Peligot,1811—1890)分析了铀的氯化物 UCl_4,结果从100份重氯化铀中得到110份重的铀和氯,对这种不可能的结果作出唯一的解释是,氯化铀能与水作用而生成氧化铀 UO_2 和氯化氢两种化合物:

$$UCl_4 + 2H_2O = UO_2 + 4HCl$$

因为当时化学家们不能将氧化铀用氢或碳还原,所以误将氧化铀认为是金属铀。这就是说,克拉普罗特得到的金属铀实际上是二氧化铀。

佩利戈用金属钾还原了氯化铀,将金属钾与无水氯化铀同置于白金坩埚中,密闭后加热。这是一个具有危险性的实验,因为白金坩埚中所盛物质达到白热时一定会发生爆炸。佩利戈考虑到这种情况,就把一只小白金坩埚放在一只大白金坩埚中,当小白金坩埚中的物质开始起反应时,立即熄灭火焰,等到猛烈反应变得和缓后,才加高热,以除去其中剩余的钾,并使已还原的铀聚集成块。当坩埚中物质冷却后,用水溶去其中所含的氯化钾,得到黑色金属铀。

铀的氧化物有四种,它们是:①二氧化铀 UO_2,黑色结晶体;②氧化铀 U_3O_8,橄榄绿色粉末;③三氧化铀 UO_3,黄色粉末;④过氧化铀 $UO_4 \cdot 2H_2O$,黄色晶体。克拉普罗特所说的从铀矿中得到的黄色氧化物可能是后二者之一。

如今从铀矿中提取铀仍用佩利戈的方法,先制得铀的氧化物,然后转变成氯化物,再用钾、钠等还原。

---

① J. W. Mellor, *A Comprehensive Treatise on Inorganic and Theoretical Chemistry*, vol. XII, p. 1—2.

金属铀呈银白色,粉末能在空气中被氧化而燃烧。它的化学活性非常强,能与稀有气体以外的所有元素反应。

现在已知铀有15种同位素,质量数从226—250,其中U-234、U-235、U-238是天然存在的。

1896年发现铀具有放射性;1942年首先利用U-235制成核反应堆;1945年第一次原子弹试验成功。

谈到钍,它在地壳中的含量约为铀的2.7倍,但它的富矿较少,最主要的是独居石。这是一种与多种稀土元素共生的矿石,是成分复杂的磷酸盐矿(Ce、La……)PO_4,从中分离出钍是比较困难的,因而它被发现较晚。

1815年,贝采利乌斯在分析瑞典法龙(Fahlum)地区出产的一种矿石时,发现一种新金属氧化物与锆的氧化物性质很相似,便用古代北欧传说中的雷神Thor命名这一新金属为thorium。当时的化学家们都承认了,因为贝采利乌斯是当时欧洲化学界的权威。

可是10年后,贝采利乌斯发表文章说,那个名为thorium的新元素不是新的,含它的矿石只是钇的磷酸盐。

到1825年,瑞典一位牧师埃斯马尔克(J. Esmark)在挪威西南部勒佛岛(Lövö)上的花岗岩中发现一种质重色黑的矿石。他的父亲是一位著名的教授,怀疑这种黑色矿石是一种含钽的矿石,就嘱咐埃斯马尔克把矿石寄给贝采利乌斯研究。

贝采利乌斯经过分析对比,判断其中含有一种新金属元素,仍用thorium命名它。矿石就命名为thorite。今天的名称是硅酸钍矿,其中主要成分是硅酸钍$ThSiO_4$。钍的拉丁名称和元素符号也由此确定下来。

可是贝采利乌斯第二次发现的钍却引起一些争议。

1851年,德国波恩(Bonn)大学化学教授伯格曼(Carl Wilhelm Bergmann,1804—1884)发表关于一种挪威出产的橙色矿石(主要化学成分也是硅酸钍)的分析报告,说这种矿石呈现橙色,因而称它为橙色矿organgite。他说:“这种矿石的硬度在萤石和磷灰石之间。比重为5.39。这种矿石经分析表明是一种含硅和钙的水合物，还含有少量铁、镁、锰、钾、钠和71%的新金属氧化物。"①

伯格曼将这一新金属命名为donarium，来自日耳曼民族神话中的雷神Donar。他制得了这一新金属，方法是用金属钾还原它的氧化物。这一新金属接触热水后会缓慢氧化成黄灰色物质，与硫酸作用形成硫酸盐，用王水处理生成红色氧化物，但不与冷盐酸和硝酸作用。

此后不到一年，德国矿物学家达莫尔（Augustin Alexis Damour，1808—1902）发表他分析橙色矿的报告，指出它是钍的硅酸盐的水合物，含有少量钙、铅、铀、镁和铁以及痕量的锰、铝、钾和钠，donarium的氧化物正是钍的氧化物。他还指出，伯格曼测得的橙石矿比重值是不正确的，得到的黄灰色物质是由于铅和铀的存在。

伯格曼撤销了donarium的命名。

可是关于钍的发现纠纷到此并没结束。

1901年，美国化学家巴斯克维尔（C. Baskerville，1870—1922）宣称钍不是一种纯净的元素，从钍的氯化物中分离出两种新元素，分别命名它们为berzelum和carolinium，前者纪念贝采利乌斯，后者是纪念他获得化学博士学位的美国北卡罗来纳（North Carolina）州大学。后来这两个元素也被否定了。

钍在元素周期表中属于锕系，曾被列入稀土元素族中。稀土元素的性质极其相似，而它们的发现也是一波三折。早在1811年，英国化学家托马斯·汤姆森（Thomas Thomson，1773—1852）和德国一家科学杂志编辑吉尔伯特（L. W. Gillbert，1769—1824）从稀土元素矿物中发现的junonium和vestium在钍发现后，也曾来"上门认亲"，虽然它们分别来自罗马神话中掌管妇女婚姻和生产的女神Juno和来自罗马神话中的灶神Vesta，还是和北欧神话中的雷神Thor没有"宗族"关系。

钍的氧化物和其他稀土元素的氧化物一样，很难还原。贝采利乌斯曾用

① William H. Waggoner, *Spurious Elements*, Part II Donarium, Chemistry, vol. 48, No. 8, September 1975, 23.

金属钾与氟化钍钾作用,但只获得不纯的金属钍:

$$K_2ThF_6 + 4K \xlongequal{} 6KF + Th$$

到后来电解熔融的 K_2ThF_6 才得到较纯的钍。

金属钍和镁的合金用作耐高温合金,还可用作电子器件中的高效电子发射极。由于燃烧时钍的氧化物会发出强亮光,所以也用于制便携式汽灯罩。

钍的放射性在1896年被发现,现已知质量数从213—236共25种同位素,都具有放射性。将含钍的氧化物和碳化物放置在核反应堆中用中子轰击,经由镤-233转变成铀-233。

铀-233能与铀-235一样裂变,钍-232在地壳中的储量比较丰富,由此可弥补核反应堆中所需铀原料供应的不足,钍将步上铀的后尘。

3-3 神仙、神女下凡成钛、钽、铌和钒

钛是一种金属,在自然界中含量比铜和锌更丰富。但由于钛与氧结合非常牢固,很难将其从所含的矿石中分离出来,因而发现较晚。

含钛的主要矿石是金红石 TiO_2 和钛铁矿 $FeTiO_3$。它的发现也正是分析这两种矿石的收获。早在1791年英格兰西南端康沃尔(Cornwall)郡门拉坎(Menacan)教区有一位牧师叫格雷戈尔(William Gregor,1762—1817),他非常热爱研究矿石,并具有精确的化学分析技术,曾分析他所属教区内出产的一种灰黑色矿砂,也就是今天称为钛铁矿的矿石,得出如下结果:

磁铁矿　$46\frac{9}{16}\%$

氧化硅　$3\frac{1}{2}\%$

棕色矿渣　45%

丢失量　$4\frac{15}{16}\%$

他将分析所得的棕色矿渣溶解在硫酸中,得到黄色溶液,在这黄色溶液中加入金属锌、锡、铁等,就转变成紫色。他说:“这种黑砂的特殊性质使我相信

其中含有一种新的金属物质。为了把这种物质与其他物质区分,我冒昧建议,根据发现它的地区 Menacan,称它为 menacanite。"①

钛铁矿遇硫酸会发生下列反应:

$$FeTiO_3 + 2H_2SO_4 \longrightarrow TiOSO_4 + FeSO_4 + 2H_2O$$

锌、锡、铁等使钛的 4 价离子 Ti^{4+} 还原成 Ti^{3+},$TiOSO_4$ 转变成 $Ti_2(SO_4)_3$,呈现出紫色。

4 年后,德国分析化学家克拉普罗特分析了匈牙利布伊尼克(Boinik)地区出产的金红石,认识到它是一种新金属的氧化物,具有抗酸、碱溶液腐蚀的特性,便借用希腊神话中天神和地神生出的巨人族太旦族 Titans 命名这个金属为 titanium,也就是钛,元素符号因而采用 Ti。

两年后,克拉普罗特又分析了门拉坎出产的黑色矿砂,结果是:

氧化铁	51%
氧化钛	42.25%
氧化硅	3.5%
氧化镁	0.25%

这个含量为 42.25% 的氧化钛与格雷戈尔分析得出的棕色矿渣的量大致相等。格雷戈尔命名的 menacanite 中含有的元素正是克拉普罗特的 titanium。因此克拉普罗特说:"门拉坎地方的格雷戈尔先生献身于研究矿物化学。他的贡献不仅是首先报道了这种矿石,而且详细地研究了关于它的化学成分。这些研究的主要结果是其中除铁外,还有一种性质不明的特殊金属氧化物。根据我后来的研究,发现在这种矿物中,除含铁外还含有一种主要成分,它和匈牙利所产金红石里所含的成分一致,即钛的氧化物。"②

但是,在钛发现后的很多年里,许多人试图从钛的化合物中分离出钛单质,但都没有成功。直至 1910 年,美国化学家亨特(M. A. Hunter)利用钠还原四氯化钛,得到了纯度为 99.9% 的钛。

① J. W. Mellor, *A Comprehensive Treatise on Inorganic and Theoretical Chemistry*, vol. VII. p. 1, 1927.

② M. E. Weeks, *Discovery of the Elements*, 6th. edition, 1960, p. 549.

钛的比重只比铝大1.5倍，硬度却是铝的6倍，由于它具有极强的抗腐蚀性，如今已成为尖端技术中不可缺少的材料。

二氧化钛是一种白色粉末，用作涂料和纸张、塑料的着色剂。由于它能反射所有波长的光，所以也被用在防晒霜中。

四氯化钛是一种无色液体，接触到潮湿空气后形成一层厚厚的白雾，在农业上可利用它的这一特性来防霜冻，在军事上用作烟幕弹，飞机在空中作飞行表演时也用到它。

钽和铌在自然界中的含量比钛少得多，可以看作它们的发现比钛晚的一个原因。

1801年11月26日，英国化学家哈切特（Charles Hatchett，1765—1847）在英国皇家学会宣读了一篇论文，题目是《北美一矿物分析含有一种至今未知的金属》。他分离出这种金属的氧化物，认识到它与氧的结合力很强，不易还原。这种氧化物的溶液显酸性，能使石蕊变红，在与金属碳酸盐作用时释放出二氧化碳等。

这种矿石的比重较大，黑色带有金色条纹是美国康涅狄格州第一任州长的孙子寄赠给英国博物馆收藏的。因此哈切特就把这个金属命名为Columbium，我们曾译为钶，元素符号用Cb。这一词来自Columbia，原意是纪念15世纪意大利航海家哥伦布的。

第二年，也就是1802年，瑞典化学家厄克贝里（Anders Gustav Ekberg，1767—1813）宣布，他从芬兰一个叫基米托（Kimito）的地方出产的一种矿石里分离出一种新金属，称为tantalum，我们译成钽，元素符号是Ta。这一名称来自希腊神话中众神之主宙斯（Zeus）的儿子旦塔勒斯（Tantalus）。

化学家们对这两种新金属的性质进行了研究，多数人认为它们是同一种金属。

事实上哈切特和厄克贝里只是发现了钶和钽的混合物，在一种情况下钶占较大的含量，而在另一种情况下钽占较大的含量。

到1809年，英国化学家渥拉斯顿发表《钶和钽同一性》的论说，指出这两种金属氧化物具有相同的密度，它们二者之间在化学性质方面没有区别。

30年后,1844年,德国化学家罗泽从波登马伊斯(Bodenmais)地方出产的一种矿石中分离出两种性质相似的元素,其中一个被认为是钽,另一个被认为是新元素,借用旦塔勒斯的女儿尼奥婢(Niobe)的名字命名为niobium(铌),元素符号采用Nb。两年后,他又宣称,在同一矿石中还存在第三种新元素,又用尼奥婢的兄弟佩洛勃斯(Pelops)的名字命名为pelopium。到1853年,他又声明,pelopium的化合物只不过是niobium的一种不同价态,二者是同一元素。一直到1860年,德国化学家科贝尔(Franz von Kobell,1803—1882)声称,发现一种和钶、钽性质相似的一种新元素,用罗马神话中狩猎女神丹娜(Diana)命名为dianium,可是不久,另一化学家证明,dianium就是niobium。

一直到1866年,瑞士化学家马里尼亚克(Jean Charles Galissard de Marignac,1817—1894)对含钶和钽的矿石以及这两种金属的性质进行了研究,确定它们是两种不同的元素,比较重的是钽,而轻一些的是钶,也就是铌。

罗泽也证明,正如哈切特在发现钶时一样,钶的氧化物易与金属碳酸盐作用放出二氧化碳,但钽的氧化物比较不易与碱金属碳酸盐作用。

$$Nb_2O_3 + 3Na_2CO_3 \longrightarrow 2Na_3NbO_4 + 3CO_2 \uparrow$$

这样,在后来一段时期里,同一元素出现了两种不同的名称,在美国采用了钶;在欧洲则采用铌。1949年国际纯粹和应用化学联合会接受了铌的名称,舍弃了钶。

钽的名称和元素符号被保留下来。

铌和钽在化学元素周期表中同属一族,性质很相似。它们在自然界中是共生的,主要矿物是共生成铌铁矿和钽铁矿$(Fe\ Mn)(Nb\ Ta)_2O_6$,根据含量较多的元素称为铌铁矿或钽铁矿。

一直到19世纪后半叶,马里尼亚克创造了分步结晶法,首先分离出这两种元素的化合物。这是根据七氟钽酸钾(K_2TaF_7)和五氟铌酸钾(K_2NbOF_5)的溶解度不同,在1%氢氟酸HF中,20℃时K_2TaF_7的溶解度为K_2NbOF_5的$\frac{1}{12}$。这两种化合物的制备按下列反应式进行:

$$Nb_2O_5 + Ta_2O_5 + 8KF + 16HF \longrightarrow 2K_2NbOF_5 + 2K_2TaF_7 + 8H_2O$$

将 K_2TaF_7 在熔融状态下电解得到金属钽；Nb_2O_5 在高温下用碳化物还原得到金属铌。

钽的熔点仅次于钨和铼，能抵抗任何化学试剂的侵蚀，比铂便宜，因此有时被用作铂的代替品。耐腐蚀的钽、钨、钴合金及钽、钨、钼合金应用于耐酸性的化工设备中。因钽与人体完全无反应，故可用于骨骼的接合中。

铌广泛用于合金中，加入钢中使钢能耐受更高的温度；高纯度的铌吸收中子少，用作核反应堆的材料；铌与锌等金属的合金是优良的超导磁性材料。

还有一个与钽和铌性质相似的元素是钒。关于钒的发现，贝采利乌斯在 1831 年 1 月 22 日写给德国化学家维勒（Friedrich Wöhler，1800—1882）的信中，有一段生动的叙述："关于我今天寄给你的这个样品，我要告诉你一段逸事：在古代遥远的北方，住着一位美丽而可爱的女神凡娜迪丝（Vanadis）。一天，有一个人来敲她的门，女神仍在舒服地坐着，并且在想，让他再敲一下吧。但是她再也听不到敲门声，敲门的人走下台阶去了。女神好奇地打开窗子看了看，是谁被允许进来而如此满不在乎。她看到了走去的那个人，啊！她自言自语地说，原来是维勒这个家伙。好吧！让他空跑一趟也是应受的。如果他不那么冷淡，他是会被请进来的。这家伙在窗下走过时竟也没有向窗口探一下头……几天后，又一个人来敲门。但是这一次他敲个不停，女神最后起身去开门了。塞夫斯特穆走进来，钒就被发现了。"①

维勒是贝采利乌斯的好友，在 1831 年前曾经研究过墨西哥奇马潘（Zimapan）地方出产的钒铅矿 $PbCl_2 \cdot 3Pb_3(VO_4)_2$，发现它有些奇异，认为其中可能含有一种新金属，但却没有研究下去。这就是贝采利乌斯在给维勒的信中对他婉转的批评。

早在 1801 年墨西哥采矿工程师德尔里奥（Andres Manuel del Rio，1764—1849）研究过这种钒铅矿，并且宣称其中含有一种新金属，命名它为 erythronium，来自希腊文 erythros（红色），因为这一矿石溶于酸中后形成的盐在灼热时产生一种红色物质。现在我们知道这红色物质是五氧化二钒（V_2O_5）。

---

① M. E. Weeks, *Discovery of the Elements*, 6th. edition, 1960, p. 353—354.

可是,1805 年法国化学家科莱·德斯科蒂(Hippolyte Victor Collet·Descotils。1773—1815)宣布,erythronium 不是一种新元素,只是铬的氧化物,钒铅矿的化学成分是碱性铬酸铅。erythronium 就被否定了。德尔里奥也因在实验研究中吸入盐酸气受到伤害而未继续研究。

到 1830 年,瑞典化学家塞夫斯特穆(Nils Grabriel Safstrom,1787—1845)在研究瑞典塔堡(Taberg)出产的铁矿中,发现这种铁矿炼成的铁的性质有些异常,将这种铁溶解在酸中后,出现不溶的黑色金属粉末,检验它的性质,既非铬,又非铀。他认为是一种新金属元素,就用瑞典所在的斯堪的纳维亚半岛上传说的女神费莉娅·凡娜迪丝(Freya Vanadis)命名它为 vanadium,元素符号定为 V。我们译成钒。

钒存在于某些沉积的铁矿中,因而它在铁矿石中被发现。

钒在自然界中的丰度排列在铌和钽之前,含量比锌、铅等普通金属都大,但是含它的矿很分散,富矿很稀少,不易从它们的化合物中分离出来。塞夫斯特穆获得的只是钒的氧化物。到 1869 年英国化学家罗斯科(Henry Enfield Roseco,1833—1915)采用氢气还原二氯化钒得到金属钒。

钒主要用作炼钢添加剂,增强钢的耐磨性、抗应力性和高温,一般是在炼钢中加入钒的化合物而不是金属钒。钒钢用来制造发动机部件和切割工具。还用来建造核反应堆结构部件。

3-4 分析宝石得到的锆、铬和铍

含锆的天然硅酸盐 $ZrSiO_4$ 矿石称为锆石(Zircon)或风信子石(hyacinth),无色,常被杂质染成黄、橙、红等色,硬度 7—8,自古以来被认为是宝石。据说 zircon 这一词来自阿拉伯文 zarqūn,是朱砂的意思;又说来自波斯文 zargun,是金色的意思;hyacinth 则来自希腊文百合花一词。印度洋中的岛国斯里兰卡是出产各色含锆矿石的有名地区。

化学家们很早就对锆石进行了分析,认为是含硅、铝、钙和铁的化合物。例如 1777 年瑞典化学家伯格曼分析斯里兰卡出产的风信子石后指出,其中含氧化硅25%、氧化铝40%、氧化钙20%、铁的氧化物13%。1787年,德国药剂师维格勒柏(Johann Christrian Wiegleb,1732—1800)发现其中只有二氧化硅和少量钙、镁、铁的氧化物。

1789年,德国化学家克拉普罗特发表研究来自斯里兰卡锆石的报告:将它与氢氧化钠共熔,用盐酸溶解冷却物,在溶液中添加碳酸钾,沉淀,过滤,并清洗沉淀物,再将沉淀物与硫酸共煮,将所得溶液蒸发至干,将残渣再与硫酸共煮,然后滤去硅的氧化物。在滤液中检测,均未发现钙、镁、铝的氧化物。将碳酸钾再加入滤液后出现沉淀物。这个沉淀物不像氧化铝那样溶于碱液,也不像镁的氧化物那样和酸作用。克拉普罗特认为这个沉淀物和以前所知的金属氧化物性质不同,因此说:"我认为自己有理由作出结论,这个沉淀物中含有一种未知的独特而简单物质的氧化物。我提议称它为zirconerde(锆土——氧化锆)——一直到可能在其他矿物中发现,或者在拥有其他性质后再提出合适的名称。"①

克拉普罗特再次分析了伯格曼分析过的同一矿石,得出含zirconerde70%,其余是氧化硅25.0%和铁的氧化物0.5%。看来,伯格曼错把Zirconerde当作氧化铝和氧化钙计算了。维格勒柏也错误地出现类似情况。

不久,法国化学家吉东德莫尔沃(Louis Bernard Guyton de Morveau,1737—1836)和沃克兰(Louis Nicolas Vauquelin, 1763—1829)两人都证实克拉普罗特的分析是正确的。zirconerde的存在被肯定,元素得到zirconium的命名,符号定为Zr,我国译成锆。

锆的发现和其他一些元素的发现一样,是从一种矿石中发现的。一种含有某一元素的矿石传到某一化学家手中,往往是偶然的。但是认识它,分析它,需要具有化学分析的知识和技能,更需要专心一致,这是必然的。一位化学分析专家也会从他的手中漏掉一种本应发现的元素,一位学习过分析化学和具有一些分析技能的青年人也能从一种矿石中发现一种新元素。不过,分析化学的知识和技能是随着化学自身的发展而不断增长起来的,这是化学元

① J. W. Mellor, *A Comprehensive Treatise on Inorganic and Theoretical Chemistry*, vol. Ⅶ. p. 98.

素发现的历史条件。

一直到今天,克拉普罗特最初研究锆的硅酸盐实验操作仍是工业上提取锆的基础。锆石与氢氧化钠共熔,生成锆酸盐:

$$ZrSiO_4 + 4NaOH \longrightarrow Na_2ZrO_3 + Na_2SiO_3 + 2H_2O$$

由于锆酸盐会部分水解,用硫酸或盐酸与它作用,生成 $ZrOSO_4$ 或 $ZrOCl_2$。

它们与碳酸钾作用后生成锆的碳酸盐沉淀。碳酸盐受热即分解,放出二氧化碳气,留下锆的氧化物。

1824 年,贝采利乌斯将干燥的金属钠与六氟锆钾 K_2ZrF_6 混合,放置在一小铁管中,密闭管口,放入铂制坩埚中强热,获得不纯的金属锆:

$$K_2ZrF_6 + 4Na \longrightarrow Zr + 4NaF + 2KF$$

1890 年,德国化学家温克勒尔(Clemens Alexander Winkler,1838—1904)利用金属镁还原锆的氧化物得到金属锆。

一直到 1914 年,荷兰一家金属白热电灯制造厂的两位研究人员列里(D. Lely)和汉保格(L. Hamburger)将四氯化锆和金属钠作用,取得纯金属锆。

金属锆呈银白色,很容易吸收氧、氮和氢气体分子,在 1000℃时用肉眼可以看到锆因吸收氧气而自身体积膨大,用在真空管制作中排尽气体。

锆合金在水中抗腐蚀性极强,用在核反应堆中,通常是将铀粒装在锆合金长管燃料棒中,数百支燃料棒浸于水等冷却剂中,冷却剂用于吸收并带走铀裂变产生的大量热量。

锆石折射率异常高,当光通过它时会有很大角度的改变,无色的锆石晶体会呈现异乎寻常的奇异色彩,可以用作钻石的代替饰品,各种有色锆石经磨光后制成宝石。

分析宝石除得到锆外,还有铬和铍。

铬是 1797 年沃克兰从当时称为红色西伯利亚矿石中发现的。早在 1766 年,在俄罗斯圣彼得堡任化学教授的德国人列曼(J. G. Lehmann)曾经分析过它,确定其中含有铅。1770 年俄罗斯科学院院士帕拉斯(P. S. Pallas)描述了这种矿石:这种矿石有各种颜色,有些好像是朱砂(红色硫化汞)。这种沉重的矿石晶体具有不规则的四面体。嵌在石英中就像小的红宝石。

帕拉斯是一位地理学家和矿物学家，也是一位旅行家，正是他把这种矿石带到了西欧化学家们的实验室中。

1794 年，沃克兰分析了这种矿石，确定其中除铅外，还有铁和铝。同时另一些化学家的报告中说，其中还含有钼、镍、钴、铁和铜。

1797 年，沃克兰再次分析这种矿石。他将这种矿石粉末一份和碳酸钾两份共同煮沸，结果除得到碳酸铅沉淀外，还得到一种黄色溶液。当在这种黄色溶液中加入氯化汞时，又得到红色沉淀；加入氯化亚锡的盐酸溶液后又转变成绿色，由此他确定这种矿石中存在一种新元素。

第二年，沃克兰果然从这种矿石中制得一种新金属。他先将这种矿石溶解在盐酸中，使其中所含的铅转变成氯化铅沉淀，以除去铅，然后他将所得到的滤液蒸发至干，以提取这种金属的氧化物。他把这种金属氧化物放入一个石墨坩埚中，混合木炭粉末，外面再罩上一只陶土坩埚，然后强热，半小时后静置冷却，打开坩埚，得到一种灰色针状金属。

法国化学家富尔克鲁瓦（Antoine François de Fourcory，1755—1809）和晶体学家、矿物学家阿维（René Just Haüy，1743—1822）命名这一新金属为 chrome，来自希腊文 chrōma（颜色），由此得到铬的拉丁名称 chromium 和元素符号 Cr，我国曾音译成“克罗米”。

红色西伯利亚矿的成分经分析确定是铬酸铅 $PbCrO_4$。沃克兰对它进行的化学分析可以用下列化学反应式表示：

$$PbCrO_4 + K_2CO_3 \longrightarrow PbCO_3\downarrow + K_2CrO_4\text{（黄色）}$$

$$K_2CrO_4 + HgCl_2 \longrightarrow HgCrO_4\downarrow\text{（红色）} + 2KCl$$

加入氯化亚锡的盐酸溶液变成绿色，是生成 $CrCl_3$，三价铬离子呈现绿色。

同年，沃克兰还确定铬存在于红宝石中。红宝石也称刚玉，化学成分是 Al_2O_3。今天人造红宝石正是把纯净的氧化铝和少量铬的氧化物放置在氢氧焰中熔合而制得的。

后来有人认为沃克兰制得的金属铬是铬的碳化物，1899 年，用铝热法获得了纯净的铬。

所谓铝热法，是将铝粉和三价氧化铁混合并用镁引线点燃，产生猛烈火花并放出大量热的反应：

$$2Al + Fe_2O_3 \longrightarrow 2Fe + Al_2O_3 + 203,500\text{ 卡}$$

反应混合物的温度上升到大约3000℃，这时铁和氧化铝都变成液体。这种方法常常应用在铁轨、船舶的断裂处，使熔融的铁流入断裂处而将断裂的部分焊接起来。由于产生高温，也用这种方法还原那些不易用碳还原的金属氧化物，如锰、铬、钼、铀、钨以及硼、硅等，获得的金属或非金属也不会有碳混于其中。

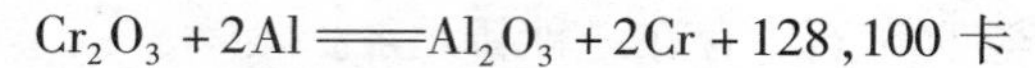

$$Cr_2O_3 + 2Al = Al_2O_3 + 2Cr + 128,100\text{ 卡}$$

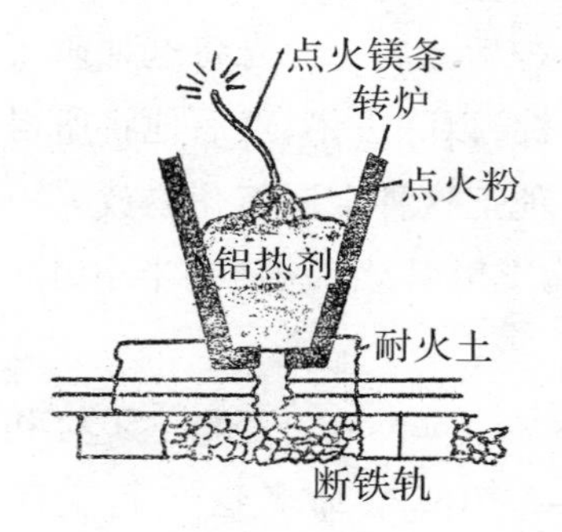

图3-4-1 铝热剂焊接铁轨

熔融的金属从转炉底部流出并焊接断铁轨而不必把铁轨从道床上取出来。

铬和铁的合金就是不锈钢，典型的不锈钢合金含铬量可达18%；用铬制成的红宝石用在激光器中；在铜表面镀上一层铬可形成既具装饰作用又具保护作用的覆层；含铬化合物因具有不同色彩，也用作颜料。

含铍的矿石有许多透明的、色彩美丽的变种，自古以来是最名贵的宝石。我国古代文献中记载着这些宝石，如猫精，或称猫精石、猫儿眼、猫眼石，因为这种宝石具有浓淡不同的彩色同心圆或同心椭圆圈，有的中间还呈现一道浅白光带，像猫的眼睛那样。在今天有关矿物学的书籍中这种宝石被称为金绿玉，或金绿宝石、翠绿宝石(alexandrite)。又如珇琈绿，今天干脆叫做祖母绿(emerald)，或纯绿宝石、绿玉石。还有像海水那样蔚蓝的海蓝宝石(aquarmarine)，或称水蓝宝石、蓝晶。它们都是绿柱石(beryl)($3BeO \cdot Al_2O_3 \cdot 6SiO_2$)的变种。

南美洲的秘鲁和哥伦比亚大量出产绿柱石。印第安人把这些宝石开采出来，运到祭坛处，用于供奉女神；埃及干旱的沙漠里有祖母绿；印度洋斯里兰卡的沙地里埋藏有金绿宝石；我国新疆、内蒙古、甘肃、云南出产有海蓝宝石。

18世纪法国矿物学家、结晶学家阿维研究了金绿宝石和绿柱石的结晶体和物理性质后,发现这两种矿物非常相似,请求化学家沃克兰进行化学分析。结果证明二者化学成分完全相同。同时,发现其中含有一种新元素,称它为 glucinium,元素符号定为 Gl,我们译成铪。这一名称来自希腊文 glykys,是"甜"的意思,因为它的盐有甜味。

沃克兰是将绿柱石溶解在酸中后,添加过量氢氧化钾溶液,获得一种氢氧化物沉淀物。它不溶解在过量的碱溶液中,不能结成矾块,可以溶解在碳酸铵溶液中,它的盐具有甜味。这些性质与当时认识到的氢氧化铝性质不同,因而确定是一种新金属。他在 1798 年 2 月 15 日在法国科学院宣读了他发现这一新元素的论文。

由于已发现的钇的盐类也有甜味,因此 glucinium 改为 beryllium(铍),这一词来自绿柱石(beryl),元素符号为 Be。虽然铍的盐有甜味,但是铍和它的化合物有毒,当吸入人体内时会引起呼吸器官的疾病。

绿柱石中含铍的氧化物 BeO 约 14%,铝的氧化物 $Al_2O_3$19%,硅的氧化物 $SiO_2$67%。

克拉普罗特曾经分析过秘鲁出产的绿玉石,宣称其中含有下列成分:

氧化硅	66.25%
氧化铝	31.25%
铁的氧化物	0.50%

也就说明,他虽然发现了铀、铬等元素,铍却从他手里溜走了。

伯格曼也曾分析过绿玉石,结论是铝和钙的硅酸盐。沃克兰认为他不肯将活跃的智慧应用到实验的细微末节上。

1828 年,德国的维勒和法国的比西(Antoine Alexandre Brutus Bussy,1794—1882)分别独立使氧化铍与氯气反应,生成氯化铍,再用金属钾置换铍,得到金属铍。

工业上冶炼铍多不是用绿柱石作为原料。而是以含氟化钙的萤石、含锂的锂辉石以及从花岗石中提取云母的副产品为原料。

在铜或镍中添加 1%—2% 的铍的合金强度大,用于制作强力弹簧、卫星或精密机械的电子部件。

铍受到 α 粒子轰击时将引发一个核反应，并发射中子，实验室中依此作为中子源。

氧化铍化学稳定性强，耐火性强，被用于核反应堆材料和火箭燃烧室中。

3-5 打开稀土元素大门见到钇和铈

稀土元素是指钪(Sc)、钇(Y)和全部镧系元素。由于它们多数在地壳中含量稀少，而它们的氧化物与氧化钙等土族元素性质相似，因而得名。

稀土元素在地壳中的含量不仅稀少，而且分布也很分散，往往杂乱成矿，再加上它们的性质彼此很相似，因此发现它们和分离它们以及研究它们都比较困难。

镧系元素是指镧(La)、铈(Ce)、镨(Pr)、钕(Nd)、钷(Pm)、钐(Sm)、铕(Eu)、钆(Gd)、铽(Tb)、镝(Dy)、钬(Ho)、铒(Er)、铥(Tm)、镱(Yb)和镥(Lu)，一共15种元素。现已明确，它们在化学元素周期表中应该位于56号元素钡(Ba)和72号元素铪(Hf)之间的一个格子里，由于放不下，就将它们安排在元素周期表的下方。但是在发现它们的初期，在元素的原子序数没有确定以前，它们究竟有多少种，是不明确的。在19世纪末俄罗斯化学家门捷列夫(Дмитрий Иванович Менделеев，1834—1907)发现化学元素周期系时，在周期表(表5-2-1)中虽然给它们留下了一些空位，但是它们的数目和位置都是不正确的。化学家寻找它们就像在茂密的森林里探索，在无垠的大海中寻觅，前后经历了一百多年。在一百多年中报告发现的稀土多达数十种，而它们实际总共只有17种，大多数在“诞生”后就“夭折”了。

由于它们相互混杂存在于自然界中，它们的物理性质、化学性质又十分相近，因此最初发现而被承认的元素并非真正纯净的一种元素，而是几种元素的混合物。但是同样是几种元素的混合物，有的却被承认了，有的却被否定了。有些发现人幸运地获得荣誉，得到发现者桂冠；有些发现人却被人们遗忘了，说他们是错误的发现。

稀土元素在最初被发现的时候，并不是它们的元素，也不是它们的单质状态,而只是它们的氧化物状态,被称为某土,而且也不是纯净的氧化物,只不过是含某一稀土元素氧化物的成分较多而已。

我国是稀土元素矿藏丰富的国家,稀土元素总量的80%分布在我国,而且品种全,分布广。内蒙古自治区的包头白云鄂博矿是世界上最大的稀土元素矿,在那里现今建成了我国最大的稀土选矿厂,并设有国际上最大的稀土科研机构。可惜在18世纪里,我国的科学技术远远落后于西方,稀土的发现只得拱手让给欧洲人了。

钇和铈是稀土元素中在地壳里含量较大的元素,超过了铅、锡等普通的金属元素,因而它们在稀土元素中首先被发现。欧洲北部斯堪的纳维亚半岛上的挪威和瑞典是稀土元素矿产较丰富的地区,因而这两种元素在这个地区最先被发现。

钇的拉丁名称 yttrium 和元素符号 Y 正是从瑞典首都斯德哥尔摩附近的小镇乙特比(Ytterby)的名称而来。因为钇是从这个小镇上的一块黑石矿石中发现的。1794年芬兰矿物学家、化学家加多林(Johan Gadolin,1760—1852)分析了这块矿石,发现其中含有一种当时不知道的新金属氧化物达38%,它的性质部分与氧化钙相似,部分与氧化铝相似。加多林将这种金属的氧化物称为钇土。后来这种矿石就被命名为加多林矿 gadolinile,又称硅铍钇矿($2BeO \cdot FeO \cdot Y_2O_3 \cdot 2SiO_2$)。1797年瑞典化学家厄克贝里证实了加多林的发现。

铈的发现也是从瑞典另一个地区发现的另一种矿石开始。这种矿石是早在1752年被瑞典化学家克龙斯泰德发现的,其比重较大。克龙斯泰德认为它不同于含钨的那种重的矿石,是一种新的矿石。曾经从含钨的那种重的矿石中发现钨的西班牙矿物化学家唐·福斯图·德埃尔乌耶分析过它,认为它是钙和铁的硅酸盐。一直到1803年,德国化学家克拉普罗特分析了它,确定有一种新的金属元素氧化物存在,称它为 ochra(赭色)土,矿石称为赭色矿 ochroite,因为它在受灼烧时出现赭色。同时贝采利乌斯和瑞典矿物学家希辛格(Wilhelm Hisinger,1766—1852)也分析发现了同一新元素氧化物,不同于钇土。钇土溶于碳酸铵溶液,在煤气灯焰上灼烧时呈现红色,而这种土不溶于碳酸铵溶液，在煤气灯焰上灼烧没有呈现特征焰色。于是称它为 ceria（铈土），元素命名为 cerium（铈），元素符号定为 Ce，矿石称为铈硅石 cerite，以纪念当时发现的一小颗小行星谷神星 Ceres。现在知道这种铈硅石是一种水合硅酸盐。含铈 66%—70%，其余是钙、铁和钇的化合物。

ochra（赭色土）和 ceria（铈）是同一元素的氧化物。后者被采用；前者被丢弃了。

到 1814 年后，捷克斯洛伐克化学家布劳纳（Bohuslav Brauner，1855—1935）在铈的氧化物中又得到一种新元素的氧化物，称为 metaceria，又译成偏铈或亚铈氧化物。他说铈的氧化物是白色；而偏铈的氧化物是玫瑰棕色。这一发现没有被证实。这可能是铈有两种不同价态的氧化物，贝采利乌斯等人最初发现的铈的氧化物是铈的低价氧化物，而布劳纳发现的是铈的高价氧化物。现在已知铈的低价氧化物 Ce_2O_3 是无色的，而高价氧化物 CeO_2 是淡黄色的。

钇和铈的氧化物以及其他稀土元素的氧化物和土族元素的氧化物一样，很难还原。沃克兰和加恩曾多次企图分离出金属，都没有成功。1843 年瑞典化学家莫桑德尔（Carl Gustaf Mosender，1797—1858）将钾与钇、铈的氯化物作用，获得不纯的铈粉末。1875 年美国化学家希尔德布兰德（William Francis Hillebrand，1853—1925）利用电解熔融的钇、铈的氯化物获得金属铈。电解法是今天取得稀土元素的一种普遍的方法。

钇和铈的发现不仅仅是发现了它们本身，其意义还在于其他稀土元素的发现是从这两种元素的发现开始的。

钇和铈的发现仅仅是打开了发现稀土元素的第一道大门，是发现稀土元素的第一阶段。

氧化钇是一种白色粉末，作为发红光的荧光体用于彩色电视机显像管中；钇还被用于固体激光器中。

氧化铈能较好地吸收紫外线，所以用于制作防紫外线眼镜的镜片；还可用于陶瓷上釉，可调出新色。

3－6 从铂渣中找到钯、铑、铱、锇和钌

钯、铑、铱、锇和钌的性质相似，同属铂系元素。

铂系元素几乎完全以单质存在，高度分散在各种矿石中，例如原铂矿、硫化镍铜矿、磁铁矿等。铂系元素几乎无例外地共同存在，形成天然合金。一般原铂矿中含铂系元素和其他物质的量大致如下：

铂	76.4%
铱	4.3%
铑	0.3%
钯	1.4%
金	0.4%
铜	4.1%
锇	0.5%
沙子	1.4%

有一种铂铱矿，其中含铱超过75%；有一种铂钯矿，其中钯和铂的含量几乎相等；还有一种铱锇矿，或称锇铱矿，其中各铂系元素的含量如下：

铂	10.1%
铱	52.5%
铑	1.5%
锇	27.2%
钌	5.9%

其余是痕量的钯、铜和铁。

在含铂系元素的矿石中，通常以铂为主要成分，因此铂很早就被古人利用了，而其余的铂系元素则因含量较小，必须经过化学分析才能被发现。

由于锇、铱、钯、铑和钌都与铂共同形成矿石，因此它们都是从铂矿提取铂后的残渣中被发现的。

铂系元素的化学性质非常稳定。它们中除铂和钯外，不但不溶于普通的

酸,而且也不溶于王水。铂却很易溶于王水,钯还溶于热硝酸中。所有铂系元素都有强烈形成配位化合物的倾向。

在铂发现后,化学家们在进行铂的化学实验中发现,当粗铂溶于王水中后有金属光泽的粉末留在容器底部。而是把它们当作杂质舍弃掉,还是进一步研究它们,决定了铂系元素中其他元素的发现。

从铂渣中最早获得的是钯,是英国化学家渥拉斯顿在1803年发现的。他将天然铂矿溶解于王水中,除去酸后加入氰化汞 $Hg(CN)_2$ 溶液,生成黄色沉淀。将硫黄、硼砂和这个沉淀物共同加热,得到光亮的金属颗粒。他将之命名为 palladium(钯),元素符号定为 Pd。这一词来自前一年发现的小行星 Pallas,源自希腊神话中司智慧的女神巴拉斯(Pallas)。

渥拉斯顿发现钯的重要一步是选用氰化汞。氰化汞中的氰离子(CN^-)只是与钯离子(Pd^{2+})相遇才会生成淡黄色的氰化钯($Pd(CN)_2$)沉淀,而其他铂系元素是不会生成这种氰化物沉淀的。

渥拉斯顿宣布钯的发现前采用了一种匿名广告传单的方式。广告传单中写明在伦敦某处有某人将以一定价格出售一种新贵金属。它的比重在11.3—11.8,和其他贵金属一样,能经受强热,在铁匠们的炉火中几乎不熔化,只是在受一般的热时失去光泽,变成蓝色,但在强热后又恢复光亮。它溶解在硝酸中形成暗红色溶液。

一位居住在英国伦敦的爱尔兰化学家切尼维克斯(Richard Chenevix,1774—1830)收到一份广告传单后,前往标明的地址购买了全部存货。切尼维克斯分析研究之后认为它是铂和汞的合金,他感到受骗了,在《化学杂志》上发表文章叙述这件事,并在伦敦皇家学会公布。

当时任伦敦皇家学会秘书的渥拉斯顿就在1803年5月13日贴出征求悬赏通告,谁能制得如切尼维克斯所说的新金属将获得奖赏。在没有人应征获奖后,渥拉斯顿宣布这种新金属是他发现的和如何发现的。

就在渥拉斯顿宣布他发现的报告中同时也宣布发现了铑。他将天然铂矿溶解在王水中后加入氢氧化钠溶液,中和过剩的酸,再加入氯化铵(NH_4Cl)溶液,使铂沉淀为铂氯化铵($(NH_4)_2(PtCl_4)$),再加氰化汞,使钯沉淀为氰化汞,滤去沉淀后，往滤液中加入盐酸，除去过量的氰化汞。并把溶液蒸发至干，出现一种红色沉淀，分析证明是由一种新金属和钠的氯化物形成的盐 $Na_3RhCl_6 \cdot 18H_2O$，因这种新金属盐具有玫瑰色的鲜艳红色，就依据希腊文中玫瑰 rhodon 一词命名它为 rhodium（铑），元素符号就是 Rh。

渥拉斯顿将这种盐在氢气流中加热，使它分解，得到颗粒状的金属铑。

渥拉斯顿发现钯和铑得到当时贝采利乌斯等多位化学家们的肯定和赞赏。

同年，稍后一个时期，英国另一位化学家坦南特发现，在用王水溶解粗铂的溶液中有黑色的残渣留在容器底部。以前也有人观察到这种残渣，以为是石墨，也就丢弃了。而坦南特却对它继续研究。当他发现加热这种黑色粉末时竟出现一种浅黄色物质，它很容易挥发，蒸气具有一种很强的刺激性臭味，因此他断定其中含有一种新金属。他打算过一段时期再继续研究。

后来不久，法国化学家发表了关于研究这种黑色残渣的报告，一篇是科莱·德斯科蒂的报告，说这种黑色残渣在王水中较长时间后会有部分溶解（生成 H_2IrCl_6），往所得溶液中添加氯化铵，生成红色沉淀（$(NH_4)_2IrCl_6$）。另一篇是沃克兰和他的老师富尔克鲁瓦的报告，说将这种黑色残渣用氢氧化钠处理后得到一种挥发性物质，他们认为其中含有一种新金属。

于是坦南特继续研究这个黑色残渣，并于 1804 年春天向英国皇家学会提交报告，说这种黑色残渣中存在两种新元素，一种是法国三位化学家分离出来的，命名为 irdium（铱），符号是 Ir。这一词来自希腊文 iris（虹），可能是由于法国化学家发现的铱的氧化物（IrO_2）的水合物 $IrO_2 \cdot 2H_2O$ 从溶液中析出时颜色或青、或紫、或深蓝、或黑的缘故。另一种是他自己得到的很容易挥发的黄色物质（OsO_4）命名为 ptenium，来自希腊文 ptēnos（易挥发的、有翅能飞的），后来改为 osmium（锇），符号是 Os。这一词来自希腊文 osmē（臭味）。这是由于四氧化锇的熔点只有 41℃，易挥发，有特殊臭味；它的蒸气对人们的眼睛特别有害。

铂系元素中最晚发现的是钌，因为它是铂系元素中在地壳中含量最少的一个。它在铂发现一百多年后，比其他铂系元素晚 40 年才被发现。

不过它的命名早在1827年就被提出来了。当时俄国人在乌拉尔（Ural）发现了铂矿藏，塔图（Тарту）大学化学教授奥桑（Г. В. Озанн）分析研究了它，从中提取出钯、铑、锇和铱后发现了三种新金属元素，分别命名为Плуранний（pluranium）、Полиний（polinium）和рутений（ruthenium）。第三个命名是由俄罗斯的拉丁名称ruthenia而来。

奥桑把他分离出来的新金属元素样品寄给贝采利乌斯，请求鉴定，遭到否定，1829年奥桑申明撤销了他的发现。

到1840年，喀山（Казань）大学化学教授克劳斯（Карл Карлювич Клаус，1796—1864）重复了奥桑的分析工作。从铂渣中获得橘红色新金属的盐（K_2RuO_4），加入硝酸酸化后得到浅灰白色新金属氧化物（RuO_2），并将此氧化物用氢还原获得新金属，就用奥桑为了纪念他的祖国俄罗斯而命名的rthenium命名它，Ru作为元素符号，我们称钌。

1844年克劳斯发表论文《乌拉尔铂矿残渣和金属钌的研究》，其中写道："……所研究物质少量——不超过6克十分纯净的金属——不允许我继续研究，但是我依靠这少量样品即足以认清它的重要化学性质，并确定它是独立的元素。"①

克劳斯取得金属钌后，也将样品寄给贝采利乌斯，请求指教。贝采利乌斯认为它是不纯的铱。可是克劳斯与奥桑不同，没有接受贝采利乌斯的意见，敢于向权威挑战，继续自己的研究，并且将每次制得的样品连同详细的说明寄给贝采利乌斯。最后事实迫使贝采利乌斯在1845年发表文章，承认钌是一种新元素。在俄罗斯，也由科学院的几位院士们组成一个专门委员会，审查克劳斯得到的结果。委员会确认了克劳斯的发现，并授予他一笔奖金。

铂系元素的发现本应到此结束，但在1911年12月却又闪烁出一点火光。苏格兰《格拉斯哥信使报》发表一条消息，说加拿大冶金学家弗伦奇（A. G. French）从铂矿中发现一种新金属元素，称为canadium，以纪念他的祖

① к. я. парменов，платина и её спутники，книга для чтении по химии，часть вторая，СТР. 236—242，1951.

国加拿大(Canada)。

弗伦奇宣称,这一新金属是从英国哥伦比亚(Columbian)的含铂矿石中分离出来的,它具有优美的白色光泽,是铂系元素的一个成员,但比其他铂系金属柔软得多,熔点接近银的熔点,溶于硝酸和盐酸中。

这一消息迅速引起各方注意,特别是英国哥伦比亚矿业局。他们经过分析,只发现金,任何铂系金属也没有。弗伦奇反驳说:铂系金属是众所周知难以捉摸的,并介绍了他自己分析的操作过程,将矿石样品分送给几位分析人员,结果这些分析人员还是没有找到 Canadium。

锇、铱、铑、钌主要与铂制成硬合金,用于电开关接头、留声机唱针头、自来水笔尖等。钯能吸收高达自身900 倍的氢气,用来作为加氢反应的催化剂,可使液态植物油转变成固态人造黄油。

3-7 从海藻灰和食盐结晶母液中得到的碘和溴

18 世纪末和 19 世纪初,法国皇帝拿破仑发动战争,需要大量硝酸钾制造火药。当时欧洲的硝酸钾多取自印度,但是储量是有限的。欧洲人从南美的智利找到了大量硝石的矿床,可是它的成分是硝酸钠,具有吸湿性,不适宜制造火药。在这种情况下,1809 年一位西班牙化学家将海草或海藻晾干后烧成灰用水溶解,制成水溶液,然后将天然硝酸钠或其他硝酸盐转变成硝酸钾。这是因为海草或海藻中含有钾的化合物。

当时法国第戎(Dijon)的制造硝石商人、药剂师库图瓦(Bemard Courtois, 1777—1838)就按照这个方法生产硝酸钾。他利用海藻灰的水溶液与硝酸钙作用以得到硝酸钾。

今天我们知道海藻灰的水溶液中含有钾、钠多种盐类。库图瓦是先将水溶液蒸煮,冷却后氯化钠首先结晶析出,接着是氯化钾和硫酸钾。留下的母液中含有复杂的多种盐的混合物,其中包括含硫的盐。

为了分解这些硫的化合物,他将硫酸加到溶液中。1811 年的某一天,库图瓦发现海藻灰的溶液与硫酸作用后,放出一股美丽的紫色气体。这种气体在冷凝后不形成液体，却变成暗黑色带有金属光泽的结晶体。

1947 年苏联出版的一期《自然》（Природа）杂志中，刊登格列奇西金（С. В. Гречишкин）的一篇论说《论伦琴射线发现史》，其中提到这件事："……在工作中的库图瓦放着两个玻璃瓶，其中一个是他制药用的，里面盛放着海藻灰和酒精，另一个里面盛放着硫酸的溶液。库图瓦在吃饭，一只公猫跳到他肩上。突然这只公猫跳下来，撞倒了硫酸瓶和并列在一起的药瓶。器皿被打破了，液体混合起来，一缕蓝紫色的气体从地面上升起……"

今天来解释这个化学反应是：硫酸遇到海藻灰水溶液中钾、钠的碘化物 KI 和 NaI，生成了碘化氢 HI。它再与硫酸作用，产生了游离的碘：

$$H_2SO_4 + 2HI \longrightarrow 2H_2O + SO_2 + I_2 \uparrow$$

于是有些人说碘是猫发现的。这虽是一种趣话，但也表明科学发现有其偶然性的因素，正如说英国科学家牛顿（Isaac Newton，1642—1727）看见树上掉下一个苹果就发现了万有引力；英国仪器修理工人瓦特（James Watt，1736—1819）看到烧水壶壶盖在水沸腾时被顶起来就发明了蒸汽机等。而史实并非这么简单，一切科学技术的发明和发现都可能出现一些偶然性，但是这种成功的偶然性是寓于必然性之中的。科学技术工作者们在进行科学实验的实践过程中，在研究和思考某一问题时，偶然地观察到某种现象，得到一点启发，这是常有的事情。但是，他们亲自参加科学实验的实践是主要的，没有这个条件，也不会受到启发，结果只是视而不见，或漠然置之。

每一科学成果的发明或发现，每一化学元素的发现，都是由历史条件所决定的。某一元素在一定的历史条件下被发现，这个历史只是它被发现的外因，还要通过它的内因而起作用。这个内因就是元素在自然界中存在的丰度、聚集状态、物理性质以及化学性质等。

法国在拿破仑发动战争期间缺少制造火药的硝酸钾，是碘发现的历史条件。碘在自然界中的丰度是不大的，但是海水里含有大量碘，土壤和流水里含的也不少，动植物和人体里含的更多，这是碘在一定的历史条件下发现的内因。

库图瓦继承他父亲的事业，长期从事制造硝石的工作实践，曾跟从法国化学家富尔克鲁瓦学习化学，具有一定化学知识，不是一个平凡的硝石制造商人。他在1813年发表了《海草灰中新物质的发现》的论文中说："它的蒸气惊奇的颜色足以表明它与现今已知的一切物质不同，使我对它产生极大兴趣。"①

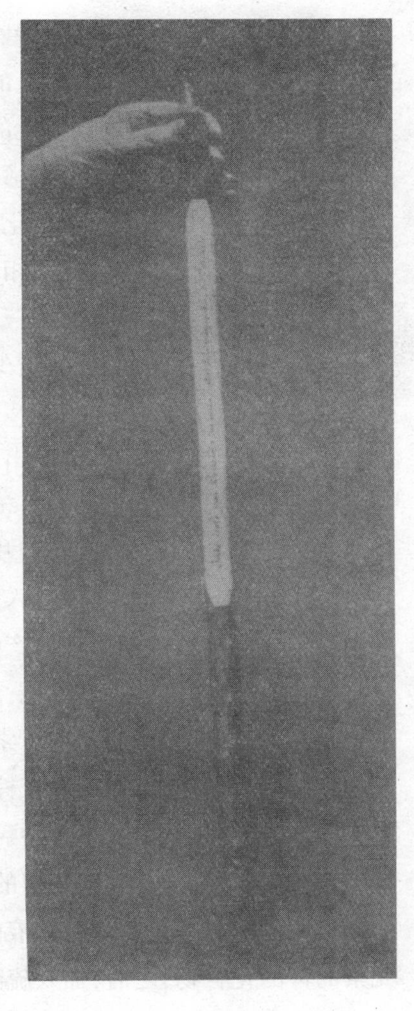

图3-7-1 封管内为碘，是库图瓦由硝石母液中制得。

（摘自〔美〕M. E. 韦克思著，黄素封译，化学元素的发现。）

他还把取得的碘送请当时的法国化学家克莱芒（Nicolas Clement，1779—1841）、德索梅（Charles Bernard Desormes，1777—1862）、盖-吕萨克等人鉴定，并得到证实。

正是盖-吕萨克命名它为iode，来自希腊文ion（紫色）。由此得到碘的拉丁名称iodium和它的元素符号I。

法国人没有忘记库图瓦的贡献，第戎的一条街道即以他的姓氏命名，而只有极少数化学元素发现人获得这样的荣誉。

今天碘已被证明是人体必需的微量元素之一，是甲状腺素的重要成分。甲状腺素是调节人体物质代谢的激素，如果长期碘摄入不足，会造成甲状腺肿大，俗称"大脖子病"。我国的碘盐中一般1千克中加入碘酸钾 KIO_3 钾20—50毫克，以防止碘缺乏。

碘化银AgI用在人工降雨中；碘的酒精溶液——碘酒用在皮肤消毒中；三碘甲烷 CHI_3 的酒精溶液——碘仿，是外科常用的消毒剂。

① J. W. Mellor, *A Comprehensive Treatise on Inorganic and Theoretical Chemistry*, vol. II, p. 23, 1922.

碘-131是碘的一种放射性同位素,半衰期为8.1天,可用在放射医疗中。甲状腺亢进(简称"甲亢")的患者服用含碘-131的碘化钠后,碘-131聚集在甲状腺中,用测定放射性的仪器在体外检测,可观测到碘-131在8天后即可排出体外。

碘遇到淀粉即变成深蓝色化合物,用来检测淀粉的存在。

碘的发现促进了与它性质相似的同族元素溴的发现。

溴在自然界中和其他卤素一样,没有单质状态存在。它的化合物常常和氯的化合物混合在一起,但数量少得多。在一些矿泉水、盐湖水和海水中含有少量溴。

溴正是从盐湖水中被提取出来的。1824年,法国一个药学专科学校实验室的助理人员巴拉尔(Antoine Jérôme Balard,1802—1876)从他的家乡带来盐湖水提取结晶盐后的母液,希望找到这些废弃母液的用途。巴拉尔对这种液体进行了实验。当他将氯气通入这种母液中时,母液变成了红棕色。之前他知道用氯水和淀粉溶液处理海产植物黑角菜的灰液时,溶液会分成两层,下层呈现蓝色,上层出现这种红棕色。于是他同样用氯水和淀粉溶液处理这种母液,也得到了同样结果。他在思索:蓝色是由于氯取代了碘化物中的碘,然后碘与淀粉结合形成的,而这种红棕色的物质是什么呢?

最初,巴拉尔认为这是一种氯的碘化物。他试图分解它,没有成功。最后他断定,这是一种与氯和碘相似的新元素,它与碘一样被氯取代出来了。

他用乙醚将棕色物质从母液中萃取出来,再用氢氧化钾处理,得到这种新元素的钾的化合物,之后,加入硫酸和二氧化锰共热,重新得到纯净的红棕色液体。他命名它为muride,来自拉丁文muria(盐水)。

巴拉尔制取溴的过程的化学反应是:

$$6KOH + 3Br_2 \longrightarrow 5KBr + KBrO_3 + 3H_2O$$

$$2KBr + MnO_2 + 3H_2SO_4 \longrightarrow 2KHSO_4 + MnSO_4 + 2H_2O + Br_2$$

1826年8月24日,法国科学院组成委员会审查巴拉尔的报告,肯定了他的成果,把muride改为brome(法文),来自希腊文brōmos(恶臭),英文是bromine,拉丁名称是bromium,元素符号采用Br,我们称为溴。

1826年巴拉尔发表《海水中含有的一种特别物质》的论文："……因此我作出结论，我发现了一种新的简单物质，它的化学性能与氯和碘十分相似，形成类似的化合物，只是在物理性质和化学活动力两方面与它们明显不同，明确区分了它们。"①

就在巴拉尔制得溴的同一年，德国化学家乔斯（J. R. Joss）在利用岩盐和硫酸制取氯化氢中出现一种红色物质，认为是来自硫酸中含有的硒。他在知道巴拉尔发现溴后，重新检查了这种红色物质，确定正是溴。

1825年，又一位22岁的青年人，德国海德堡（Heidelberg）大学学生洛威（Carl Löwig，1803—1890）从家乡带来一瓶从盐泉水中提取食盐后的母液，其呈现红棕色，通入氯气后用乙醚萃取，将乙醚蒸发后这种红棕色物质仍旧存在。洛威将这种物质交给他的老师格麦林（Leopold Gmelin，1788—1853）。格麦林为了研究它的性质，要他的学生再多制取一些，但是不久，巴拉尔关于溴的发现报告发表了。

同时，德国化学家李比希（Justus von Liebig，1803—1873）在溴发现前几年，有一个厂商曾请他检验一瓶红棕色液体，是取自盐泉水的，他在匆忙中没有作详细实验研究，就断定是氯化碘。当他知道溴的发现后，顿时认识到自己的错误，再从原产地取来盐泉水，进行了研究，得出和巴拉尔相同的结论。他为了警诫自己，把那个瓶子放进一个标明"错误之柜"的柜中。他还在发表的文章中说：不是巴拉尔发现了溴，而是溴发现了巴拉尔。事实上既是巴拉尔发现了溴，也是溴发现了巴拉尔。正是巴拉尔正确对待科学研究中出现的问题，并紧紧抓住它，最终解决了这个问题，从而发现了溴。溴的发现表明巴拉尔正确地运用所学的化学知识并具有端正严谨的科学研究态度，而使他成为一位优秀的化学家，巴拉尔后来任法兰西学院化学教授，发现了次氯酸，改进了提取海水中各种盐类的工业制取方法。

现今液体溴很少直接应用，大量应用的是溴的化合物，胶片中的感光剂是以溴化银 AgBr 为主体。还有有机溴化物，如溴苯、溴仿、溴萘、溴乙烷等是化

---

① J. W. Mellor, *A Comprehensive Treatise on Inorganic and Theoretical Chemistry*, vol. II, p. 24.

学工业中的重要试剂。

3-8 从矿石中发现的锂

巴西科学家、政治家安德拉达·西尔伐(Jozé Bonifacio de Andrada e Silva,1763—1838)到瑞典旅行,发现两种矿石 Petalite(透锂长石 $LiAl(Si_2O_5)_2$)和 Spodumene(锂辉石 $LiAl(SiO_3)_2$),锂的发现就从这两种矿石开始。曾经发现钛的克拉普罗特分析了这些矿石,认为除了氧化铝和氧化硅外,没有其他什么,只是被分离出来的各组分总量比原来试样量少9.5%。曾经发现铍的法国化学家沃克兰也分析了它,除找到氧化铝和氧化硅外,还找到一种碱质,认为是钾碱。德国另一位化学家福克斯(I. Nepomuk von Fux)发现锂辉石在灼烧时火焰呈现红色,却没有进一步研究这种焰色特征的原因。于是这两种矿石的组成成分成为谜。

1817年,在贝采利乌斯实验室中研究矿物分析的年轻人阿弗韦聪(Johann August Arfvedson,1792—1841)分析了透锂长石,发现含氧化铝17%、氧化硅80%,其余3%是一种碱质。他没有就此停下,而是继续研究。经过研究发现,这种碱质不同于钠,形成的碳酸盐只是少量溶解于水;不同于钾,不能被过量的酒石酸沉淀。于是他认为有一种新的碱质金属存在。他利用新金属硫酸盐与钾、钠的硫酸盐在水中溶解度的不同,分离出这种新金属的硫酸盐。现在已知0℃时硫酸钾和硫酸钠在水中的溶解度为0.5mol/L,而硫酸锂为3.25mol/L。

贝采利乌斯把这一新金属命名为lithium,元素符号定为Li,我们译成锂。这一词来自希腊文lithos(石头)。按照贝采利乌斯的意见,锂是从矿石中发现的,不同于钾和钠是从植物体中发现的。但是后来不久,德国化学家本生(Robert Wilhelm Bunsen,1811—1899)和物理学家基尔霍夫(Gustav Robert Kirchhoff,1824—1887)利用分光镜从动物和植物体中发现了锂的存在。

阿弗韦聪曾将锂的氧化物与木炭混合后加热,试图获得金属锂但没有成功。也曾利用电流分解它的氧化物,也没有成功。后来戴维电解锂的氯化物得到少量金属锂。

1855年,本生和英国化学教授马西森(Augustus Mathiessen,1831—1870)电解熔融的氯化锂,获得大量金属锂。

锂在地壳中的含量还算是比较多的一种元素,但比钾和钠少得多,这是锂的发现比钾和钠较晚的因素。而正因钾和钠早已被发现并确定了化学性质,依据实验得出锂的性质与钾、钠相似,所以即使它还没有被分离出单质状态,也被承认是一种新元素了。

金属锂与氢气作用生成白色氢化锂粉末。氢化锂与水猛烈反应,放出大量氢气。1千克氢化锂与水作用可以放出2800升氢气。因此氢化锂被看成是一个方便的储藏氢气的"仓库"。

利用氢氧化锂代替氢氧化钠、氢氧化钾制成的肥皂能使石油变稠,可用来生产润滑脂。

现今一种体积小、电压高达3.5V、使用寿命可长达15年的锂电池就是用锂作负极,以二氧化锰或氧化铜作为正极,选用非水电解液制成,可用在心脏起搏器中,将之植入人体内,发出电流刺激心肌,以使心脏的搏动恢复正常。

3-9 分析化学查出镉

镉与它的同族元素汞和锌相比,被发现晚得多。它在地壳中的含量比汞多,但是汞一经出现就以强烈的金属光泽、较大的比重,特殊的流动性和能够溶解多种金属的姿态吸引了科研人员的注意,这是镉无法比的。即使在地壳中含量比汞大得多的锌,也不得屈居汞后与世人见面。镉在地壳中的含量比锌少得多,常常少量的混杂在锌矿中,很少单独成矿。金属镉的熔点比锌还低,更易挥发,因此在高温炼锌时,它比锌更早逸出,逃过了人们的视线。这就注定了镉不可能先于锌而被人们发现。

首先发现镉的是德国哥丁根(Göttinger)大学医药学和化学教授施特罗迈尔(Friedrich Stromeyer,1776—1835),兼任当时普鲁士王国汉诺威 Hanover 侯国医药视察总监。1817年秋天,他到汉诺威侯国辖区希尔德斯海姆(Hildsheim)地区视察,发现那里几个城市的一些药商用碳酸锌代替氧化锌配药。按当时的《药典》这是不允许的。他一方面要进行干预,另一方面又不理解当地药商为什么要这样做。为什么药商要用碳酸锌($ZnCO_3$)代替氧化锌(ZnO)呢?而将碳酸锌焙烧成氧化锌其实并不困难。经过调查他发现,这些药商们的药都来自萨尔兹吉特(Salzgitter)地方的制药厂。于是他又去了制药厂。厂主告诉他,他们的碳酸锌焙烧至红热时即呈现黄色,曾怀疑其中含有铁,就在碳酸锌焙烧前特别注意除去铁,在焙烧后得出的氧化锌也检验不出有铁存在。在这种情况下,为了保证药品的质量,就不得不用碳酸锌代替氧化锌了。

施特罗迈尔将这种碳酸锌交给马得堡(Magdeburg)地区的医药顾问罗洛夫(C. H. Roloff)检验。罗洛夫将之溶解在硫酸中,然后通入硫化氢气体,得到一种鲜黄色沉淀物,罗洛夫认为是硫化砷,是一种有毒的物质。这样一来,制药厂的全部碳酸锌和氧化锌便被没收了。罗洛夫还在《医学杂志》上发表检验报告。萨尔兹吉特制药厂的厂主当然很紧张,因为这影响到药厂的声誉。他对这种碳酸锌又作了细致的分析,并没有发现砷。因此他要求施特罗迈尔重新检验。

与此同时,施特罗迈尔将萨尔兹吉特厂的碳酸锌带回学校进行了化学分析。他同样把样品先溶于硫酸再通入硫化氢气体,同样得到鲜黄色沉淀物,但施特罗迈尔并没有认定那就是硫化砷,而认为可能是硫化铜和未知金属的硫化物。他将这种沉淀物放进盐酸中,沉淀却溶解了,这说明这种沉淀物不是硫化砷,因为硫化砷是不溶解于盐酸的。再加入过量碳酸铵溶液后铜和锌的化合物都溶解了,却留下一种白色沉淀。

施特罗迈尔将这白色沉淀焙烧后得到一种新元素的氧化物,再将这氧化物与炭黑混合,放置在曲颈甑中加热,得到一种具有光泽的蓝灰色金属粉末,并确定是一种新金属元素,命名为 cadmium(镉),元素符号定为 Cd。这一词来自 calmine(异极矿)($H_2Zn_2SiO_5$)。

施特罗迈尔在 1819 年发表的论文中说:“这个信息引起我更仔细地研究锌的氧化物,我惊奇地发现这种颜色的产生是由于其中存在一种特殊的至今未知的金属氧化物，我用一种特别的方法将它分离出来，并还原成金属状态。”①

后来罗洛夫重新进行了检验，证实了施特罗迈尔的结果。同时，1818 年德国矿产视察员卡尔斯顿（Carl Johann Bernhard Karsten，1782—1853）也从氧化锌中发现一种新金属元素，并命名为 melinum，来自希腊文 melinus（榅桲黄色）。其实那就是镉，而 melinum 这一名称也只是留在化学元素发现史中了。

在工业生产中镉和铍、镁都是由电解它们的氯化物制得的。

镉的熔点低，用于低熔点合金中，在伍德合金中含镉 12.5%。

镉镍电池是用金属镉作为负极，氧化镍（NiO）作为正极，电解液是氢氧化钾或氢氧化钠的水溶液。这种电池寿命长、耐用，可多次充电，电压为 1.3V。

3-10 打开稀土二道门看到镧、铒、铽

钇和铈被发现后，虽然一些化学家早就意识到它们不是纯净的单一元素，可是由于稀土元素混杂在一起，要把它们一个一个地分离是不容易的。只是经过了大约四十年漫长的时间后，莫桑德尔等人才耐心地将它们分离开。

莫桑德尔是贝采利乌斯的学生和助手。他在 1839 年着手分离混杂在铈中的其他稀土元素。他首先将铈土制成硝酸铈，然后煅烧，期待可以得到纯净的铈的氧化物。当他用稀酸溶解得到的氧化物时，却发现其中有一部分不溶解，表明原来的铈土中存在不同性质的物质。于是他把溶解的部分称为 lanthana（镧土），元素称为 lanthanum（镧），元素符号为 La。这一词来自希腊文 lanthano，是“隐藏”的意思。不溶解的那部分呈黄色，仍称为铈土。可是他知道铈土是白色的，呈现出黄色显然是由于还存在其他物质。于是他又从这个氧化铈中解出另一个氧化物，命名为 didymia（锚土），来自希腊文 didumos，是“双生子”的意思。我国曾把它音译成锚，在化学资料中使用多年。在门捷列夫发表的元素周期表中（表 5-2-1）就用 Di 表示它。

---

① J. Newton Friend, *Man and the Chemical Elements*, London, 1951, p. 158.

现在已经明确,强烈煅烧过的二氧化铈 CeO_2 不溶于盐酸和硝酸,但能溶解在热浓的硫酸中。

这样,在铈发现后40年,从中又分离出两个新元素,镧和镨。镨在后来又被"分解",从中分离出另一些稀土元素。它的名称也就被舍弃了。

差不多在同一个时期里,莫桑德尔也在分离混杂在钇土中的其他稀土元素。1842年他发表报告,将钇土溶解在草酸和氢氧化铵溶液中,利用所含不同物质所形成盐在溶液中溶解度不同,分阶段沉淀,得到三阶段的沉淀。首先沉淀出来的称为erbia(铒土),其次出来的称为terbia(铽土),最后出来的仍称为yttria(钇土)。钇土为白色,生成的盐为无色;铒土为橙黄色,生成的盐为无色;铽土为白色,生成的盐为玫瑰色。前二者的命名正与钇土的命名一样,来自发现钇的瑞典小镇乙特比(Ytterby)的一种矿石。它们的元素拉丁名和元素符号也因此为erbiurm(Er)(铒)和terbium(Tb)铽。

从铈和钇中分离出新元素的不仅是莫桑德尔,还有不少人从中分离出各种新元素。

1878年,法国化学家德拉丰坦(M. A. Delafontaine,1837—1911)从钇中分离出philippium。这一词来自古代马其顿地区城市腓利比(Philippi),有些化学家用Pp作为它的元素符号,并把它编进自己编制的元素周期表中,我国也曾将之译为铈。

1894年,劳兰德(H. E. Rowlad)从氧化钇中分离出一种新元素,命名为demonium,从demon(恶鬼、邪神)一词来。

1896年,化学家巴里埃(P. Barriére)从氧化钇中分离出lucium。这一词原意是"光明"。

同年,德国化学家科斯曼(B. Kosmann)从氧化钇中分离出kosmium和neokosmium,这两词原意是"宇宙"和"新宇宙",如德文中的kosmos(宇宙)和英文中的Cosmic(宇宙的),"neo"是"新"的意思。

又过了两年,英国科学家克鲁克斯(William Crookes,1832—1919)又从钇的氧化物中分离出一个新元素monium,从mono(单一)来,第二年他又将monium改称victorium,以纪念英国维多利亚女皇,并测定了它的原子量为117。

可是，所有这些“新元素”都“夭折”了，“活”下来的只是镧、铽和铒。

用下面表的形式把莫桑德尔从铈和钇中分离出来的元素排列出来会更清楚一些。

铈 Ce（1803 年）
- 铈 Ce
- 镧 La（1839 年）
- 锚 Di（1839 年）

钇 Y（1794 年）
- 钇 Y
- 铒 Er（1842 年）
- 铽 Tb（1842 年）

莫桑德尔从最初发现的铈和钇中利用分段沉淀分离新元素的方法经历了一百多年，至今仍被应用于分离稀土元素。

镧、铒和铽的发现是打开稀土元素的第二道大门看到的。它们的发现是继铈和钇两个元素后又找到的稀土元素中的三个。到此为止，稀土元素已经发现了五个了。

这三个和前两个一样，都不是真正的三个和两个，而是还有好多个隐藏在其中。不过这三个中隐藏的比前两个中隐藏的更稀少，化学家们单纯用化学分析的方法已不易将它们一一找到了，只有到分光镜发明并使用后，利用光谱分析法才把它们一个一个地“揪”了出来。

镧在地壳中的丰度仅次于稀土元素中的铈，因而它在稀土元素中后于铈和钇而前于其他稀土元素被发现出来，它和铒、铽等其他稀土元素在工业上是从独居石等含它的矿石中提取、沉淀，以氧化物形式得到，被用于制造发火合金、玻璃研磨剂、钢铁添加剂的原料。发火合金俗称火石，由 70% 的镧和铈和 30% 的铁、铬、铜组成的合金，用于打火机中。在使用打火机时，钢轮摩擦火石，生成的热使镧、铈的微粒产生火花，点燃吸有汽油的棉芯或可燃性气体丙烷、丁烷等。

铽的化合物可用于特殊激光器中，还可作为绿色光磷光体用于彩色电视机显像管和计算机显示管中，还用于提高 X 射线底片的感光度。

铒用于生产制造光纤维的石英玻璃中，作为长距离光通信材料。

3－11 首先证实门捷列夫预言的锗

锗和锡以及铅在元素周期表中同属一族，后二者早被古代人发现并利用，而锗长期以来没有以工业规模开采。这并不是由于锗在地壳中的含量比锡和铅少，而是因为锗在地壳中是存在最分散的元素之一，含锗的矿石是很少的，在烟煤和褐煤的灰烬中约含有1%的锗。

它的发现是从1885年德国弗赖贝格（Freiberg）矿业学院矿物学教授韦斯巴赫（Albin Weisbach，1833—1901）在弗赖贝格附近一个矿井中发现一种矿石开始的。韦斯巴赫初步分析了这种矿石，发现其中含有银和硫，就从希腊文argyros（银）命名它argyrodite（硫银锗矿，$4Ag_2S \cdot GeS_2$）

韦斯巴赫接着将这种矿石送请温克勒尔分析，结果得出含银74.72%、硫17.13%、氧化亚铁0.66%、氧化锌0.22%、汞0.31%，总计92.82%，百分总数少了7%。因此温克勒尔断定新矿石中含有一种未知的新元素。

温克勒尔几经实验，获得了未知元素的氯化物。在将硫化氢气体通入氯化物溶液中后，他发现生成物中有一种不溶于硫化铵，而溶于多硫化铵的未知物的硫代酸盐。这种硫代酸盐在酸性溶液中产生白色沉淀，后来确定是新元素的硫化物。他将此硫化物在氢气流中还原，得到金属，并从德国的拉丁名Germania命名它为germanium（锗），以纪念他的祖国，元素符号Ge由此而来。

温克勒尔肯定锗存在的化学反应过程可以用下列化学反应式表示：

$$GeCl_2 + H_2S \longrightarrow GeS + 2HCl$$

$$GeS + (NH_4)_2S_2 \longrightarrow (NH_4)_2GeS_3$$

$$(NH_4)_2GeS_3 + 2HCl \longrightarrow \underset{\text{二硫化锗(白色)}}{GeS_2\downarrow} + 2NH_4Cl + H_2S\uparrow$$

1886年2月，温克勒尔向德国化学会作了关于发现锗的报告，认为锗的性质类似于砷和锑，后来认识到锗正是俄罗斯化学家门捷列夫预言的类硅。

门捷列夫在发现化学元素周期系时，曾在1871年发表的《元素的自然体系和应用它预言未发现元素的性质》论文中讲到："我认为最有兴趣的是 IV 族中缺少一种类似碳的金属元素。它紧接在硅的下面（表 3-11-1），因此称它为类硅，类硅的原子量应该大约是 72，……比重大约是 5.5，……它在一切情况下是可熔的金属，在强热下挥发并氧化，不易分解水蒸气，几乎不与酸作用。将不从酸中释放出氢气而形成很不稳定的盐。……"①

把门捷列夫预言的类硅性质与温克勒尔发现的锗的性质比较，是明显符合的：

表 3-11-1　门捷列夫预言的类硅与锗的主要物理、化学性质比较

类硅	锗
原子量约 72	72.32
比重约 5.5	5.47
不易分解水蒸气	不与水发生作用
几乎不与酸作用	需浓硝酸溶解
存在不稳的氢化物	已制得容易分解的四氢化锗

1886 年 2 月 26 日，温克勒尔给门捷列夫写了一封信：

阁下：谨随信附上我发现的锗的报告单印本一份，最初我认为这个元素充填在您的完整元素周期系中锑和铋之间的空白，但是一切表明它和类硅有关。

我希望尽快向您详细报告这个有趣物质更详细的情况，今天只是为您的天才工作的新胜利向您祝贺，并表示我对您的深切敬意。

忠于您的克莱曼斯·温克勒尔

萨克森·弗赖贝格

1886 年 2 月 26 日

---

① Д. И. Менделеев, предсказания Элементов, Книга для чгения по Химии, часть первая, СТР. 394—398, Москва, 1955.

锗的发现证实了门捷列夫的预言,也证实了他发现的化学元素周期系的正确。

今天,金属锗在工业生产中是精炼锌和铜矿石的副产物。它随温度上升而导电性增强,显示出半导体性质,用于制造晶体管中。

4. 电池发明后的发现

非洲尼罗河中有一种鱼，体形似鲶，长达1米，当你要捉它时，它会狠狠给你一下电击。18世纪中叶，有一艘英国船带了几条这种鱼到伦敦，欧洲的生物学家对它们作了研究，发现在它们背面皮下有成对的发电器。这种鱼被称为电妖鱼或电鲶。它们放出的电就被称为动物电。

鱼放电的现象引起了意大利解剖学教授伽伐尼（Luigi Galvani，1739—1798）的注意。当他在解剖青蛙时，把青蛙用铜钩子挂在铁栏杆上，发现闪电来临时刻，青蛙在抽搐，似乎是空中的电进入了青蛙体内。后来他把青蛙放在铁桌上，用铜钩子碰青蛙腿，铜钩另一端接触到铁桌面时，青蛙腿也在抽搐。他认为这是一种动物电的作用。1791年伽伐尼发表了关于动物体内有特殊"活电"的论文。

伽伐尼的同国人、物理学教授伏打（Alassundro Giuseppe Antonio Anastasio Volta，1745—1827）注意到了这一发现。伏打不同意伽伐尼的论说，认为电的来源不是动物体，而是由于两种不同金属的接触。他为了证明自己的想法是正确的。他把银的小圆片和锌的小圆片相间重叠起来，并用水浸透过的厚纸片把各对圆片相互隔开，在头尾两圆片上连接导线，当这两条导线接触的时候，立刻产生放电的火花。这就是科学史上著名的伏打电堆（图4－1）。后来伏打又用几个平底无脚玻璃杯，内装盐水，每一杯中放置一小片锌和一小片银，用导线联结起来，称为电冕（图4－2），也就是今天物理、化学教科书中讲述的伏打电池。伏打为了尊重伽伐尼的研究工作，把这个电池又称为伽伐尼电池。所以以他们两人姓氏命名的电池实际上是一回事。

1800年3月20日，伏打将自己的发现论述寄交英国伦敦皇家学会发表，因为伦敦皇家学会当时是国际间科学交流的中心。电堆传到英国后，1801

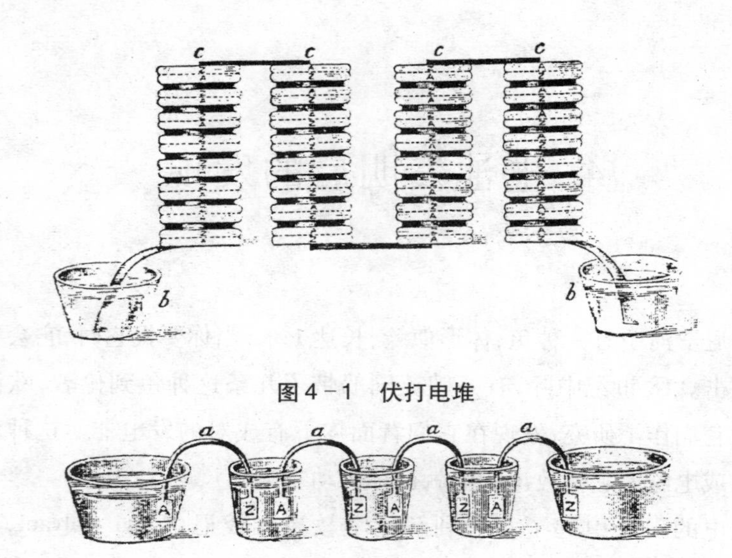

图4-1 伏打电堆

图4-2 电冕

年,英国东印度公司官员尼科尔森(William Nicholson,1753—1815)和外科医生卡里斯尔(Anthony Carlisle,1768—1840)首先用来分解水并获得成功。他们是用36枚半克伦(Crown)银币和同样大小的锌片及纸片组装成电堆。他们测定了电解水所得到的氢气和氧气的体积正如所假定的水的组成成分体积比相符合。

差不多同时,1802年,俄罗斯圣彼得堡外科学院教授彼特罗夫(Василий Владимирович Летров,1761—1834)用4200个铜片、锌片组成一个庞大的电堆,用来分解水。

但是,化学家们在利用电堆电解水时,发现在电极附近出现酸和碱,引起化学家们的关注,并产生种种论说。一些科学家认为酸和碱是电化学作用从水中产生的。

英国化学家戴维不同意无中生有产生酸和碱的论说。他决定进行一次不使任何物质渗进水里的电解水实验。他认为玻璃容器接触水可能生成碱就改用金属的圆锥形容器(图4-3)。

先将金属容器放在蒸馏水中煮几小时,取出后盛放蒸馏过两次的蒸馏水,

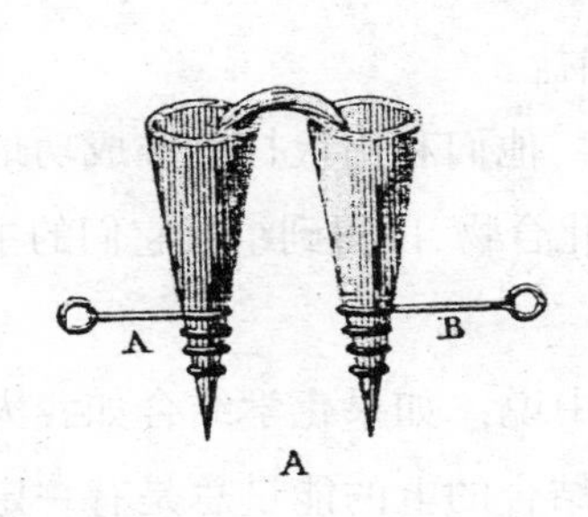

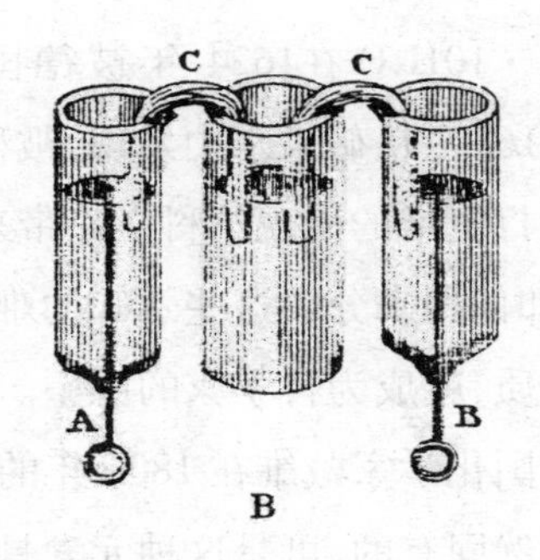

图 4－3　戴维电解水所用仪器

然后放在一个抽掉空气的玻璃钟罩下面，用伏达电堆经过铂线传来的电流电解水，实验结果是没有发现酸和碱。他在 1806 年发表论文，证明水经过电堆分解后产生的酸和碱是由于水中溶解了盐，并认为一种盐被电解生成一种酸和一种碱，正如水被电解生成氢气和氧气一样。

伏打电堆的发明很快成为科学家们进行实验研究的工具，使人们认识到化学反应与电能之间的关系，开辟了电化学领域，使一些化学性质活泼的碱金属元素、碱土金属元素、卤素和硼、铝等得以从它们的化合物中被分解出来，而它们的化合物曾在很长一段时期里被认为是不能再分的简单物质，即元素。有了电池后，才改变了科学家们的这种错误观点，使化学元素被发现的数目迅速增多。

4－1　首先用电解法获得的钾和钠

钾和钠是自然界分布最广的化学元素，无论是在岩石里、海水中，还是动植物体内都含有。可是，它们却迟迟未被科学家发现，这与它们不易从化合物中还原成单质有密切关系。

钾和钠主要以各种化合物形式广泛存在于地壳中，食盐的化学成分是氯化钠，早已是人类生活中不可缺少的调味品；天然碱——碳酸钠和草木灰——碳酸钾无论在中国还是外国都早已被人们发现并利用；我国古代人早已会从硝石——硝酸钾中制取氧气，并利用硝酸钾的这一特性来制造火药；

$Na_2SO_4 \cdot 10H_2O$ 在1624 年被德国化学家格劳伯(Johann Rudolph Glauber, 1604—1670)从矿泉水中发现,被称为格劳伯盐。

伏打电堆的出现给科学家带来很大鼓舞,他们利用伏打电堆成功地分解了水,如何用来分解这些熟知的难以分解的化合物,以得到组成它们的主要元素的单质,就成为科学家的愿望。

英国化学家戴维在 1806 年的一次演讲中说:“如果化学结合如我大胆设想是天然固有的,可是这种元素具有的天然结合的电的能量总是有一定限度的,而人造的仪器的电的能量能无限增强,这使我们期望利用这种新的分解方式使我们发现物质中的真正元素。”①

戴维按照这种思想进行了实践,在 1807 年 10 月 6 日的实验记录中记述着:“虽然干燥的碳酸钾是不导电的,但是稍加一点水,湿润后就会成为电导体。将一小块纯净的碳酸钾暴露在空气中几秒钟,使它的表面具有导电性,然后放置在一个绝缘的铂制圆盘上,铂盘与 6 和 4 的 250 电池(150 对 4 吋平方和 100 对 6 吋平方的金属片组合的伏打电堆)的负极连接,正极与碳酸钾表面接触。整个装置暴露在空气中。在这种情况下,闪烁的现象很快出现,碳酸钾在通电处开始熔化,上表面剧烈产生气泡,下面与负极连接的部分没有气体放出,但看到富有金属光泽、类似水银的珠粒出现,其中一些立即燃烧爆炸,放出光亮火焰,其余一些失去光泽。表面形成白色遮盖膜。这些小珠正是我所寻找的、碳酸钾组成中的一种特别易燃的元素。”②

戴维还描述了这种新物质:将这种新金属投进水中,水被剧烈分解,放出氢气,氢气和它一起燃烧,产生紫色火焰,苛性碱形成。

戴维以 potash(草木灰碱、碳酸钾)命名它为 potassium(钾)。

几天后,戴维又电解碳酸钠而获得金属钠。以 soda(苏打,天然碳酸钠)命名它为 sodium(钠)。

钾和钠的拉丁名称 kalium 和 natrium 分别从 Kali(阿拉伯文中海草灰中

---

① J. R. Partington, *A History of Chemistry*, vol. 4, p. 45.

② 同上, p. 46。

的碱)和 natrum(阿拉伯文中的天然碱)来,因此它们的化学符号分别是 K 和 Na。

在戴维制得金属钾和钠后不久,1807 年—1808 年,法国化学家盖-吕萨克和泰纳尔也利用伏打电池电解碳酸钾和碳酸钠获得了钾和钠。他们还将铁屑、炭末和苛性碱装进枪筒中,在枪筒外涂敷泥土和砂子,强热,冷却后获得金属钾和钠。

$$6NaOH + 4Fe \longrightarrow 6Na + 2Fe_2O_3 + 3H_2\uparrow$$

$$2NaOH + 2C \longrightarrow 2Na + 2CO\uparrow + H_2\uparrow$$

$$4KOH + 3Fe \longrightarrow 4K + Fe_3O_4 + 2H_2\uparrow$$

盖-吕萨克和泰纳尔精确测定了钾和钠的比重,15℃时分别为 0.865 和 0.97223(戴维测得数值分别是 0.6 和 0.9348)。

单质钾和钠被制得后,没有人相信它们是金属,因为它们的比重比水还小。它们当时不仅没有被承认是金属,更没有被承认是元素。戴维自己也怀疑这两种金属中含有氢;盖-吕萨克和泰纳尔也认为它们是碳酸钾和碳酸钠与氢的化合物。

到 1811 年,盖-吕萨克和泰纳尔将金属钾放置在干燥的氧气中燃烧,在生成物中没有找到水,这两种金属才被认为是元素。

金属钠和钾在其他金属的生产中用作还原剂,例如还原钛、锆的氯化物或氧化物成金属钛和锆。由于钠的黄色光能很好穿透雾气,因而被用来制造公路照明的钠光灯。钠和钾的化学性质非常活泼,一遇水便激烈反应,生成的氢氧化物,是强碱,俗称苛性碱,因此人们利用钠强烈的吸水性在工业上作为脱水剂。金属钠的熔点低,97.8℃时就转变成液体。液体钠是传热性能最好的液体之一,比水银高 10 倍,比水高 40—50 倍,因此在工业上用液体钠作冷却剂。金属钠比金属钾便宜,因此在工业生产中多用金属钠。

钾主要用途是作为钾肥。庄稼缺乏钾,茎秆便不会硬挺直立,易倒伏。硝酸钾、氯化钾、硫酸钾、碳酸钾等都可以用作钾肥。农家肥料中以草木灰,特别是向日葵灰,含钾最多。每吨粪便中大约含有 6 公斤钾。

钾、钠在人体内的功能是维持人体细胞膜内外液的渗透压。食盐不仅使食物味道有咸味，还是人体获得钠元素的主要来源，但人体内钠积聚过多会使血压升高，诱发心脏病，因此要控制食盐的摄入量。

把金属钾放在过量的氧气中燃烧生成超氧化钾 KO_2，通常用在矿山安全工作防护面罩中，与空气中的水分接触时放出氧气，供佩戴面罩的人呼吸：

$$4KO_2 + 2H_2O \longrightarrow 4KOH + 3O_2\uparrow$$

呼出的空气通过面罩时，二氧化碳气被生成的氢氧化钾吸收：

$$KOH + CO_2 \longrightarrow KHCO_3$$

碳酸钠广泛用作在玻璃、肥皂、造纸、石油等工业生产中。

4－2 随后获得钙、镁、钡和锶

钙和镁与钾和钠一样，是自然界中分布最广的元素。含碳酸钙的石灰石、方解石分布广泛，到处可见。结晶的碳酸钙称为大理石，因产于我国云南省大理而得名。白色细粒结晶的大理石称为汉白玉，北京故宫、颐和园等宫殿扶栏和天安门前华表的建筑材料就是汉白玉。$CaSO_4 \cdot 2H_2O$ 是石膏。阳起石或称角闪石是含镁的硅酸盐，也就是一种石棉。我国战国时期的著作《列子》中说："火浣（huàn 洗涤）之布，浣之必投于火，布则火色，垢则布色，出火而振之，皓然疑乎雪。"这"火浣布"就是石棉织品。$MgSO_4 \cdot 7H_2O$ 是泻盐，又称爱普森盐，是 1618 年从英国伦敦南部一个村庄爱普森（Epsom）的矿泉水中发现的。英国医生格纽（Nehemiah Grew，1628—1711）首先将之应用于医药中。

将含碳酸钙的石灰石和含碳酸镁的菱镁矿用火焙烧就得到它们的氧化物石灰和苦土。在很长一段时期里化学家们认为它们是不能再分的物质。

戴维在电解获得钾和钠后，就试验电解氧化钙。他最初是将氧化钙湿润后又用从石油分馏出最初馏分石油脑盖住湿润的氧化钙，没有成功。后来用石灰与氧化汞混合后进行电解，获得少量钙和汞的合金钙汞齐，但仍不足以把金属钙分离出来。

到 1808 年 5 月，戴维接到贝采利乌斯的信，讲述他和瑞典皇家医生彭丁（M. M. Pontin，1781—1858）共同电解石灰取得钙的经过，是将石灰和汞混合后电解的。

这样，戴维得到启示，将湿润的石灰和氧化汞按 3 比 1 的比例混合后，放置在一铂片上，与电池的正极相连接，然后又在混合物中作一洼穴，灌入水银，插入一铂丝，与电池的负极连接，得到了较大量的钙汞合金。将钙汞合金经加热除去汞后得到白色的金属钙。接着他用相同的方法制得了金属镁、钡、锶。

戴维在 1808 年 7 月 10 日写给贝采利乌斯的信中，讲述了他在这一年制得了金属钙、镁、钡和锶。从此钙和镁被确定为元素。它们分别被命名为 calcium 和 magnesium，元素符号定为 Ca 和 Mg。calcium 来自拉丁文中表示石灰的词 calx；magnesium 来自古色萨利（Thessaly）国（今希腊濒临爱琴海地区）的马格里沙（Magnesia）城，因为从这里发现一种具有磁性的铁的氧化物，就被命名为 magnes lithos（磁石），英文中的 magnet（磁铁）、magnetic（有磁性的）正由此而来。此后到中世纪，一些欧洲人就把具有磁性的矿石称为 lapis（石头、宝石）magnesius，类似的非磁性矿石称为 magnesia，例如白色的含有碱式碳酸镁的矿石称为 magnesia alba（白色 magnesia），由此得出 magnesium（镁）；黑色的含有二氧化锰的软锰矿被称为 manesia nigra，就得出锰的拉丁名称 manganum，二者很容易混淆。

戴维利用电解获得金属镁后，1829 年法国化学家比西燃点氯化镁与金属钾的混合物，然后用水溶去生成的氯化钾，留下金属镁。

钡和锶与钙和镁同是碱土金属，也是自然界中含量较多的元素，不过它们的含量与钙、镁相比，还是较少，因此它们的化合物比钙和镁的化合物晚些被人们认识。

碱土金属的硫化物具有磷光现象，即它们受到光的照射后在黑暗中会继续发光一段时间。钡的化合物正是因为这一特性而开始被人们注意。

1602 年，意大利波伦亚（Bologna）一位制鞋工人卡西奥罗卢斯（V. Casciorolus）将一种含硫酸钡的重晶石与可燃物质一起焙烧后发现它在黑暗中发光，这一现象引起当时一些学者的兴趣。意大利一位学者拉盖拉（J. C. Lagalla）在 1612 年发表的著述中说：这种石头出产在波伦亚城郊外，经焙烧后在黑暗中发光，在太阳下曝晒后发出红光，好似炭在燃烧，一段时间后停止发光。

于是这种石头被称为波伦亚石，欧洲化学家开始对其进行分析研究。

瑞典著名学府乌普萨拉(Uppsala)大学化学教授瓦勒尼乌斯(J. G. Wallerius，1709—1785)认为重晶石是一种石膏。1750年，德国化学家马格拉夫分析了重晶石，确定是硫酸盐，含有钙，也就是石膏。

到1774年，舍勒指出，把这种石头当作石膏(硫酸钙)或方解石(碳酸钙)都是不正确的。他认为是一种新土(氧化物)和硫酸结合成的。这一年他从软锰矿中发现这一新土，并制成硝酸盐和氯化物，将它们与硫酸作用后生成一种白色沉淀物，并借此用来检验硫酸盐。1776年，他加热这一新土的硝酸盐，获得纯净的这一新土，称为baryta(重土)，从希腊文barys(重的)而来。

拉瓦锡认为重土和石灰一样是元素，并将之列入他的化学元素表(表2-1)中。

1808年，戴维电解重晶石获得金属钡，就命为barium，元素符号定为Ba。

人们在接触钡的化合物的过程中，认识到钡的化合物是有毒的。但是硫酸钡是没有毒的，它既不溶于水，也不溶于酸或碱中，因而它不会产生有毒的钡离子(Ba^{2+})。由于它具有阻止射线通过的能力，因此医生在利用X射线检查肠胃中是否存在病变时，让患者服用钡餐。硫酸钡没有任何味道，吃后会自动排出体外(图4-2-1)。

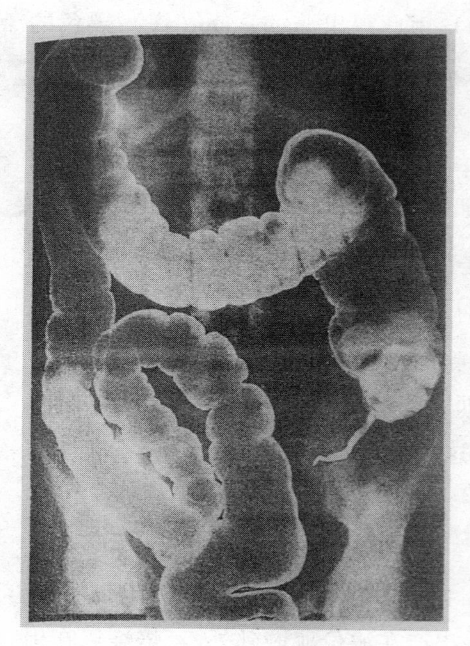

图4-2-1 钡餐阴影

锶的发现也是从一种矿石引起的。大约在1787年，在欧洲一些展览会上展出了从英国苏格兰思特朗蒂安(Strontian)地方的铅矿中采得的一种矿石，一些化学家认为它是一种萤石。

1790年，英国医生克劳福德(A. Crawford，1748—1795)分析研究了这种矿石，把它溶解在盐酸中，得到一种氯化物,克劳福德认识到这种氯化物在许多方面与氯化钡的性质不同。这种氯化物在水中的溶解度比氯化钡大,在热水中的溶解度又比在冷水中大得多,在溶解于水中后使溶液温度降低的效应较大。其与氯化钡的结晶形式也不同。克劳福德认为其中可能存在一种新土(氧化物)。从 strontian 将其称为 strontia。

此后不久,大约在 1791 年—1792 年,英国又一位医生霍普(Thomas Charles Hope,1766—1844)肯定了克劳福德的研究,并指出这种新土的化合物在火焰中为鲜红色,而钡的化合物在火焰中呈现绿色。

这样,拉瓦锡在 1789 年发表的元素表(表 2-1)中就没有来得及把锶土排进去。戴维却在 1808 年用电解法从这一新土的碳酸盐中分离出一种新的金属元素,就命名为 strontium,元素是 Sr。我国命名为锶。

钙是人和其他动物必不可少的元素。人和动物的骨骼中主要成分是磷酸钙。在我们日常的食物中牛乳、豆类、蔬菜及水果中都含有钙的有机化合物。

4-3 由电解产物得到的硼和硅

天然含硼的化合物硼砂 $Na_2B_4O_7 \cdot 10H_2O$ 早为我国古代医药学家们知悉。在我国,硼砂作为药物的记载最早出现在宋朝人编写的《日华本草》中,称为“盆砂”。明朝李时珍(1518—1593)解释说:“或云炼出盆中结成,谓之‘盆砂’,一作硼砂。”他在《本草纲目》中还讲述了它的医药作用:“消痰止嗽,破瘕结喉痹。”“瘕”音“假”,腹中胀痛;“痹”音“敝”,肢体疼痛。

我国西藏是盛产硼砂的地方。欧洲人知道硼砂可能就是从西藏传到印度,再传到欧洲去的。1772 年,瑞典商人格里尔(J. A. Grill)在《瑞典皇家学会会报》中发表文章说,有一位天主教传教士送他一种天然硼砂,叫做 pounxa(音译为硼砂),是在西藏发现的,是从地下挖出的,而不是人工制得的。

还有瑞典一位矿山主管恩盖斯托摩(G. von Engestrom,1738—1813)在 1772 年—1776 年的《瑞典皇家学会会报》中讲述到中国的天然碱 Kien、中国的白铜 paktong 和中国的硼砂 pounxa。因为他与瑞典的东印度公司有关系,所以能够得到中国的物产。

东印度公司是 17 世纪—19 世纪欧洲列强侵略亚洲各国的机构。1600 年,英国首先在印度成立东印度公司;1602 年,荷兰在印度尼西亚成立东印度公司。他们从政府、议会取得在亚洲一些国家的垄断贸易权,包收税款,置备武装,组织军队,强占土地,实际行使国家职能,以低价收购当地产品,高价在欧洲市场出售。

1702 年,一位德国后裔、在法国当医生、在英国跟从波义耳进行化学实验的霍姆伯格(Wilhelm Homberg,1652—1715)将硼砂与硫酸共同加热,得到硼酸。他的父亲正是荷兰东印度公司的官员,他实验用的硼砂也可能是从中国得到的。

1732 年,法国化学家 C. J. 若弗鲁瓦观察到硼砂的酒精溶液在火焰中燃烧时产生绿色焰火,认为是由于这种盐中含有铜。硼在燃烧时火焰为红色,微量气化的硼使火焰呈绿色。这样,本来若弗鲁瓦有可以发现的硼元素的机会,却就这样失去了。

1748 年,法国又一位化学家巴隆[①](Théodore Baron d'Hénouville,1715—1768)确定了硼砂是硼酸和苏打(Soda,碳酸钠)化合成的盐,也就是说硼砂是硼酸的钠盐。这样,硼砂和硼酸的化学成分逐渐被人们认识了。

戴维在 1807 年电解硼酸,在阴极得到一种暗色可燃物,可能是不纯的硼。接着他将硼酸脱水得到硼的氧化物三氧化二硼(B_2O_3),将此氧化物与金属钾放置在金制管中加热,得到一种黑色物质,曝露在空气中变白,戴维认为是硼,命名它为 boron,拉丁名称为 borium,元素符号为 B,我们称为硼。这一词来自 borax(硼砂)。据说 borax 源出阿拉伯文 bauraq 或波斯文 burah,都是焊接的意思。这也说明古代阿拉伯人或波斯人已经知道硼砂具有熔解金属氧化物的性能,用在焊接中做助熔剂,除去金属焊接处的金属氧化物,使金属牢固地焊接在一起。

---

① 法国有三位姓巴隆的化学家:Hyacinthe Théodore Baron,1686—1758,其有两子,长子 Hyacinthe Théodore Baron,1707—1787;次子 Théodore Baron d'Hénouville,1715—1768。

1808 年，盖-吕萨克和泰纳尔也将钾与硼的氧化物放置在铜管中加热获得硼。

到 1857 年，维勒按下列化学反应得到硼：

$$B(OH)_3 + 3Na \longrightarrow 3NaOH + B$$

$$B_2O_3 + 2Al \longrightarrow Al_2O_3 + 2B$$

1892 年穆瓦桑(Henri Moissan，1852—1907)用金属镁还原硼的氧化物得到硼。

纯净的硼(98.3%)是在 1909 年由美国化学家温特劳布(E. Weintraub)制得的，也是用镁还原硼的氧化物得到的，只是先将硼的氧化物用碱、盐酸、氢氟酸等处理后进行还原反应的。

这些实验得到的硼是无定形硼，将无定形硼熔融后结晶可得结晶硼，或将三溴化硼或三氯化硼的蒸气在电弧中用氢气还原得到结晶硼。无定形硼是棕色粉末，结晶硼呈灰黑色，硬度很大，接近金刚石，为 9.3，介于碳化硅 9.15 和碳化硼 9.32 之间。

戴维、盖-吕萨克和泰纳尔分别从硼酸中分离出硼后，又着手从硅土中分离硅。硅土和硼酸基曾被拉瓦锡列为不可分离的物质——元素。他们认为应用电池，能够将它分离出来的。可是都没有成功，可能是硅的熔点太高，约 1600℃。

1811 年，盖-吕萨克和泰纳尔将四氟化硅与金属钾反应，获得一种红棕色可燃固体，是无定形硅：

$$SiF_4 + 4K \longrightarrow Si + 4KF$$

四氟化硅是由二氧化硅与氢氟酸反应生成：

$$SiO_2 + 4HF \longrightarrow SiF_4\uparrow + 2H_2O$$

四氟化硅是一种无色有刺鼻嗅味的气体，在潮湿的空气中发烟，在常压下冷却时直接凝为固体。1771 年舍勒首先制得它。

到 1823 年，贝采利乌斯将氟硅酸钾 K_2SiF_6 与过量金属钾共热，也得到无定形硅：

$$K_2SiF_6 + 4K \longrightarrow Si + 6KF$$

氟化钾很易溶于水，而硅沉于水底，二者很易分离。

贝采利乌斯将制得的硅在氧气中燃烧，生成二氧化硅——硅土，因此确定硅是一种元素，命名它为 silicim，元素为 Si。这一词来自拉丁文 silex(燧石)。我国曾从音译，称它为矽，后因矽与锡同音，改为硅，从古代帝王、诸侯在举行朝会、祭祀的典礼时拿的一种玉器"圭"而来。

1857 年，维勒和德维尔强热氟硅酸钾 K_2SiF_6 和铝的混合物，得到暗灰色晶体硅：

$$4Al + 3K_2SiF_6 \longrightarrow 3Si + 6KF + 4AlF_3$$

硼和硅在晶体管制造方面显得越来越重要。晶体管是在硅的基片中掺入硼制成的。硼硅的一些类型的晶体管被用来制造太阳能电池，能由光产生电流。

硼在核反应堆的设计和利用起着重要作用，它是有效的中子吸收剂。核反应堆中的燃料是铀 - 235，吸收中子后裂变成两个碎片，释放出能量并放射出很多中子。这种新产生的中子使更多的铀 - 235 发生裂变并引发链式反应。为了避免链式反应失控导致爆炸，必须控制用于核裂变的中子数量，于是就用硼棒来吸收反应中产生的过多的中子，从而控制反应中产生的能量。这些硼棒被称为控制棒。

纯净的硅晶体俗称单晶硅。把单晶硅切割成硅片，并在上面涂上感光药膜，然后把集成电路缩微后印刷在硅片上，就可制成一块集成元件。一块直径为 75 毫米的硅片通常可以集成几万、几十万，甚至几百万个元件，因此它被大量应用于制造微型计算机或微处理机。单晶硅还可以用来制作整流器，它的工作性能稳定，无毒，而且还能节省不少电力。

硼和硅的氢化物的出现引起化学中价键的进一步研究，接着是硅氧烷聚合物的出现。

早在 1858 年，维勒将硅与镁在坩埚中加热获得硅化镁 Mg_2Si，将此硅化镁与盐酸作用，产生硅的氢化物混合气体，使化学家们考虑到硅的氢化物可能与它的同族元素碳的氢化物相似，会出现一系列硅的氢化物。可是硅的氢化物易挥发，并在空气中自燃，制得它们很困难。一直到 20 世纪 20 年代初，德国化学家斯托克(Alfred Stock,1876—1946)发明了一种真空技术,在封闭系统的玻璃仪器中制得并研究了 SiH_4、SiH_6、Si_3H_8、Si_4H_{10}、Si_5H_{12}、Si_6H_{14}等一系列硅烷,发现 Si—H 键比 C—H 键容易断裂,热稳定性差,会分解成硅和氢。

斯托克还利用他的真空技术制备了硼的氢化物——硼烷,在 1912 年首先制得 B_4H_{14}、$B_{10}H_{14}$等。B_2H_6 的结构引起化学家们的注意,因为 B 原子最外层电子是 3,与乙烷 C_2H_6 相比,没有足够电子成键,有人提出硼的 K 电子成键,有人提出是单电子键,还有人提出无电子键。

20 世纪末,硅元素进入有机化合物界,碳硅连接诞生出一个又一个"身怀绝技"的有机硅聚合物,按它们的结构和分子量的不同,可以分为硅油、硅橡胶、硅树脂三大类。硅油可用作 -60℃—250℃温度内的润滑油、变压器和电容器的介质,还用作织物、纸张等的防水处理剂和医药、食品工业中的抑泡剂;有机硅橡胶可用作飞机门窗的密封材料、火箭发动机喷口处的烧蚀材料,还可以用来制作人工心脏的瓣膜、人工胆管、耳朵、鼻子等;有机硅树脂主要用作耐热性优良的电绝缘漆和耐热的涂料等。

硅胶可不是硅的有机化合物,而是二氧化硅的水合物 $mSiO_2 \cdot nH_2O$,是由水玻璃(俗称泡花碱),又名硅酸钠 $xNa_2O \cdot ySiO_2$ 制成,用于气体干燥、气体吸收中。

有一种商品名叫派热克斯(pyrex)的玻璃,是一种含硼的硅酸盐玻璃,适合于制作承受温度突然变化和抗化学作用的制品。

石英、水晶、玛瑙的主要成分都是二氧化硅。当给石英晶体施加一个振动的电信号时,它将准确地把信号的振动复制出来。这就是现今石英钟表制造的原理。当给水晶施加压力,它便产生电压,用于打火机和煤气的点燃装置中。

4-4 两位大学生研究成功电解铝

史前时代,人们已经使用含铝的化合物黏土烧制陶器。铝在地壳中的分布量在所有化学元素中仅次于氧和硅,占第三位。在所有金属元素中占第一位，但由于铝的氧化能力强，不易被还原，因而它被发现得较晚。

在西方，认识铝是从17世纪开始的。德国化学家施塔尔首先察觉到明矾（$K_2SO_4 \cdot Al_2(SO_4)_3 \cdot 24H_2O$）中含有一种与普通金属迥然不同的物质。他的学生马格拉夫在1754年从明矾中分离出矾土，即氧化铝，并确定它与氧化钙不同。拉瓦锡在1789年发表的近代化学中第一张化学元素表（表2－1）中，将矾土认为是一种不能再分的元素。

1800年，意大利物理学家伏打发明电池后，1808年—1810年，英国化学家戴维和瑞典化学家贝采利乌斯都曾试图利用电解法从铝矾土中分离出铝，但都没有成功。贝采利乌斯却先给这个未能取得的金属起了一个名字 alumien，是从拉丁文 alumen 来。这个名词在中世纪的欧洲是对具有收敛性矾的总称，是指染棉织品的媒染剂。铝后来的拉丁名称 aluminium 和元素符号 Al 正是由此而来。我们从它的第二音节音译为铝。

1825年，丹麦化学家奥斯特（Hans Christian Oersted，1777—1851）发表试验制取铝的过程：将氯气通过烧红的木炭和氧化铝的混合物，获得无水的氯化铝，然后与钾汞齐混合加热，得到氯化钾和铝汞齐。再将铝汞齐在隔绝空气情况下蒸馏，除去汞，得到具有金属光泽的、类似锡的金属。

1827年，德国化学家维勒重复了奥斯特的实验。他按照奥斯特的方法制得无水氯化铝后直接用钾将铝置换出来。他将氯化铝和金属钾放置在铂制坩埚中，密封后加热，发生激烈的反应，待坩埚冷却后在内容物中有灰色粉末状铝。

到1854年，法国化学家德维尔（Henri Étienne Sainte Claire Deville，1818—1881）利用钠代替钾还原氯化铝。他先从含铁铝土矿（bauxite）中提取出氧化铝，再将氧化铝与木炭、食盐混合后与氯气反应，生成$NaCl \cdot AlCl_3$的复盐，用钠还原这个复盐中的 $AlCl_3$，制得成锭的铝。

由于铝的制取成本较高，制取较麻烦，所以铝在当时比铁、铜等贵重得多。在一段时期里，铝是珠宝店里的商品、帝王和贵族们的珍宝。法国皇帝拿破仑三世在宴会上用过铝制的叉子；泰国国王用过铝制的链子。1855年，在巴黎举办的世界商品展览会上有一小块铝放置在珍贵的珠宝旁边，它的标签上写着:“来自黏土的白银”。一直到1884年,美国第一任总统华盛顿纪念碑建成,碑上竖立了一个6磅(约合2千多克)重的装饰角锥体,是用铝制成的。1889年俄罗斯化学家门捷列夫得到英国伦敦化学会赠送的用铝和金的合金制成的花瓶和杯子。

1881年6月,英国人威伯斯特(James Fern Webster)取得工业生产铝的专利,在伯明翰(Birmingham)附近建厂生产,每周产量20吨。他一直保守着生产过程的秘密。①

1886年,两位大学生分别经过实验研究,各自独立创造电解法获得成功。

两位大学生中一位是美国俄亥俄州奥伯林(Oberlin)大学化学系学生霍尔(Charles Martin Hall,1863—1914)。他受到老师朱伊特(Frank Fanning Jewett,1844—?)教授的鼓励,寻找电解铝的方法。朱伊特曾在德国跟从维勒学习,对制铝抱有浓厚兴趣。

霍尔从1884年开始在朱伊特的实验室中进行实验,自制电池,用具有危险性的氢氟化合物制成氟化铝,然后电解氟化铝的水溶液,得到的是氢气和氢氧化铝。

1885年6月,他大学毕业后,继续在他家里堆放柴薪的小棚屋里进行实验,得到曾学习过化学的姐姐的帮助。霍尔改用熔点较低的冰晶石 $AlF_3 \cdot 3NaF$ 作为溶剂,溶解氧化铝,进行电解。从1886年2月9日开始,朱伊特多次实验,直至2月23日在阴极出现了银白色金属球,用盐酸检验,确定是铝。

霍尔懂得一项重大发现或发明需要有记录旁证。他在1886年取得成功后立即给他的哥哥,一位政府官员寄去一封信,叙述他所发现的有关科学技术的资料。这封信后来在法律上证明了他优先发现电解法制铝。②

19世纪60年代里出现的发电机,使铝得到利用电解法大规模生产。霍尔从1888年开始投入小规模工业生产,1889年组建美国制铝公司。到1907

---

① J. Newton Friend, *Man and the Chemical Element*, 1951, p. 163.

② Norman C. Cralg, Charles Martin Hall – *The Young man, His Mentor, and His Metal*, Journal of Chemial Education, vol. 63, No. 7, July 1986.

年,美国制铝公司已拥有几座生产氧化铝的矿场和三座电解铝的工厂。铝的产品不断增加,价格不断下降,铝制品得以进入寻常百姓家。

另一位大学生是法国圣巴比(Sainte - Barbe)学院的学生埃鲁(Paul Louis Toussaint Héroult,1863—1914)。他从15岁起就读到德维尔关于制铝的论说,萌发了制铝的念头,后来他得到一份遗产是一家制革厂,厂里安装有发电机。他开始电解各种铝化物。当他电解冰晶石时,发觉铁制阴极忽然熔化了,埃鲁认为是由于产生了一种合金。几天后,当他把氯化钠铝加到电解槽中以求降低温度时,又发现炭制阳极被腐蚀了,他断定这是由于所用氯化钠铝原料吸收了潮湿的空气,生成了氧化铝,而被电解析出氧。这些细致的观察使他得到启发,于是他将氧化铝溶解到冰晶石进行电解。正好与霍尔所用的原料和方法一致,只是比霍尔晚两个月获得成功。①

埃鲁只是取得发明的专利,把专利权转让给了他人,自己没有参与工业生产。

1911年,美国化学会和化学工程学会等团体授予霍尔一枚柏琴奖章(Pekkin Medal)(纪念英国工业化学家 William Henry Perkin, Sr. ,1838—1907)。埃鲁特意远涉重洋去向霍尔祝贺。说来也真巧,这两位大学生同年出生,同年去世,同年成功发现电解制铝的方法。

霍尔终生未结婚,去世后留下五百万美元捐赠给了他的母校,校园内霍尔建立了一座礼堂,以纪念他的母亲。今天,一座用铝铸成的年轻的霍尔全身塑像(图4-4-1)仍竖立在奥伯林学院的校园内,留给人们瞻仰。

在铝的发现过程中,在我国还曾出现一段插曲。在20世纪50年代,我国出版的一些科学杂志和报纸上纷纷刊出关于我国古代劳动人民首先制得铝的文章。事情是这样的:1956年,我国考古工作者在江苏省宜兴县发掘晋代将军周处(242—297)的坟墓中,发现这位将军束腰大带的饰带有二十多个镂空花纹的金属片散失在淤泥里,其中有一两片经过南京大学化学系、中国科学院前应用物理研究所和清华大学化学工程系等单位的科学工作者

① 〔美〕M. E. 韦克思著,黄素封译,化学元素的发现,263—265页,商务印书馆,1965年。

图4-4-1 霍尔塑像

的分析，确定是铜铝合金，含铝 85%、铜 10%、锰 5%。于是一些科学史研究者们判断：在公元 297 年以前，或者说，在公元 3 世纪或 3 世纪前，我们的祖先已经在使用铝。于是一些人在报纸、杂志上发表这一观点的文章。

也有一些人持不同意见，为什么在已分析过的饰片中只有一两片含有铝，而其他已分析过的几片皆为银？如果晋代已经生产了铝，为什么在晋代以后的年代里没有发现过？更有人提出，在3世纪我国的科学技术是不可能将铝从它的化合物中还原出来的，应当实事求是地考虑问题。最后是考古学专家夏鼐在《考古》杂志1972年第4期中发表《晋周处墓出土的金属带饰的重新鉴定》文章作出结论："总之，据说是晋墓中发现的小块铝片，它是后世混入物的重大嫌疑，绝不能作为晋代已有金属铝的物证。"

还有，1984年4月15日《北京日报》第4版上刊出一条消息：标题是"自然界中存在天然铝"，文中说："据莫斯科报纸最近报导，苏联科学家首次发现在自然界中存在天然铝。长期以来，人们一直认为自然界不存在天然铝，而金属铝是从铝土矿中提炼出来的。""据报导，苏联科学家是在调查西伯利亚和乌拉尔石英矿脉时发现天然铝的。"

后来未见下文。

铝在空气中生成一层非常致密的氧化铝薄膜，防止了内层进一步氧化。它很软，可以压成薄片、铝箔，薄片成为制造饮料罐的理想材料，铝箔代替了过去的锡箔，用来包装糖果、香烟。在氧化铝膜上电镀成金黄色各色，成为装潢和建筑材料，制造生活中鲜艳的笔套、打火机外壳等。

金属铝质轻，与4%铜、0.5%镁、0.5%锰制成合金轻盈而坚硬，称为硬铝或杜拉铝(durlumin)，广泛用于飞机、飞艇和车辆的制造中。

铝的导电性虽然只有铜的65%，但由于质轻仍应用在高压线中。

氢氧化铝 $Al(OH)_3$ 是一种抑制胃酸过多的医药。明矾 $K_2SO_4 \cdot Al_2(SO_4)_3 \cdot 24H_2O$ 中的 $Al_2(SO_4)_3$ 溶于水中后会生成胶状氢氧化铝，可以用来吸附并沉淀水中杂质。明矾还是我国古老的民间炸油条时用的添加剂。将明矾和食用碱(纯碱 Na_2CO_3)和进面粉里，制成面条，放进油锅里炸，其中发生了下列化学反应：

$$3Na_2CO_3 + Al_2(SO_4)_3 + 3H_2O \longrightarrow 2Al(OH)_3 + 3Na_2SO_4 + 3CO_2 \uparrow$$

产生的 CO_2 使炸成的油条松脆。

其实，普通的泡沫灭火器也是利用这一反应产生 CO_2 的。泡沫灭火器的桶里装的是小苏打（$NaHCO_3$）的水溶液，在其中央又悬挂着一个玻璃瓶，里面装着硫酸铝的水溶液，使用时将整个灭火器倒置，瓶内和罐内两种溶液就混合起来，发生化学反应，产生 CO_2。

$$6NaHCO_3 + Al_2(SO_4)_3 \longrightarrow 2Al(OH)_2 + 3Na_2SO_4 + CO_2\uparrow$$

4-5 伤害多人后才被分离出的氟

氟和它的同族元素氯一样，也是自然界中广泛分布的元素之一。在卤素中，它在地壳中的含量仅次于氯。它的天然化合物氟化钙 CaF_2 在黑暗中摩擦时发出绿色萤光，因而得名萤石。早在 16 世纪前半叶，萤石就被记述在欧洲矿物学家的著作中。当时这种矿石被用作熔剂，把它添加进熔炼的矿石中，以降低矿石的熔点。因此氟的拉丁名称为 fluorum，从 fluo（流动）而来。它的元素符号由此定为 F，我们译成氟。

早在 1670 年，德国一位工艺工人斯万哈德（Herr Swanhardt）发现，萤石与稀硫酸的混合液可以用来刻画玻璃。方法是先在玻璃表面涂敷一层蜡，在蜡上刻画花纹，深及玻璃，然后将萤石与稀硫酸的混合液涂敷在刻画的花纹上，之后加热熔去蜡，用水冲洗，玻璃表面上即出现想要的花纹。斯万哈德利用这一方法获得商业利益，对这一工艺保密多年。这其中的原理是，萤石与硫酸作用生成的氢氟酸与玻璃的主要组成成分二氧化硅（SiO_2）和硅酸钙（$CaSiO_3$）作用，使玻璃遭到破坏：

$$SiO_2 + 4HF \longrightarrow SiF_4\uparrow + 2H_2O$$

$$CaSiO_3 + 6HF \longrightarrow CaF_2 + SiF_4\uparrow + 3H_2O$$

德国化学家马格拉夫于 1768 年、瑞典化学家舍勒于 1771 年先后将萤石和硫酸放置在玻璃甑中加热，玻璃甑遭到严重腐蚀。马格拉夫观察到有气体（SiF_4）放出，得到一种氧化物（实际是破碎的二氧化硅）。舍勒得到不纯的氢氟酸，并认识到萤石是一种特殊的酸（氢氟酸）与钙的化合物。到 1781 年，德国药剂师迈尔（Johann Carl Friedrich Meyer，1733—1811）改用铁甑加热萤石和硫酸，得到了纯净的氢氟酸。1783 年德国化学家文策尔（Carl Friedrich Wenzel,1740—1793)又改用铅甑加热,得到氢氟酸后也利用铅制容器贮存,这种贮存氢氟酸的方式一直沿用到今天。①

盖-吕萨克和泰纳尔在1809年制得纯净的气体氟化氢。

同一个时期里,戴维发表关于确定氯是一种元素的报告。他接到两封来自法国物理学家安培(André Marie Ampère,1775—1836)的信件。一封是在1810年11月1日写的,表示氢氟酸与盐酸的相似性质和相似组成。另一封是在1812年8月25日写的,明确提出在氢氟酸中存在一种新的化学元素,正如在盐酸中含有氯一样,并提议把这一新元素命名为fluorine,正如氯的命名chlorine,具有相同的词尾-ine。

安培的建议很快被当时的欧洲化学家们接受,没有人怀疑氟的存在,即使它的单质状态还没有被分离出来。

这样,将氯的发现史和氟的发现史比较一下,是很有意义的。前者在它的单质被分离出来后三十多年才被确认为是一种元素;而后者在没有被分离出单质状态以前就被确认是一种化学元素了。这一史实说明在人们对客观事物的认识过程中,逐渐掌握了一些规律后,就能更快、更清楚地认识新事物。

氟在被确定是一种化学元素后,经历了七十多年,它的单质状态才被分离出来。这是由于单质氟的化学性质很活泼,是比氯更强的氧化剂。它与氢的化合物很稳定,不易分解。由于单质氟气和氟化氢的毒性比氯气和氯化氢更强烈,在最初制取它的单质过程中造成了一些令人悲痛的事件,一些化学实验者受到伤害,甚至死亡。他们是人们在认识化学物质的过程中为科学献身的人,值得人们怀念。

1813年,戴维利用电池电解氢氟酸,还用金、银、铂等制成容器,试图获得单质氟,不仅没有成功,而且遭到伤害,从而被迫停止了研究。1836年,爱尔兰科学院的诺克斯兄弟(George Knox、Thomas Knox)在实验过程中T. 诺克斯中毒死亡,G. 诺克斯被迫去意大利疗养。后来比利时化学家鲁叶特(Paulin Layette)和法国化学家尼克雷(Jérome Niklès)也遭到同样不幸。盖-

① J. R. Partington, *A History of Chemistry*, vol. 3, p. 215.

吕萨克和泰纳尔在试图制取氟气过程中也因吸入少量氟化氢而遭受很大痛苦。

1854 年,法国化学家弗雷米(Edmond Frémy,1814—1894)将熔融的氟化钙放置在铂制坩埚中,利用铂作为电极进行电解,结果在阳极观察到有气体放出,应该是氟气,但是它很快腐蚀着铂制电极,无法收集它。到 1869 年,英国化学家高尔(George Gore,1826—1908)选用了多种电极,如碳、铂、钯、金等,电解氢氟酸,得到少量氟气,但是它立即与产生的氢气化合,发生爆炸,电极遭到破坏。他提出必须降低电解装置的温度,以降低氟的活性。

最后获得成功的是弗雷米的学生、法国化学家穆瓦桑。他吸取了前人失败的教训,作了进一步研究。他明确氢氟酸因含水而不能作为制取氟的电解质,而无水氢氟酸又不易导电,于是他将氟氢化钾 KHF_2 溶解在无水氢氟酸中,作为电解质。他采用铂制的 U 形电解槽(图 4-5-1)。后来他又发现可以用铜制电解槽。铜虽然不具有抗氟的作用,但是由于初生的氟化铜保护了里层的铜,使铜不再受氟的腐蚀。电极是用铂或铂铱合金制成,并且用萤石制成绝缘的塞子。为了降低生成氟的温度,把 U 形管浸放在氯乙烷(C_2H_5Cl)冷冻液中,组装成图 4-5-2 的装置。他从 1884 年起,连续工作了两年,失败后就作改进,再失败,再改进。到 1886 年 6 月 26 日终于实验成功,在实验装置的阳极上有气体放出,用硅进行检验,立即发出火焰。两天后,他向法国科学院提交的报告中写到:“关于所放出的气体的本质,可以有各种不同的推测,最简单的推测,我们认为与氟有关。但是我们当然也可以认为它是氢的多氟化物,甚至是氢氟酸与臭氧的混合物,但是这种气

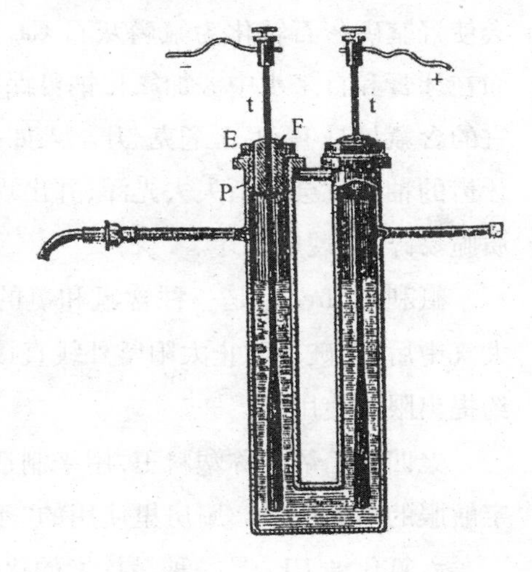

图 4-5-1　U 形电解槽

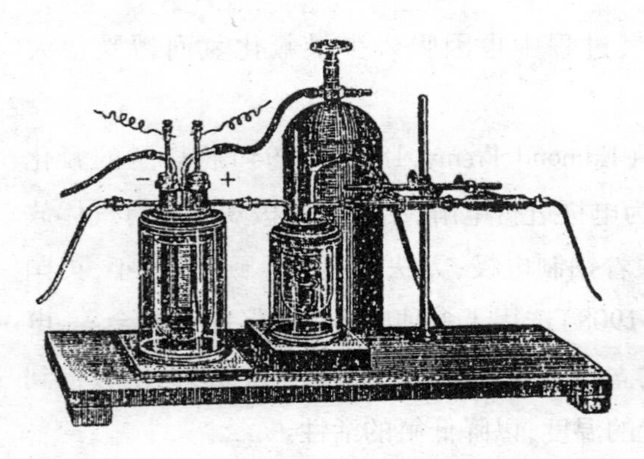

图4-5-2 穆瓦桑电解制取氟的仪器装置

体的高度活动性足以说明它与结晶硅能发生非常强烈的作用。”①

含氟化合物已具有广泛用途。氟能防止龋齿病（俗称蛀牙）。牙齿的周围本有一层由羟基磷灰石 $Ca_9(PO_4)_6 \cdot Ca(OH)_2$ 组成的坚硬的珐琅质保护层，但是当进食含糖高的食物后，口腔里的细菌会把糖转变成酸，使这保护层遭到破坏，当有氟化钠存在时，会使羟基磷灰石转化为氟磷灰石 $Ca_9(PO_4)_6 \cdot CaF_2$，能够不受酸的侵蚀，因而在牙膏和自来水中添加氟化钠可保护牙齿，但不能添加过量，饮用水中最适宜的含氟量是1—1.5毫克/升。人如果长期饮用含氟量高于4毫克/升的水，牙齿的釉质就会逐渐失去光泽，并出现灰色甚至黑褐色斑点或裂纹，牙齿变得质脆易碎，出现氟斑牙。

氟利昂（freon）是一种含氟和氯的有机化合物，是一种冷冻剂，它排放到大气中后，会破坏防止太阳紫外线直接射向地球的臭氧保护层，因而被国际公约提出限制使用了。

聚四氟乙烯又称塑料王，用来制造低温液体输送管道的垫圈和软管以及宇航服的防火涂层。厨房里使用的“不粘锅”涂层也是用它制成的。

六氟化铀 UF_6 是一种易挥发的化合物，用来将铀-235与铀-236分离，并浓缩铀-235，用在核反应堆和核武器中。

---

① К. Я. парменов, История Открытия Фтора, Книга Для Чтения по Химии, Часть Первая, СТР. 210—213.

5. 光谱分析创建后的发现

5 世纪—6 世纪间，我国医药学家陶弘景的著作里记述着这样一句话："以火烧之，紫青烟起，云是真消石也。"这里的"消石"即硝石，也就是硝酸钾。说明他已经认识到硝酸钾在火焰中产生特有的紫色，可以用来鉴定硝酸钾。

在西方，根据记载，在 1758 年，德国化学家马格拉夫已经注意到，在火焰上洒钠盐，火焰就呈现黄色；洒钾盐，呈现紫色。

后来不少科学研究者认识到，各种不同的金属盐在火焰中呈现出不同的颜色：钠——黄色；钾——紫色；锂——红色；铜——绿色等。今天，节日放的五彩缤纷的焰火也正是利用了各种金属盐的焰色反应。

到 19 世纪中叶，德国化学家本生发明了一种煤气灯，就是将一根金属管焊接在一个底座上，在管底用橡皮管接通煤气。在管的中下部有一个小孔，供空气流通。在管口点燃，煤气就燃烧起来，发出暗淡的、几乎是无色的火焰，但火焰的温度却很高，能达到 2300℃。这种灯就称为本生灯（图 5－1），在今天的化学实验室中仍在应用。

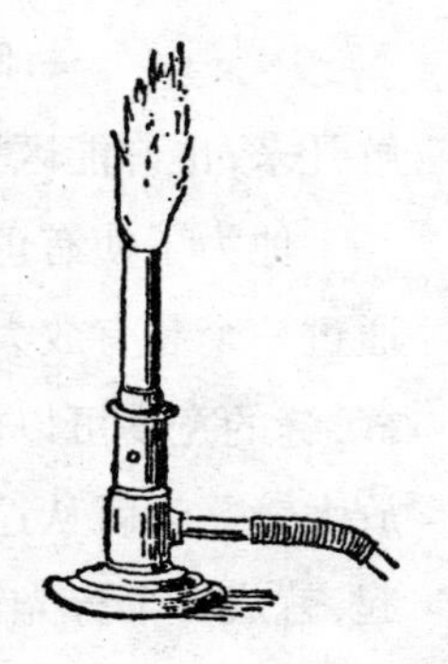

图 5－1　本生灯

本生利用这种灯观察各种金属盐在火焰中呈现不同颜色的现象。他同时点燃了三个灯，在每个灯的火焰上都滴加食盐的溶液，其中一滴是纯食盐溶液，另一滴混有锂盐，第三滴混有钾盐。

结果三个火焰都呈现黄色，没有什么差别。显然是钠把火焰"染"得太黄了，肉眼已经分辨不出锂的红色和钾的紫色了。

本生考虑到，如果通过有色玻璃或有色液体观察，也许会好一些。

他往玻璃杯里倒了一些靛蓝的蓝色溶液，通过这种蓝色溶液观察三个火焰,发现了三个火焰颜色的差别。蓝色吸收了钠的黄色,于是混有锂的食盐的火焰就呈现出深红色,混有钾盐的火焰呈现出红色,是紫绛红,而纯粹食盐的火焰却变成无色了。

本生搜集了很多不同颜色的玻璃,配了多杯不同颜色的液体,通过它们进行观察,锂盐的深红色和锶盐的深红色火焰却还是不能明确区别开来。

本生的朋友、德国物理学教授基尔霍夫设计了一种仪器,帮助本生解决了这个问题。基尔霍夫知道,当白色的日光通过三棱镜后会被分解成红、橙、黄、绿、蓝、靛、紫七色,形成一个光谱(图5-2)。早在1666年英国物理学家牛顿就完成了这个实验,雨过天晴天空出现的彩虹正是这种现象。

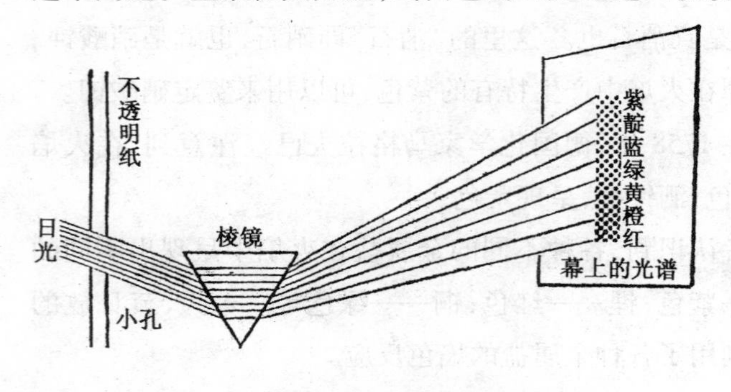

图5-2 太阳光谱

如果把有色火焰分解开来,也许能区别它们。基尔霍夫在考虑。

他为了使有色火焰产生的光谱清晰,让火焰发出的光线在射进棱镜前,先通过一个装有放大镜在内的管子,管子对着火焰的那一端安装一条极窄的隙缝,缝的宽度可以由一个特制的螺钉调节。另外在棱镜另一边安置一根短的放大镜。人就从这根管子去看火焰产生的光谱。两根管子和棱镜组合装在一起,就成一个分光镜。一个棱镜太少,就增加成两个,如图5-3所示。

当观察到金属的炽热蒸气发射出的光谱时,不像太阳光谱。太阳光谱里的七色是紧紧挨着的,是连续的。用分光镜观察到的金属盐的炽热蒸气放射出的光谱是分

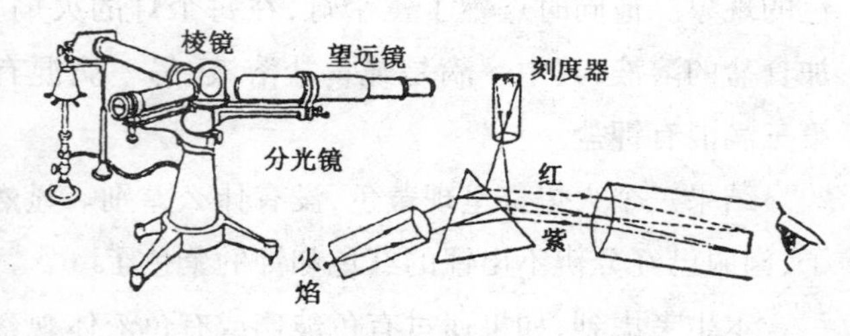

图5-3 分光镜及其色散作用

散的彩色线条。这些线条叫做谱线,这些谱线总称为线状光谱。

早在 1814 年,德国物理光学家夫琅和费(Josef von Fraunhofer,1787—1826)就发现太阳光谱中夹杂着许多暗线,竟有五百多条。他用 A、B、C、D、E……把其中最显著的 8 个位置标上代号。后来人就把这些暗线称为夫琅和费暗线。(图 5－4)。这对利用分光镜观察金属盐的炽热蒸气发射出的光谱起了指导作用。

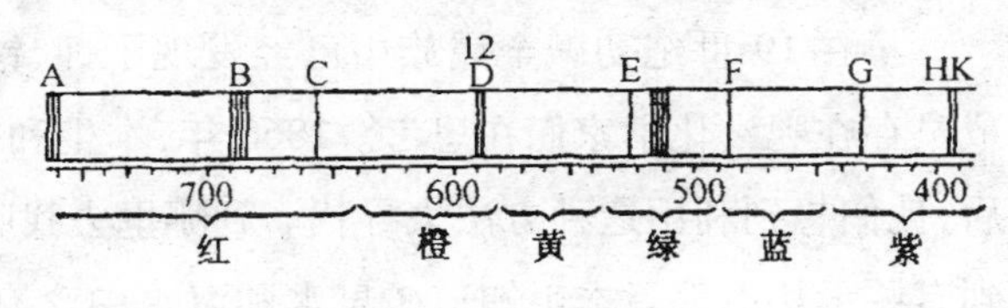

图 5－4 夫琅和费

用分光镜观察钾蒸气时,光谱里出现了两条红线、一条紫线;钠蒸气有一条黄线,再仔细观察后,发现实际上是两条黄线,它们彼此靠得很近,正好落在夫琅和费暗线 D 线附近,因而叫做 D_1 和 D_2 线。铜蒸气有好几条线,其中最亮的是三条绿色的、两条黄色的和两条橙色的。每一条色线总是出现在太阳光谱中同一条色线所在的位置,例如铜的两条橙线是在太阳光谱的橙色部分;钠的黄线是在太阳光谱的黄色部分。据此可得出一般性的法则:每一种物质的炽热蒸气都会产生它独特的光谱线。

锂的光谱是由一条亮的红线和一条较暗的橙线组成;锶的光谱是由一条蓝线和几条红线、橙线、黄线组成。这样,锂的深红色火焰和锶的深红色火焰便区分开来了。

本生和基尔霍夫对不同元素的光谱进一步研究后,在 1860 年建立了下列基本原则:

1. 每一元素当充分激发成气体状态时,产生它自己特有的光谱。

2. 一种元素的存在可以根据它的光谱线推知。

从而开创了光谱分析法。

光谱分析比化学分析灵敏度高,在地壳中含量较少的元素和一些不易分离成单质状态的元素,在逃过了分析化学家们的化学分析后,却被光谱分析的关卡捕获了。

5－1 找到两族稀散成员铯、铷和铊、铟

早在19世纪初碱金属族中已经发现了钾、钠和锂，是否还有稀少分散的成员存在呢？化学家们在思考。1860年，本生和基尔霍夫创建光谱分析方法后，他们想到利用这种方法去寻找。到哪里去找呢？矿石的品种太多，让人感到有些无从下手。本生知道矿泉水和海水中含有丰富的钾和钠，也可能隐藏着它们同族的成员。于是他们从德国中部帕拉提纳特(Palatinate)地区杜尔凯恩(Durkein)地方的矿泉中取来40吨矿泉水，先蒸发，利用碳酸铵除去其中碱土金属和锂的氧化物成分，用白金丝蘸取浓缩的矿泉水，放在火焰上灼热，在分光镜里看到在钾、钠和锂的光谱线外，在锶的谱线附近，有两条明亮的蓝线。

1860年5月10日，他们向柏林科学院提交的报告中说："我们已知还有简单物质会在光谱的这个部分产生这两条蓝线，无疑是迄今未知的碱金属元素存在。这个未知的碱金属即使混杂有大量其他的碱金属，只要有1毫克的千分之几，也会因它的炽热蒸气的明亮蓝色光而被认出来，我们提议命名它为cesium(元素符号为Cs)，来自拉丁文cesius，表示明朗天空的蓝色。"[①]我国译成铯。

新元素就这样发现并获得承认，而金属铯当时还没有获得呢。这是化学元素发现史上第一个先例，不同于以往的是在获得元素的单质或氧化物状态后而被承认。

金属铯迟至1881年由德国化学家塞特贝格(C. Setterberg)电解熔融的氰化铯CsCN而制得。

1846年，德国弗赖堡(Freiberg)冶金学教授普拉特勒(Karl Friedrich Plattner,1800—1858)分析一种含铯量高达30%—36%的含碱金属矿石铯榴石

---

① J. W. Mellor, *A Comprehensive Treatise on Inorganic and Theoretical Chemistry*, vol. Ⅱ, p. 422, 1922.

(Polluxite),得出各成分的量总和为92.753%,不到100%。他认为是由于水分的丢失,没有进一步研究。到1864年铯发现后,意大利化学家庇萨尼(Felix Pisani,1831—?)重新分析了这一矿石,发现普拉特勒误把硫酸铯当作硫酸钠和硫酸钾的混合物。就这样铯从普拉特勒手中溜走了。

铯遇光就放出电子,产生光电效应,与银和锑的合金用作光电管的材料。

铯的发现鼓舞了本生和基尔霍夫继续寻找稀散的碱金属成员。而他们知道鳞云母矿石中含有碱金属。

就在铯发现后几个月,1861年,他们又宣布从鳞云母矿石中又找到一个稀散的碱金属成员。他们在向柏林科学院递交的报告中说:“我们将鳞云石制成溶液,在溶液中除碱金属外,不含其他元素,倾入氯铂酸后即出现沉淀。将该沉淀用沸水洗涤数次,每洗一次即用分光镜检验,发现在钾线和锶线之间显现两条明亮的紫线,这些线中没有一条是属于当时已发现元素的。由于新的碱金属能显现明亮的深红线,就用古人表示深红色的 rubius 称它为 rubidium,元素符号用 Rb。”①我们译成铷。

氯铂酸 H_2PtCl_6 是将铂溶解在通入饱和氯气的盐酸中制成。它遇钾、铷、铯以及铵的离子就生成难溶的相应氯铂酸盐,因此可以用来检验这些离子。

鳞云母或红云母(lepidolite)是一种含有碱金属、铝、铁、钙、镁的硅酸盐,其中约含铷3%、铯0.7%。

到19世纪80年代,俄罗斯化学家别克托夫(Николай Николаевич Бекетов,1826—1911)利用铝与氢氧化铷作用,获得金属铷:

$$6RbOH + 4Al \longrightarrow 6Rb + 2Al_2O_3 + 3H_2\uparrow$$

同时,他还用镁还原铝酸铯,获得金属铯:

$$2CsAlO_2 + Mg \longrightarrow 2Cs + Al_2O_3 + MgO$$

金属铷也可通过电解熔融的氯化物获得。

金属铷与铯同样容易放出电子,同铯一起应用在光电池中。

另一族硼族元素中的硼、铝已先后被发现,是否还有稀少分散的成员存

---

① M. E. Weeks, *Discovery of the Elements*, 6th. edition, 1960, p. 628.

在,化学家们也在思考并努力寻找。

事有巧合,1861 年,英国化学家克鲁克斯从事从硫酸工厂的烟道灰中提取硒的工作,在用分光镜检查物料时,发现在光谱的绿色区有一条新线,克鲁克斯断定其中含有一种新元素,并将它命名为 thallium(铊),来自希腊文 thallos(绿色的树枝),元素符号就定为 Tl。

他的第一篇报告在 1861 年 3 月 30 日发表,刊登在他主编的《化学新闻》杂志上,题目是"论一种可能是硫族新元素的存在"。

克鲁克斯最初认为这种新元素是一种非金属,与硫相似,后来才确定它是一种金属。从 1861 年春到 1864 年夏,克鲁克斯发表了关于铊的多篇论文,包括 1862 年 6 月 19 日在英国皇家学会会议上宣读的"关于铊的预备性实验"。

克鲁克斯还在 1862 年 5 月 1 日向英国举办的国际博览会提交了提取得到的少量黑色粉末状的金属铊、铊的氧化物和硫化物。

6 月 7 日在博览会展览期间,克鲁克斯从展览会秘书处得知,法国里尔(Lille)市一位物理学教授拉米(Claude Auguste Lamy,1820—1878)也向博览会提交了 6 克重的金属铊锭。

拉米的岳父拥有一家硫酸工厂。他的岳父从黄铁矿煅烧后留在炉底的沉渣中提炼出硒。拉米在 1862 年初用光谱分析方法研究了提炼出来的硒,发现了从未见到的绿色谱线,在 1862 年 4 月得知克鲁克斯的报告,知道了铊的名称,明确了该绿色谱线属于铊。拉米成功地制得了纯净的三氯化铊,并利用电池电解的方法,获得金属铊。拉米于 6 月 23 日在巴黎科学院宣读了"关于新元素铊的存在"的论文,描述了铊的物理和化学性质,并确认它是一种金属,比较精确地测定了铊元素的原子量、化合价,并首先在动物身上进行了铊的毒性研究。

于是,克鲁克斯与拉米两位科学家之间展开了关于发现铊的优先权的争论。两位科学家的论据都是尖刻而相互排斥的。拉米指出,克鲁克斯获得铊的量如此少,以致无法确定铊的准确化学属性,因此也未能提炼出金属铊。克鲁克斯坚持是他首先发表第一篇关于铊的论文,是他首先制得金属铊的样品,并在英国皇家学会上展示。

国际博览会在颁发奖章中也涉及两位科学家间的争论，在颁发优秀品金质奖获得者名单中只有拉米的姓氏，而没有克鲁克斯。

1862 年 7 月 14 日，克鲁克斯给博览会评委会寄去了一份抗议书："我是继戴维爵士之后发现新元素的第一位英国人，比起我得到的荣誉来说，获得博览会的奖章是次要的。"①

克鲁克斯的抗议书暗示了博览会的评委选择了拉米而未选择他，是对英国人民感情的打击，英国人在自己的国土上举办了博览会，却放过了强调英国科学威望的良机。

评委会再次举行了会议，决定授予克鲁克斯一枚发现铊元素的金质奖章，授予拉米一枚提炼出第一块金属铊锭的奖章，并且指出，第一份获奖名单中对克鲁克斯姓氏的遗漏"只不过是公文上的差错"。

巴黎科学院也作出决定，指出克鲁克斯确定了铊元素的存在，拉米提炼了金属铊。

铊在自然界中多与黄铁矿结合。黄铁矿是制取硫酸的原料，因此铊首先从硫酸厂的烟道灰尘和炉底的沉渣中发现并取得。

铊的化合物一般有很强的毒性，硫酸铊 Tl_2SO_4 被用作灭鼠药。

铊被发现和取得后，德国弗赖堡矿业学院物理学教授赖希（Ferdinand Reich，1799—1882）对它的一些性质很感兴趣，希望得到足够量的铊进行研究。他在 1863 年开始从弗赖堡希曼尔斯夫斯特（Himmelsfüst）矿地出产的锌矿中寻找这种金属。这种矿石主要成分是含砷的黄铁矿、闪锌矿、辉铅矿、硅土、锰、铜和少量的锡、镉等。赖希认为其中可能含有铊。他采用通常炼锌的方法将这种矿石煅烧，除去其中大部分硫和砷，然后用盐酸溶解过滤，将硫化铵加入滤液中后析出一种草黄色沉淀物。他认为这是一种新元素的硫化物。

只有利用光谱分析来证明这一假设，可是赖希是一位色盲，只得请求他的助手里希特（Hieronymus Theoder Richter，1824—1898）进行光谱检验。里希特

① 〔苏〕A. H. 克里沃马佐夫、A. H. 哈里托诺娃著，马越译，铊的发现史，科学史译丛，1989，3—4，中国科学院自然科学史研究所。

将这种矿石少许放置在铂丝做的圈环上灼烧，通过分光镜发现了一条靛蓝色明线，位置与铯的两条蓝色明显不相吻合，就从希腊文 indikon（靛蓝）命名它为 indium（In），我们译成铟。

后来，他和赖希又制得少量铟的氯化物和水合氧化物，将氧化物用炭还原得到不纯的金属铟。

1863 年，两位科学家共同署名发现铟的报告。有人说当时里希特力图表示他自己是铟元素的唯一发现人，以致赖希深感遗憾。也有人说当时赖希表示两人共同署名是不公平的，发现新元素的荣誉应该只属于里希特。

现今铟的化合物砷化铟 InAs、磷化铟 InP 等用作半导体材料。

铊和铟在地壳的分布量都比较稀少，又很分散，人们只有利用光谱分析从含有它们的矿石或废渣中找到它们，与硼、铝和后来不久发现的镓一齐组成了一族。

5－2　果真利用光谱分析发现镓

在化学元素周期系建立的过程中，性质相似的元素成为一族已为化学家们接受。当时法国化学家布瓦博德朗（Paul Emile Lecoq de Boisbaudran，1838—1912）对光谱分析进行着长期研究，他观察到同族元素的光谱线以相同的排列重复出现，存在着规律的变化。他发觉在铝族中，在铝和铟之间缺少一个元素。从 1865 年开始，他用分光镜寻找这个元素，分析了许多矿物，但是都没有找到。1868 年，他收集到法国与西班牙边界线比利牛斯（Pyrénées）山的锌矿，进行了分析，又经过了 7 年，在 1875 年才确定了这个元素的存在。

这种锌矿，16 世纪德国矿物学家、冶金学家阿格里科拉曾认为是无用的铅矿，18 世纪瑞典化学家布朗特确定它是含锌的矿石。现在知道是闪锌矿 ZnS，其中含有铟和镓。

1874 年 2 月，布瓦博德朗将这种矿石先溶解在王水中，然后将锌加入滤液中。随着锌的溶解，溶液中过剩的酸逐步消耗掉，最后氢氧化锌沉淀出来。他用少许盐酸溶解这个沉淀，然后用白金丝蘸取一些溶液在电弧中灼烧，用分光镜观察时看到两条从未见到过的紫色谱线,并确信它们属于一种新元素。这是在 1875 年 8 月 27 日布瓦博德朗发表的发现镓的经过。

1875 年 9 月,布瓦博德朗在法国化学家面前演示了这个实验,证明新元素的存在。他用法国古代罗马帝国统治时期法国地区的名称 Gallia(高卢)命名它为 gallium,元素符号定为 Ga,我们译成镓。

同年 11 月,布瓦博德朗将制得的氢氧化镓溶解在氢氧化钾中,电解获得 1 克多的金属镓,测定了它的比重和其他一些性质。

1876 年 5 月份的法国科学院《科学报告集》中发表了布瓦博德朗发现镓的报告,11 月间这份报告集到达俄罗斯圣彼得堡门捷列夫手中。

门捷列夫读到后意识到镓正是他预言的类铝,立即给布瓦博德朗寄去一封信,同时给法国科学院寄去关于发现镓的注释文章,指出布瓦博德朗发现镓的报告中有不确切的地方,镓的比重 4.7 可能有误,应当是 5.9—6.0。这使布瓦博德朗感到很惊奇,镓到底是谁发现的?还有谁手中有镓?不过布瓦博德朗还是重新提纯了镓,再次测定了它的比重是 5.94。

布瓦博德朗后来在一篇论文中写到:"我认为没有必要再证实门捷列夫的理论见解对新元素比重的重要作用了。"①

门捷列夫对镓的预言是在 1781 年发表的《元素的自然体系和应用它预言未发现元素的性质》一篇论说中说:"在这一族后面应当具有原子量接近 68 的一种元素,我称它为 эка-алюмий(类铝),因为它紧接在铝的下面(表 5-2-1),它处在铝和铟之间的位置,应该具有接近这两种元素的性质,形成矾。它的氢氧化物将溶解在氢氧化钾中,它的盐将比铝盐较稳定,氯化类铝应当比氯化铝 $AlCl_3$ 更稳定。它在金属状态时的比重将接近 6.0。这种金属的性质在各方面将从铝的性质向铟的性质过渡,即此金属比铝具有较大挥发性,因此可以期待将在光谱研究中被发现,正如铟和铊是利用光谱研究被发现的一样,即使是它比这两种金属较难挥发。"②

---

① Г. Г. Диогенов, история Открытия Химических Элементов, СТР. 98, Москва, 1960.

② Д. И. Менделеев, предсказания Элементов, книта для чтения по химии часть первая, СТР. 394—398, Мосkа, 1955.

表5-2-1 化学元素周期系(门捷列夫在1871年发表)

列	Ⅰ族 — R^2O	Ⅱ族 — RO	Ⅲ族 — R^2O^3	Ⅳ族 RH^2 RO^2	Ⅴ族 RH^2 R^2O^3	Ⅵ族 RH^2 RO^3	Ⅶ族 RH R^2O^7	Ⅷ族 — RO^4
1	H=1							
2	Li=7	Be=9.4	B=11	C=12	N=14	O=16	F=19	
3	Na=23	Mg=24	Al=27.3	Si=28	P=31	S=32	Cl=35.5	
4	K=39	Ca=40	—=44	Ti=48	V=51	Cr=52	Mn=55	Fe=56,Co=59,Ni=59,Cu=63
5	(Cu=63)	Zn=65	—=68	—=72	As=75	Se=78	Rr=80	
6	Rb=85	Sr=87	? Yi=88	Zr=90	Nb=94	Mo=96	—=100	Ru=104, Rh=104,Pd=106,Ag=108
7	(Ag=108)	Cd=112	In=113	Sn=118	Sb=122	Te=125	J=127	
8	Cs=133	Ba=137	? Di=138	? Ce=140	—	—	—	————
9	(—)	—	—	—	—	—	—	
10	—	—	? Er=178	? La=180	Ta=182	W=184	—	Os=195, Ir=197,Pt=198,Au=199
11	(Au=199)	Hg=200	Tl=204	Pb=207	Ri=208	—	—	
12	—	—	—	Th=231	—	U=240	—	————

将门捷列夫预言的类铝的性质与镓的性质作一下比较,见表5-2-2:

表5-2-2 门捷列夫预言的类铝与镓的主要化学性质比较

类　铝	镓
原子量等于68	原子量69.72
金属比重接近6.0	比重5.9
氢氧化物具有两性	氢氧化镓具有明显两性
氯化物稳定	氯化镓稳定
能形成矾	形成矾 $NH_4Ga(SO_4)_2 \cdot 12H_2O$
期待在光谱研究中发现	用光谱分析法发现的

1879年秋,恩格斯读到英国化学家罗斯科和德国化学家肖莱默(Carl Schorlemmer,1834—1892)合著的化学教科书《化学教程大全》,此书最先讲述了门捷列夫预言的类铝和它作为镓被发现的事情,对于这一事件,恩格斯写了一篇文章,后来收集在《自然辩证法》中:"门捷列夫证明了在依据原子量排列的同族元素系列中,发现有各个空白。这些空白表明这里新元素尚待发现。他预先描述了这些未知元素之一的一般化学性质,他称之为类铝,因为它是在以铝为首的系列中紧跟在铝后面的。并且他大致预言了它的比重和原子量以及它的原子体积。几年以后,勒科克·德·布瓦博德朗真的发现了这个元素,而门捷列夫的预言被证实了,只有极不重要的差异。类铝体现为镓,门捷列夫不自觉地应用黑格尔的量转化为质的规律,完成了科学上的一个勋业。这个勋业可以和勒维耶计算尚未知道的行星——海王星的轨道的勋业居于同等地位。"

黑格尔(G. W. F. Hegel,1770—1831)是18—19世纪德国哲学家,提出事物从量变转化为根本的质变思想;勒维耶(U. J. J. Le Verrier,1811—1877)是19世纪中期法国天文学家、数学家,在1846年计算出当时还不知道的海王星轨道,并确定这个行星在宇宙中的位置。

镓的发现不仅是一种化学元素的发现,它的发现引起了科学家们对门捷列夫发现的化学元素周期系的重视,使化学元素周期系得到承认和赞扬。

镓在地壳中存在的丰度不低,高于铅、锡、砷等元素,但它很少单独成矿,作为氧化物包含在矾土中,作为硫化物包含在锌矿中,是依靠光谱分析才能发现的。它果真是按门捷列夫的预言利用光谱分析发现的。

镓的主要用途是与砷化合成砷化镓GaAs,具有半导体特性。

5-3 推开稀土三道门一扇寻到钐、钆、钕、镨

1841年,莫桑德尔从铈土中分离出镨和镧两种元素后,虽然一些化学家把镨排进他们编制的元素周期表中,但是不少科学家利用光谱检验了氧化镨后,都认为它不是一种单一元素的氧化物,而是含有多种元素。

到1878年,法国光谱学家德拉丰坦就从褐钇铌矿 $Y(Nb、Ta)O_4$ 提取的镨

中发现了一种新元素，称为 decipium。这一词从拉丁文 dēceptus（欺骗）来。它的元素符号定为 Dp。德拉丰坦测定它的原子量为 159，化合价为 3 价。

可是在 decipium 发现后第二年，法国另一位化学家布瓦博德朗从褐钇铌矿提取的镨的光谱线中发现了几条新线，确定了 decipium 是一些未知和已知稀土元素的混合物，并且从 decipium 中分离出当时未知的一种新元素，命名它为 samarium（Sa），我们译成钐。这一元素的命名来自褐钇铌矿的另一名称萨马尔斯矿（samarsite），是纪念俄罗斯矿物学家萨马尔斯基（B. E. Самарский）的。

同时，1880 年，瑞士化学家马里尼亚克从萨马尔斯矿中分离出两种新元素，分别用希腊字母 γ_α 和 γ_β，读音为 gamma alpha 和 gamma beta。但是经过化学家的光谱分析鉴定，gamma beta 和钐是同一元素。1886 年布瓦博德朗获得纯净的 gamma alpha，确定是一种新元素，命名为 gadolinium（Gd），我们译成钆。这一名称是纪念芬兰矿物学家加多林的。

同一时期里，1878 年美国化学家 J. L. 史密斯（J. L. Smith）从美国北卡罗来纳州（North Carolina）出产的褐钇铌矿中也分离出一种新元素，命名为 mosandrium，纪念瑞典在稀土元素研究方面有贡献的化学家莫桑德尔，但是马里尼亚克和德拉丰坦研究后认为它就是铽。布瓦博德朗研究后认为是镨、钐和铽的混合物。一直到 1893 年，有些化学家还是把这一元素用 Ms 作为元素符号排进元素周期表中。

到 1884 年，史密斯又宣称，从褐钇铌矿中又发现了两种新元素，分别命名为 columbium 和 rogerium。前者是纪念发现美洲大陆的哥伦布（C. Columbus）；后者是来自欧美男子通用名 Roger。

decipium、mosandrium 和 rogerium 后来都被否定了，只是 samarium 和 gadolinium 被肯定下来。

差不多在同一时期里，1885 年，奥地利化学家韦尔斯巴赫（Carl Auer von Welsbach，1858—1929）从氧化镨中分离出氧化钐后又分离出两种新元素的氧化物，并分别将这两种新元素命名为 praseo didymium 和 neodidymium，前者由 praseo（绿色）和 didymium（镨）组成，即“绿镨”，因为它的盐是绿色；后者由

neo（新的）和 didymium 组成，即“新镨”，它的盐是玫瑰红色。后来这两个元素的名称分别简化为 praseodymium 和 neodymium，都得到承认。前者我们译为镨，元素符号是 Pr；后者译成钕，元素符号是 Nd。

韦斯巴赫还发明了一种煤气灯罩，用棉纤维织成后在含有稀土元素铈和硝酸盐和钍、铍、镁的硝酸盐混合溶液中浸泡后制成，罩在煤气灯上发出白热灯光，称为 auerlicht（奥尔光）。“auer”是韦斯巴赫的名；“licht”在德文中是“闪光”。这使稀土元素获得最初的应用。

同时，俄罗斯化学家切劳斯特乔夫（K. von Chrustchoff）在同样情况下分离出另一新元素，称为蓝镨 glaucodidymium 或 glaucodymium，却被否定了。

这样，镨被“分解”了，连它本身也没有被保留下来。它被“分解”成钐、钆、镨、钕四种元素。这四种元素的发现是推开稀土三道门的一扇寻到的，这一扇是指隐藏在铈里的稀土。还有另一扇是指隐藏在钇里的稀土，还要推开另一扇去找。

它们的关系用表格表示出来是：

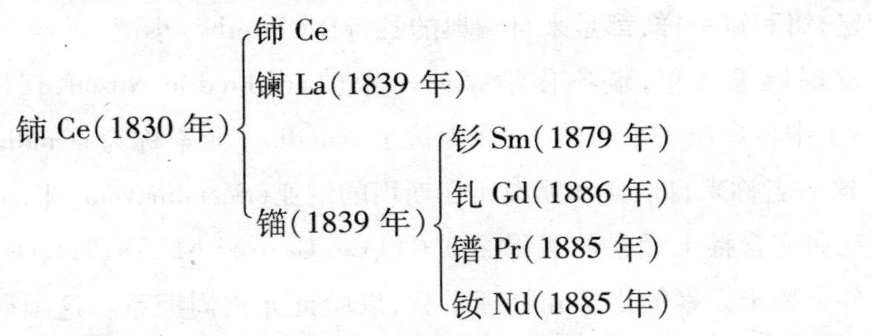

钐是最难消磁的元素之一，所以用于制造永久磁铁；它的氧化物是一种良好的红外线吸收剂，因此将它添加在制造特种玻璃及对红外光敏感的磷光体中。

钆有两种同位素都是最有效的中子吸收剂，用于制造核反应堆中的控制棒，还可以将不可见中子用钆吸收并使之发光，作为 X 射线胶卷上感光的荧光化剂使用。

少量镨加入镁中可提高镁耐蚀性，形成的合金用于制造飞机和汽车部件。镨和许多其他稀土元素一样，氧化物用于制备探照灯和动画放映机用的高强度碳弧灯管的电极。

钕主要用在加入铁中制成永久磁铁。强力磁石可以用来制作高性能的电动机、小型电动机，强力磁石的发明引发了录像机、录音机、照相机、立体声耳机等的开发。

钕的氧化物(Nd_2O_3)用在固体激光中，添加在玻璃中，能完全吸收黄色光，而让蓝色、红色、绿色光通过，用于制作识别航空、航海信号灯的眼镜、防护焊接时的眼镜。

5-4 推开稀土三道门另一扇找到镱、钪、钬、铥、镝

1842年，莫桑德尔从钇土分离出铒土和铽土后，不少化学家利用光谱鉴定它们，与鉴定镨土和镧土一样，同样确定它们不是纯净的单一元素的氧化物。经历了三十多年后，1878年，瑞士化学家马里尼亚克从铒土中分离出一种新元素的氧化物，把这种新元素称为 ytterbium，符号为 Yb，我们译成镱。这一名称正如钇、铒和铽一样，都是来自瑞典的乙特比(Ytterby)小镇。

在镱土发现后第二年，瑞典化学家尼尔松(Lars Fredric Nilson，1840—1899)又从镱土中分离出一个新的土，称为钪土 scandia。元素称为 scandium，符号为 Sc。这一名称来自瑞典和挪威所在斯堪的纳亚(Scandinavian)半岛。

尼尔松在研究含稀土元素的黑稀金矿(Y、Ce、Ca…)$(Nb、Ta、Ti)_2O_6$，希望能测定出各个稀土元素的化学和物理常数，以验证元素周期系。这项研究工作虽未成功，却从这种矿石中分离出一个新元素钪。

瑞典化学家克莱夫在研究了钪的一些性质后，指出它就是门捷列夫预言的类硼。门捷列夫在发现化学元素周期系时曾在1891年发表《元素的自然体系和应用它预言未发现元素的性质》，里面讲到："在最常见的元素列中，明显缺少类似硼和铝的元素，即在Ⅲ族(表5-2-1)中缺少一个紧接在铝下面的元素是肯定的。这个元素应该位于第二偶数列钾和钙的后面。因为钙的原子量接近40，这一列中Ⅳ族中钛的原子量是50，所以这个缺少的元素的原子量应该接近45。因为这个元素属于偶数列，它应该具有比Ⅲ族中较低原子量硼

和铝较强的碱性。……因此它可能不分解水,与酸和碱形成稳定的盐。我暂给这个元素命名为экабор(类硼)。这个名称是这样得来的,эка来自梵文,是'同一'的意思。"①

尼尔松向德国化学会报告发现钪的文中说:"毫无疑问,俄罗斯化学家的见解如此极其明显地被证实了。他不但预言了他所命名的元素存在,而且还预先举出了它的一些重要性质。"②

就在尼尔松从氧化镱中分离出氧化钪的同一年,克莱夫将取得的氧化铒分离出氧化镱和氧化钪后的残留物,继续进行分离,又得到两个新元素的氧化物。他把它们分别称为 holmium 和 thulium 的氧化物。这两个元素的命名中前者是纪念他的出生地,瑞典首都斯德哥尔摩古代的拉丁名称 Holmia;后者是纪念他的祖国所在的斯堪的纳维亚半岛,古代人称这一地方为 Thulia。我们把 holmium 译成钬,元素符号是 Ho;thulium 译成铥,元素符号曾用 Tu,今用 Tm。

钬在被分离出 7 年后,1886 年布瓦博德朗又将它一分为二,保留了钬,另一个称为 dysprosium(镝),元素符号是 Dy。这一词来自希腊文 dysprositos,是"难以取得"的意思。

在这段时期里,另一些化学家还从另一些含稀土元素的矿物中发现了另一些稀土元素,例如就在发现镝的 1886 年,奥地利化学家林内曼(E. Linneman)从 orthite(褐帘石)中发现 austrium,以纪念他的祖国奥地利 Austria。褐帘石是含铈的硅酸盐,还含有钙、铝、铁等金属。

还有 1887 年切劳斯特乔夫从 monazite(独居石)中发现 russium,是由纪念他的祖国俄罗斯(Russia)而来。独居石又名磷铈镧矿(Ce、La…)PO_4,含有多种稀土元素。

从独居石发现的稀土元素还有 damarium 和 lucium 等。damarium 这一命名来自 damar 或写成 dammar,是生长在印度等地的一种树木,可生产树脂,我

---

① Д. И. Менделеев, предсказания Элементов, Книга Для чгения ло химии, частъ первая. CTP. 394—398, Моска, 1955.

② Г. Г. Диогенов, История Открытия Химических Элементов. Стр. 85, 1960, Москва.

们译成珐玛树脂。它是1894年德国化学家劳埃(K. Lauer)和安塔赫(P. Antach)发现的。lucium一词是"光明"的意思,是法国化学家巴里埃(P. Barriére)在1896年发现的。

这些发现的元素也可能是新元素,也可能是已发现的稀土元素或它们的混合物。但没有得到承认。它们和它们的发现人也就被人们遗忘了。得到承认的只是镱、钪、钬、铥和镝。它们的发现是推开了稀土元素第三道门的另一扇找到的。用表格列出如下:

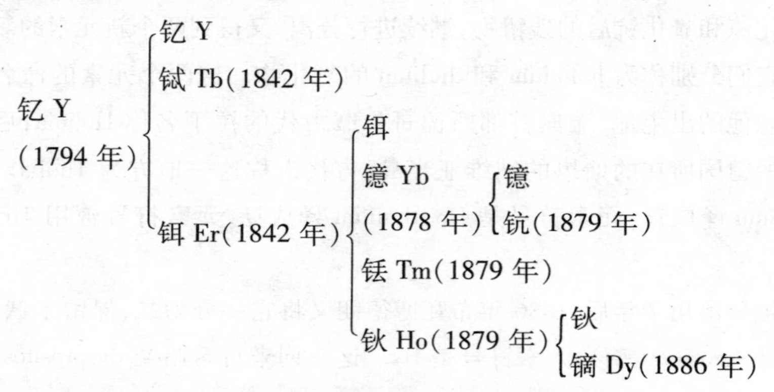

这些稀土元素或用于玻璃着色,或用于激光或荧光体中。

5－5　撞开稀土第四道门找到镥和镥

稀土元素的发现从18世纪末到20世纪初,经历了一百多年,发现了数十种,但是只肯定了其中的十几种。它们究竟有多少,仍然未知。化学家们继续不断地在寻找,他们在稀土元素的光谱线上发现了一条新线,就用化学方法把它分离,一时想不到给它们一个适当的命名,就用一些拉丁字母或希腊字母表示。它们中有一些后来被证实是已被发现的某一元素,只是桂冠已经被戴在"他人头上"了。

E是德国化学家爱克斯勒(F. Exner)和哈斯切克(E. Haschek)在1910年利用光谱分析从铽中发现的一个新元素,后来被确定是混合物。可是在稀土元素最初的发现中大多数是以混合物的状态被发现的。

S_1 是法国化学家德马尔赛(Eugène Anatole Demarçay,1852—1904)从钐中分离出的一个新元素,当时遭到一些人的否定,但是后来的事实证明发现的钐本身就不是一种纯净的元素。

X 是瑞典化学家索内特(J. L. Soret)在 1878 年从铒中分离出来的。第二年,克莱夫从铒中分离出两种新元素铥和钬。他和索内特一致认为 X 和钬是同一元素,但是钬的发现者被认为是克莱夫,而不是索内特。

Z 是布瓦博德朗在 1886 年从铽中发现的一个新元素,后来证明就是铽。布瓦博德朗早在 1885 年研究了氧化铽溶液的火焰光谱,认为其中存在两种新元素,分别命名为 Z_α(Z alpha)和 Z_β(Z beta),1886 年又鉴定出第三种元素,命名为 Z_γ(Z gamma),后来证明 Z_α 是镝;Z_β 是铽;Z_γ 也是镝。

1892 年,布瓦博朗德又利用光谱分析鉴定钐中存在两种新元素,分别命名为 Z_ε(Z epsilon)和 Z_ζ(Z zeta)。1893 年,他又证明 Z_ζ 和英国物理学家、化学家克鲁克斯在 1887 年从钇中鉴定的 S_δ(S delta)非常相似,1906 年德马尔赛确定 S_δ、Z_ε、Z_ζ 是同一元素,命名为 europium(Eu),我们译成铕,得到公认。europium 来自 Europe(欧洲)。在这种情况下,铕的发现有人认为是布瓦博德朗在 1892 年发现的;有人认为是克鲁克斯在 1887 年发现的;有人认为是德马尔赛在 1906 年发现的。

1900 年,德马尔赛还利用光谱分析研究了钆、铽、铒、钇等元素,又从中发现了四种新元素,分别用希腊字母大写体 Γ(gamma)、Δ(delta)、θ(theta)和 Ω(omega)表示它们。1906 年,他又从钐中分离出一种新元素,用 Σ(sigma)表示。后来证明 Γ 是铽;Δ 是镝;Σ 是铕;θ 和 Ω 没有被证实。

20 世纪末,从各个已知稀土元素中发现的新元素还有德国化学家爱德尔(J. M. Eder)在 1816 年从镱中分离出来的 denebium、dubhium,1817 年从钐中分离出来的 eurosamarium 等。

20 世纪发现并肯定的稀土元素是镥,是 1907 年法国化学家于尔班(Georges Urbain,1872—1938)从镱中分离出来的。他把镱一分为二,一个称为 neoytterbium,另一个称为镥 lutetium(Lu)。这个名称来自 Lutetia,是法国巴黎的古名,是于尔班的出生地。新镱后来证明仍是镱。

同年，韦斯巴赫也从镱中分离出两种新元素，分别命名为 aldebaranium 和 cassiopeium，前者来自天文学中金牛星座 Aldebaran，后者来自天文学中仙后星座 Cassiopeia。我们曾将它们分别译成钷和钍。它们曾被化学家们分别以 Ad 和 Cp 为元素符号按原子量大小排列在元素周期表镱和镥的前面。但是后来证实 aldebaranium 和镱是同一元素；cassiopeium 和镥是同一元素。

于尔班发现的镥并不是纯净的，韦斯巴赫发现的钍是纯净的，但是于尔班发表报告比韦斯巴赫早几个月。虽然化学家们认为韦斯巴赫的结果更为可信，但是镥被留下来，钍却留在化学史中。

于尔班在 1911 年还宣布发现了 celtium，并将它放置在元素周期表中镥的后面。我国曾将它译成镶。这个有争议的元素由于于尔班的坚持一直到 20 世纪 20 年代铪的发现后才被否定。

1913 年，英国物理学家莫塞莱测定了多种元素特征 X 射线的波长，建立了元素的原子序数，使稀土元素也有了各自的编号。同年，丹麦物理学家玻尔（Niels Hendrik David Bohr，1885—1962）应用量子论提出原子结构模型，指出 71 号稀土元素镥的外层电子已达到全充满。这些使化学家们认识到稀土元素到镥已经终止了，只是还缺少一个 61 号元素，直到 1945 年才人工制得它。

这样，到 20 世纪初，铕和镥的发现已经完成了自然界中存在的所有稀土元素的发现。铕和镥的发现是撞开稀土元素第四道门找到的。

现在可以列出除 61 号元素外全部稀土元素发现的过程了：

- 铈 Ce（1803 年）
  - 铈
  - 镧 La（1839 年）
  - 锚 Di（1839 年）
    - 钐 Sm（1879 年）
      - 钐
      - 铕 Eu（1906 年）
    - 钆 Gd（1886 年）
    - 镨 Pr（1885 年）
    - 钕 Nd（1885 年）

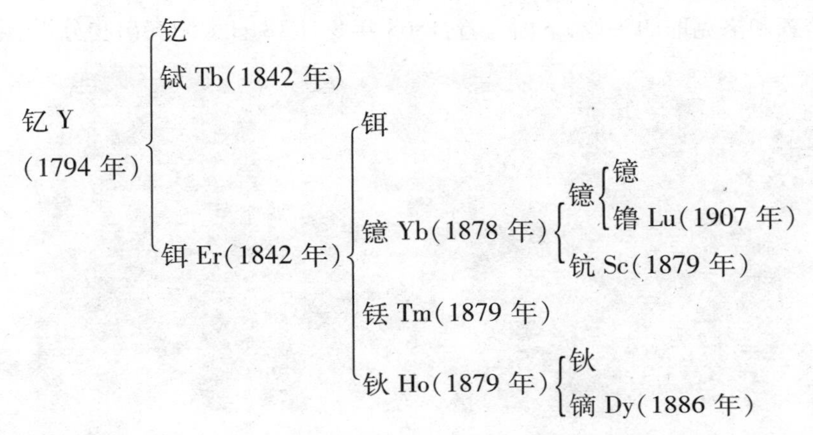

今天稀土元素在冶金工业、石油工业、玻璃陶瓷工业及照明、激光等材料制备中得到广泛应用,是化学家们经历了一百多年辛勤劳动的成果。

5－6　太阳元素氦

1868 年 8 月 18 日,法国天文学家詹森(Pierre Jules César Janssen,1824—1907)赴印度观察日全食,利用分光镜观察突出在太阳边缘朱红色发光的气团日珥,看到有彩色的线条,是太阳喷射出来的炽热气体的光谱。他发现一条黄色谱线,接近钠光谱中的 D_1 和 D_2 线。日食后他同样在太阳光谱中观察到这条黄线,称它为 D_3 线,但是没有能确定是由什么物质产生的。他写信将他的发现报告法国科学院,由于当时交通不方便,这封信在路上走了两个多月,于 10 月 26 日才到达巴黎。

事情很凑巧,就在同一天,法国科学院收到从英国寄来的信。这是英国天文学家洛克耶(Joseph Norman Lockyer,1836—1920)寄来的。报告的与詹森是同一件事。洛克耶在英国也用分光镜在太阳光谱中观察到同样的黄线,认为是只存在于太阳中而不存在于地球上的一种新元素产生的,并把这种新元素命名为 helium,来自希腊文 helios(太阳)。元素符号定为 He,我们译成氦。

这两封信同时在法国科学院宣读,科学家们为之惊叹,决定铸造一块金质纪念牌,一面雕刻着驾着战车的传说中的太阳神阿波罗(Apollo)像,另一面雕刻着詹森和洛克耶的头像，下面写着：1868 年 8 月 18 日太阳突出物分析。

图 5-6-1 詹森和洛克耶纪念牌

这是第一个在地球以外，在宇宙中发现的元素。

二十多年后，英国化学家拉姆齐（William Ramsay，1852—1916）在发现氩后，1894 年接到他的一位朋友梅尔斯（Henley Miers）的来信，告诉他美国化学家希尔德布兰德在 1888 年—1890 年间曾发表过一篇文章，讲述发现沥青铀矿和钇铀矿石经硫酸处理后放出一种气体，既不能燃烧，也不助燃；既不能使石灰水变混，也没有硫化氢的恶臭味，被认为是氮气。

这引起拉姆齐对钇铀矿石中所放气体的研究。他购得约 1 克钇铀矿石，他的助手、后来成为英国化学家的特拉弗斯（Morris William Travers，1872—1961）将这种矿石粉放进硫酸中加热，果然，有气体冒出来，获得几立方厘米的气体。他们将气体收集，除去可能含有的杂质，装入观察光谱用的玻璃管中。这种管子中间很细，两端较粗。从管的两端往管中焊了两根白金丝（图 5-6-2）。当需要研究某种气体光谱时，就把这种气体灌到管子里后焊封，然后通过白金丝往管中通电。在电流的作用下，在管中最细的地方，气体发出亮光，这时就可以用分光镜观看它的光谱了。

图 5-6-2 拉姆齐观察光谱用的玻璃管

拉姆齐把铀矿石放出的气体装进这个管中，观察到气体的光谱中有一条黄线和几条微弱的其他颜色的亮线。起初他认为这条黄线是由钠产生的，可能是白金丝沾了一点食盐。于是他就放进管内一点食盐,封好管子再观看未知气体的光谱。结果光谱中出现了钠的谱线,但是曾看到的黄线仍在原来位置上,是在钠的谱线旁边。这使他确定曾看到的黄线不是钠的,而是属于某一种其他物质的。经过一段时间的思考,他想起詹森和洛克耶在27年前发现的太阳中的氦。

拉姆齐为了证实他的设想,将充有新气体的光谱管派人送请在伦敦的光谱学家克鲁克斯鉴定,并附信一封,没有把自己的想法告诉克鲁克斯,只是说他找到了一种新气体,建议把它叫做氪(krypton——来自希腊文 kryptos,"隐藏"的意思。)请克鲁克斯仔细测定新气体在光谱中的位置。

1895年3月23日,克鲁克斯给拉姆齐发去一份电报:氪就是氦。

这样,氦在地球上被发现了。

当拉姆齐在地球上发现氦两星期后,瑞典化学家克莱夫和他的学生兰格莱特(N. A. Langlet)也从钇铀矿石中得到氦。同时德国化学家卡依塞(H. Kayser)利用分光镜鉴定出空气中含有氦。紧接着,在德国黑森林(Black Forest)威尔巴德(Wilbad)天然气中发现了氦。还有人提到,早在1882年意大利科学家帕尔米尼(L. Palmieri)发表过一篇文章,讲到在维苏威(Vesuvian)火山熔岩的光谱里看到氦的黄线。这比拉姆齐的发现早了14年。但是一些人认为,熔岩里的氦是很少很少的,那个黄线可能是属于钠的。

在物质的放射性被发现并得到研究后,已经明确,所有地球上的氦都是来自地壳中的 α 放射性元素,如铀、钍等放射的结果,例如铀-238放射出8个 α 粒子,形成铅-206;钍-232放射出6个 α 粒子,衰变成铅-208。这些 α 粒子就是氦的带两个正电荷的原子核,很容易从周围岩石中吸取2个电子,变成中性氦原子。这就说明氦从含铀、钍等的岩石中扩散进空气中。在含有放射源的沉积岩床中,有机物分解产生天然气,因而氦和天然气一起从岩石中扩散出来。

氦是仅次于氢的最轻气体,不像氢气那样易燃,至今仍用于气球和小型飞艇中。

潜水员在高压深海中作业上浮时,溶在血液中的氮气会因气压降低而析出形成气泡堵塞毛细血管,导致潜水病,用氦气代替氮气与氧气混合供潜水员呼吸可避免潜水病的发生,因为氦在水中的溶解度比氮气低。

液氦的沸点低为 -269℃,是创造低温的冷却剂。

5-7 千分之一的差值引出氩

1892 年 9 月 29 日,英国出版的《自然》(*Nature*)杂志上刊出当时英国物理学家瑞利勋爵[①](Lord John William Rayleigh, 1842—1919)的来信:"我对最近测定氮气密度的结果很迷惑,如果读者指出原因,将十分感谢。由于两种制取方法不同,我得到的不同数值相差大约是千分之一,不大,在实验的误差范围之外,可能是由于气体的性质不同。"[②]

瑞利是在长期反复测定各种气体的密度后给《自然》杂志投寄这封信的。他测定了从空气中除去氧气、二氧化碳气及水蒸气后获得的氮气密度是 2.3102,而从氨制得的氮气密度是 2.2990[③],大约相差千分之一。

他重复测定,仍然如此。这使他迷惑不解。他作出各种可能的解释:由空气制取的氮气中可能还含有微量的氧气,氧气的密度比氮气较大;由氨制得的氮气中可能混有氢气,氢气的密度小;由空气所得的氮气或许含有类似臭氧的分子 N_3;由氨取得的氮气可能有若干分子解离成原子等。

第一个假设经过分析后肯定是不可能的,因为氧气和氮气的密度相差甚微,必须混杂有很大量的氧气才会产生这样的差异。瑞利又用实验确定由氨制得的氮气中不含有氢气。第二个假设又通过实验否定了。他往这种气体中引入电火花,这是生成臭氧 O_3 的条件;结果它的体积一点也没有缩小,密度一点也没有变大,第四种情况也缺乏实验根据。

---

① 英国贵族,原姓斯特拉特(John William Strutt),因封爵而称瑞利勋爵。

② Д. И. Финкелъщтейн, Инертные Газы, Издателъство академии Наук ссср, Москва, 1961, CTP. 45.

③ J. W. Mellor, *A Comprehensive Treatise on Inorganic and Theoretical Chemistry*, vol. Ⅶ p. 889, 1927.

在这种情况下，瑞利只得把问题提交给《自然》的读者。这个杂志是很有声望的，不仅在英国，不仅是青年人，就是许多科学家都阅读它，有什么新的发明创造也都投寄给它刊出。可是谁也没有给瑞利回信，谁也没能解释原因。

1894 年 4 月 19 日，瑞利在英国皇家学会上宣读他的实验报告，会后伦敦大学化学教授拉姆齐找到瑞利。他认为来自空气中的氮气里可能含有一种较重的未知气体。他表示愿意和瑞利共同寻找答案。于是他们再次走进实验室。

在这次会后，英国皇家研究院化学教授杜瓦（James Dewar，1847—1923）还向瑞利提供了一个线索。早在 1785 年，发现氢气的英国科学家卡文迪许为了研究氮气，曾进行过一个实验。他用一个 U 形管，管中充满氧气和空气，将 U 形管架在两个装有碱液的酒杯中（图 5－7－1），然后在混合气体中进行火花放电，让管中的氮气和氧气化合生成棕色的二氧化氮气体，被碱液吸收，并连续通入氧气，一直到不再生成二氧化氮气为止。最后还向管内通入硫化钾溶液以吸收剩余的氧气。最终被吸收的碱液并未完全充满管内，仍留下一个小气泡，约为原来气体体积的 1/120。他认为这是不同于氮气的一种气体。

图 5－7－1 卡文迪许探索空气组成的实验装置

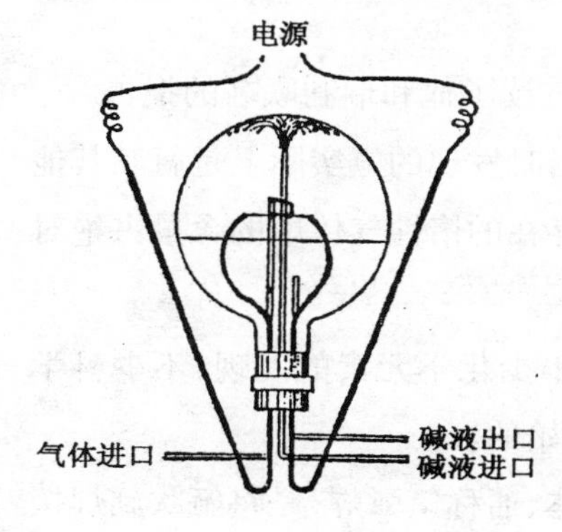

图 5－7－2 瑞利清除空气中氧气和氮气的实验装置

这给了瑞利启发，他和拉姆齐组装了一套实验装置，利用一个烧瓶，将两根导线通过瓶塞插进瓶中（图 5－7－2），接通电流，瓶内两导线顶端之间产生火花，使氮气和氧气化合成二氧化氮气。接着用泵往瓶内灌入氢氧化钠溶液，把生成的氮的氧化物吸收，沿着另一根管子引流出来。同时通过气体进口往瓶中通入补充的氧气。

经过一定时间后，瓶内所有的氮气都与氧气化合完了。然后将烧瓶内剩余的气体抽取出来,进入另一套实验装置(图 5－7－3),先通过五氧化二磷,以除去水分;通过炽热的铜,以除去氧气,通过碱石灰除去二氧化碳气,通过加热的金属镁除去氮气,镁与氮气化合成镁的氮化物。结果发现有 1/80 的气体没有被通过

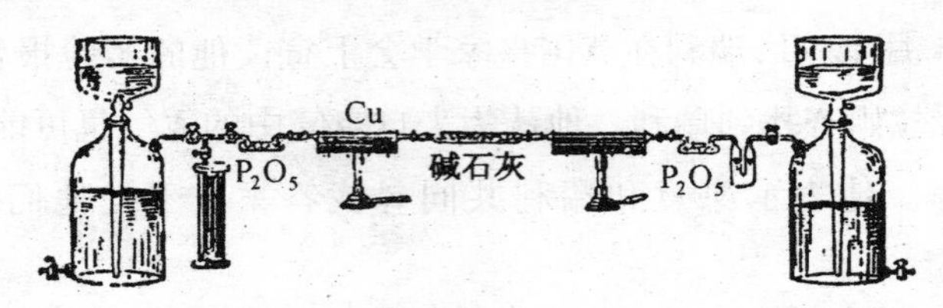

图 5－7－3 拉姆齐清除空气中氧气和氮气的实验装置

的任何物质吸收。这样,他们找到了所要寻找的气体。

两位科学家共同研究新发现的气体,测定了它的密度,几乎是氮气的 1.5 倍。这样,来自空气中的氮气和来自氨的氮气之间重量的差异就迎刃而解了。

他们还对这种气体进行了光谱检验,看到橙色和绿色的各组明线,是当时已知所有元素光谱中所没有见到过的。他们还对这种气体进行了多次实验,证明它在化学性质方面正如所料的,是极不活泼的。

1894 年 8 月 13 日,瑞利在英国科学协会上报告,把这个气体命名为 argon。在希腊文中,“a”表示“不”;“ergon”表示“工作”。二者结合就是“不工作”、“懒惰”,就是“惰性气体”一词的由来。氩的元素符号 Ar 也正是由此而定。

1895 年 1 月 31 日,拉姆齐又向皇家学会宣读了他和瑞利联名的报告。

当然,今天我们完全清楚,瑞利和拉姆齐当时发现的氩实际上是氩和其他惰性气体的混合气体。正是因为氩在空气中存在的惰性气体中的含量占绝对优势,所以它作为惰性气体的代表被发现。

氩的发现是从千分之一的差值引起的。不少化学元素的发现,不少科学技术中的发明,都是从对微小的差异的质疑开始的。

氩的最广泛用途是作为电弧焊的保护气体,通称氩弧焊,是将氩吹到焊接作业部分,以阻挡空气中的氧气与熔化金属的接触。

在白炽电灯泡中充入氩气,代替空气,可以防止灯泡中钨丝被腐蚀,并阻

止它气化。

将少量氩气混入氖中，会产生蓝色和绿色的光。

5-8 增补新家族成员的氪、氖、氙

拉姆齐在发现氩和氦后，研究了它们的性质，测定了它们的原子量，接着考虑到它们在元素周期表中的位置。

按原子量大小，氦应当排列在氢和锂之间，但是应当把它归入哪一族呢？当时除了氩以外，它与以前发现的任何其他元素在性质上都不相似。

1894 年 5 月 24 日，拉姆齐在给瑞利的信中写道："您可曾想到，在元素周期表最末一纵列还有空位留给气体元素？"[①]他建议在化学元素周期表中列入一新的化学元素族，暂时让氦和氩做这一族元素的代表。

1896 年，他的《大气的气体》(*Gases of Atmosphere*) 一书第一版发表，书中排列出列有氦和氩的元素(表 5-8-1)。

表 5-8-1 部分元素周期表(拉姆齐，1896 年制)

氢	1.01	氦	4.2	锂	7.0
氟	19.0	?	20	钠	23.0
氯	35.5	氩	39.2	钾	39.1
溴	79.0	?	82	铷	85.5
碘	126.0	?	129	铯	132.0
?	169.0	?		?	170.0
?	219.0	?		?	225.0

拉姆齐还作了如下的叙述："伟大的俄罗斯科学家门捷列夫提出关于元素周期分类的假说，表明元素分成含有性质相似的若干族，每族元素表现出它们的性质和化合物的化学式的相似性。例如碱金属的成员都是柔软的金属，

---

① Д. И. Финкелъщтейн, Изертные Газы, Иэдагелъство академии Наук ссср, Москъа, 1961, СТР. 63.

它们剧烈地与水作用,形成具有 MCl 的普通的化学式等;卤素具有相似的臭味,它们都有一定的颜色,并形成具有相似化学式的盐。按照类比,可以预言,在氦和氩之间存在一个具有原子量为 20 的元素,像这两个元素一样不活泼。新元素应当具有特征光谱,较氩不易凝结。同样可以预言,还存在两个同族的气体元素,原子量分别为 82 和 129。”

拉姆齐得到特拉弗斯的协助,寻找他根据元素周期系预言的元素。他们试图用找到氦的同样方法,加热稀有金属矿物来获得预期的元素,在 1896 年—1897 年,他们试验了大量矿物,但都没有找到。

当他们考虑到从空气中寻找他们所预言的氩的同族气体时,他们意识到,要从空气中或氩中分离出他们所寻找的气体,和从空气中分离出氩的情况不同。从空气中分离出氩,可以利用不同物质与空气中氧气、氮气、二氧化碳气、水蒸气进行化学反应,把它们一个一个地除去,从而得到氩。而要得到他们所期待的氩的同族气体元素,就不能继续采用化学方法了,因为那些气体和氩一样,都是惰性气体,都不易与其他物质进行化学反应,而首先用化学方法除去氩就已经很难了。

只有把空气先变成液体状态,然后利用组成成分的沸点不同,让它们先后变成气体,一个一个地分离出来。这就像从酒和水的混合液体中把酒和水分开一样。

把空气变成液体需要给它施加压力和降低温度。这又与当时的制冷技术有关。

正是在 19 世纪末,德国工程师林德(Carl von Linde, 1842—1934)和英国工程师汉普森(William Hampson, 1854—1926)同时发明了制冷机,因此在当时可以制得液态空气。英国化学家杜瓦发明了贮藏和运输液态空气的杜瓦瓶。它是一个具有两层镀银的玻璃瓶,里外两层中间是真空,能够很好地隔绝热的传导,也就是我们今天使用的热水保温瓶。

1898 年 5 月 24 日,拉姆齐得到汉普森送来的少量液态空气。拉姆齐和特拉弗斯让液态空气蒸发,易挥发的,也就是沸点较低的组分从液态中先挥发出来,留下不易挥发的,也就是沸点较高的组分。他们又用炽热的铜和镁将沸点较高的挥发出来的气体中残留的氧气和氮气除去，研究了这部分气体的光谱，发现除氩线外，还有两条明亮的谱线，一条黄的，一条绿的。黄色的线比氦线略带绿色。这是以前从来没有见到过的。这表明在这部分气体中，除氩外，还有一种新的气体。拉姆齐决定把它叫做krypton(Kr,氪)，来自希腊文krptos(隐藏)。根据实验记录，时间是1898年5月30日。他们测定了氪的密度为41，是单原子分子，原子量约为42，应当把它放置在元素周期表金属铷的前面。

这样，在氦与氩之间空下的一个气体没有找到，却先找到了氩下面的一个元素。

在整个惰性气体中，各惰性气体含量的百分比大致如下：

氦	0.055
氖	0.16
氩	99.785
氪	0.0005
氙	0.00006

各惰性气体和氧气、氮气的沸点列表如下：

气体名称	化学符号	沸点℃
氙	Xe	-108.0
氪	Kr	-153.2
氧	O_2	-183.0
氩	Ar	-185.7
氮	N_2	-195.8
氖	Ne	-246.1
氦	He	-269.0

从氪的沸点看，它比氦、氖、氮、氩和氧的沸点都高，只是低于氙，因而被留在沸点较高的组分中被发现，而氙由于含量相对很少，而没有被发现。

拉姆齐在发现氪后，继续按着他追求的目标前进。他和特拉弗斯为了寻找氩和氦之间的元素，把从液态空气中获得的氩重复液化，然后再挥发，收集其中易挥发的组分,然后用分光镜检查。不懈地努力和重复的实验终于获得结果,就在发现氪后的同年6月12日,他们找到了氖neon(Ne),来自希腊文neos(新的),测定了它的原子量,正好处在氦和氩之间。

后来,由于获得新式空气液化设备的帮助,他们获得了大量的氪和氖,反复几次液化,挥发,在7月12日从其中又分离出一种惰性气体氙xenon(Xe),来自希腊文xenos(奇异的)。

拉姆齐把它们安置在元素周期表中,与氦、氩共同组成了周期系中的一个新家族,丰富并巩固了元素周期系。

在氙的下面还有一个它们家族的成员氡,是一个放射性元素,也是拉姆齐发现的。这只是在人们认识到物质的放射性后才有可能发现它。

拉姆齐因发现一系列惰性气体而荣获1904年诺贝尔化学奖,是因发现化学元素而获得诺贝尔奖的第一人。

到20世纪60年代,英国化学家巴特利特(Neil Bartlett, 1932—)首先发现氙的化合物,接着合成了氪的化合物。这说明这一族元素并非不能发生化学反应,并非像化学家一开始认为的"懒汉"。于是化学家们摘掉了它们"惰性"的帽子,改称它们为稀有气体。

现今,众所周知,广告用的霓虹灯中充有不同的稀有气体,红色是充有氖;红、蓝色是氩;黄绿色是氪;蓝、绿色是氙。避雷塔也使用氖管,雷击时氖通过高电压产生电离作用,这样雷的电流就顺利流过地线,从而起到了发电机等的超载保护作用。

6. 现代化学在物理学新发现诞生中的发现

1895 年 11 月 8 日，德国物理学教授伦琴（Wilhelm Konrad Röntgen，1845—1923）在实验室里进行真空管的放电实验研究，因真空管放出的亮光妨碍工作，他放下窗帘，用黑纸把真空管包裹起来。接通电流后室内一片黑暗，忽然他发现放在一段距离外涂有铂氰化钡 $BaPt(CN)_6$ 的荧光屏在暗处发出荧光，当手放置在真空管和荧光屏之间的时候，荧光屏上竟出现手骨的阴影，把他吓了一跳。他试图用纸片、木板挡住这种射线，都无效，后来发现只有较厚的铅板才能挡住它。由于还没有详细了解这种不可见光线的其他性能，伦琴谦逊地用代数学中的常用的未知数称呼其为 X 射线。1895 年 12 月 28 日，他在德国科学杂志上发表报告，还刊出第一张 X 射线照片——伦琴夫人的手骨（图 6－1）。

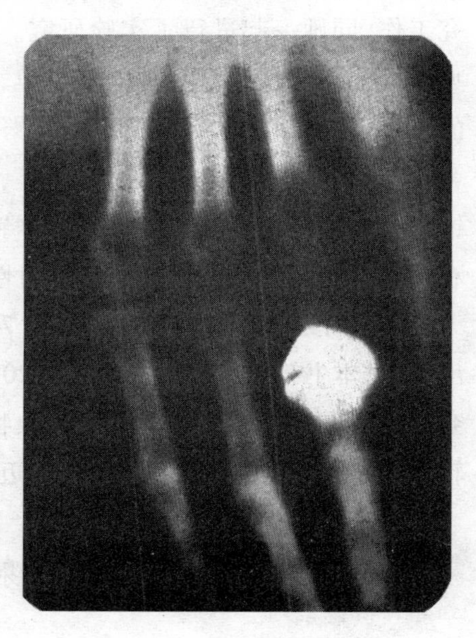

图 6－1　X 射线照片中的手指

X 射线发现的消息传开后，引起物理学者们的兴趣，纷纷对它进行研究。当时科学家们知道，有很多物质在受到日光照射后能发生荧光现象。这些能够产生荧光现象的物质有没有产生 X 射线的可能呢？法国物理学家贝克勒尔（Antoine Henri Becquerel，1852—1908）在 1896 年 1 月，按照可能的假设进行了实验。他检验了几种矿物标本，先放在日光下照晒，然后用黑纸包裹起来，放置在暗室照相底片上。他认为若有X射线放出就能使照相底片感光。实验结果发现矿物标本中只有含硫酸钾铀和其他铀盐的矿物使照相底片感光了,在照相底片上显现出它们的阴影。可是后来接连几天天气不好,雨下个不停。他把未经照晒过的含铀矿物和黑纸密封的照相底片一起放进桌子的抽屉里。一次他偶然地将这些照相底片显影,底片上竟然也出现了含铀矿石的阴影。这就说明,未经日光照晒过的含铀矿石也能放出射线,穿透黑纸使照相底片感光。这与X射线不同,而是由物质自发放射的,称它为铀射线,贝克勒尔在1896年5月发表报告。

铀射线和X射线的发现一样,很快在法国传播开来。这时一位从波兰来到法国求学的少女玛丽·斯卡罗多夫斯卡(Marie Sklodowska, 1867—1934)在1893年—1894年获得物理学和数学两个学士学位后,1895年与法国物理学家皮埃尔·居里(Pierre Curie, 1859—1906)结婚,成为居里夫人,冠上居里的姓氏。她为了获得博士学位,就选定了这个研究课题。她认为虽然含铀的化合物发生这种现象,但是没有理由证明铀是唯一能放出这种射线的元素,还应该到其他物质中去寻找。她的丈夫居里也放下自己的研究工作,同她一起进行了实验研究。他俩注意到含铀矿石放出的这种不可见射线能使带电的金箔验电器放电,于是他们就设计制了一种简单而灵敏的验电器,对一些矿石进行辛劳而繁忙的实验。在1898年4月发现钍的化合物也自发地放出这种射线。于是,他俩认为这种放出射线的现象并不是铀的独有的特性,而是一些元素的特性,就将这种特性称为放射性,并把铀和钍等具有放射性的元素叫做放射性元素。

同一时期,电子发现(见本书第7章“原子结构探索中的发现”),量子论出现(见本书第7章)。19世纪末、20世纪初,这些物理学中的新发现促使研究物质由宏观转入微观,冲击了经典物理学,发展了化学。化学的研究由原子转入原子核,出现原子核化学,化学迈进现代时期。

6-1 物质放射性研究中的发现

放射性射线的研究随着放射性的发现而开始。1897年出生在新西兰的英国物理学家恩内斯特·卢瑟福(Ernest Rutherford, 1871—1937)把含铀化合物装在铅罐里,罐上只留一个小孔,铀放射出的射线只能由这个小孔放射出来。卢瑟福利用铝箔等检验射线的穿透能力,发现铀放射出的射线有两种,一种被薄的铅片挡住了,另一种却需要很厚的铅片才能挡住,卢瑟福将前者叫做 α 射线,后者叫做 β 射线。后来 1903 年居里夫妇发现镭后,将镭放射出的射线通过磁场,射线被分成了两束,一束不被磁场偏转,仍沿直线进行;另一束在磁场的作用下很快偏转了。在磁场的作用下偏转的这一束很快被证明正是卢瑟福称谓的 β 射线,是电子流;不被磁场偏转的那一束经法国物理学家维拉尔(Paul Ulrich Villard, 1860—1934)在 1900 年实验确定是与 X 射线类似的波长很短的电磁波,称它为 γ 射线。居里夫妇的研究传到英国后,卢瑟福用更强的磁场研究了铀的放射线,结果铀的射线不是两束,而是三束,有两束在磁场中偏转,一束偏转得很厉害,就是 β 射线;另一束略有偏转,就是 α 射线。1903 年,他从偏转实验中发现 α 射线的电荷和质量比与带两个正电荷的氦原子一致,到 1909 年他和罗伊斯(Thomas Royds)检验了中和化了的 α 射线粒子,显示氦的黄色特性光谱线,确定 α 射线是氦离子流。

科学家们渐渐弄清楚,除少数例外,放射性物质或者只放射 α 射线,或者只放射 β 射线,而 γ 射线是跟这两种射线相结合出现的。

氦离子是由 2 个质子和 2 个中子(见第 7 章)组成,带有 2 个单位正电荷,因此当一种放射性元素的原子放射出一个 α 粒子后,电荷就少了 2 个单位,质量数(质子数和中子数之和)就少了 4 个单位(质子的质量和中子的质量大致相等,都是 1 个质量单位),变成了另一种元素的原子。同样地,当一种放射性元素的原子放射出一个 β 粒子后,新核的质量不变,但电荷却增加了 1 个单位。电子是不存在于原子核中的,它是由 1 个中子转化为质子时放射出来的。原子核中少了 1 个中子,多了 1 个质子,虽然质量数不变,但核电荷数不同了,也就变成了另一种元素的原子。科学家们把这种放射性元素自发转变成另一种元素的过程叫做蜕变或衰变。

放射性元素在不停地放射着射线,一种放射性元素蜕变到原来数量一半所需的时间称为半衰期,也常常将之作为这种放射性元素的寿命。它们的寿命各不相同,长的有几千年或更长,短的只有几秒或更短。

物质放射性的发现带来了新的放射性元素的发现和放射性元素的衰变。

随着科学家的不断研究,越来越多的放射性元素被发现,到20世纪第一个十年多达数十种,几乎和当时元素周期表中排列的元素种类一样多,而它们中有一些化学性质完全相同,用化学方法不可能将它们一一分离或分辨开来,只是它们的放射性不同,寿命不等,如何把它们排进化学元素周期表中,引起当时化学家们的思考。

1913年,英国化学家索迪(Frederick Soddy,1877—1956)研究后确定,这些化学性质完全相同的不同放射性的元素是同一种化学元素,它们具有相同的核电荷,只是原子质量数不同,它们应处在化学元素周期表中的同一位置中,相互称为同位素。

同一种元素原子质量数不同表明具有相同数目质子和不同数目中子。

按照国际上的规定,一种元素的同位素采用同一名称和符号,只是在元素符号左上角标明质量数,左下角标明核电荷数,也就是质子数或原子序数,例如铀有三种同位素是${}^{234}_{92}U$、${}^{235}_{92}U$和${}^{238}_{92}U$,因核电荷数是元素的特征,各同位素是相同的,所以可省略不写,也可以写成铀-234、铀-235和铀-238。

氢有三种同位素是${}^{1}H$、${}^{2}H$和${}^{3}H$,它们分别命名为protium(氕,音撇)、deuterium(氘,音刀)和tritium(氚,音川)是所有元素中保留不同同位素名称的唯一例外。

20世纪40年代里,物理学家们又提出核素的概念,是指核电荷相同而核性能不同的一类原子,例如铀-235能应用于核反应堆中,而铀-234和铀-238就不能。这可能与同位素的概念混淆。要分清它们首先要明确同位素这个概念从一开始建立就具有复数的含义,只是在使用时往往弄错,把它用成单数。举个例子说,对元素钠而言,正确的说法是"钠没有天然同位素",如果说"钠在自然界中只有一种同位素",那就错了。这种情况正好像把一个独生子女说成是"他(她)只有一个兄弟姊妹",那当然就错了,正确的说法应该是"他(她)没有兄弟姊妹"。因此对元素钠而言,正确的表达方式是"在自然界中的钠是单一核素的元素"。目前已知氦、钠、铝等约二十种元素是单一核素的元素,其他元素都是“多核素的元素”。现今已知元素有 114 种,而已知核素超过 2500 种。

居里夫妇在发现钍的放射性后继续寻找具有放射性的元素。他们试验了所能收集到的矿物标本,发现两种含铀的矿物——沥青铀矿和辉铜矿的放射性比纯粹铀的放射性更强烈,细心重复检查实验结果都是一致的。

1898 年 4 月 12 日,居里夫妇向法国科学院提交报告:“……两种铀矿:沥青铀矿和辉铜矿比纯铀的放射性强得多。这种事实应引起注意,它使人相信这些矿物中含有一种比铀的放射性强得多的元素……”①

为了分离出一定量的新元素,需要把几十公斤的矿石一步步地分离出各个成分。这是一项十分艰巨的工作。但他们夫妇二人在艰难的条件下完成了这一工作。他们从铀矿中分离出含有这放射性很强的元素和铋的化合物,用硫化氢作用后,它的硫化物和硫化铋共同从酸性溶液中沉淀出来。同时确定了这一放射性很强的元素性质与铋相近,还认识到它的硫化物比铋的硫化物易挥发,能够在空气中分馏,居里夫人将这两种硫化物分离,结果获得了这一新元素的硫化物。1898 年 7 月,法国科学院发表居里夫妇的报告:“我们相信我们由沥青铀矿提出的物质,含有一种尚未经人注意的金属,它的分解特性与铋相近,若是这种新金属的存在确定了,我们提议把它叫做钋,纪念我们中之一的祖国。”②

钋的拉丁名称 polonium 正是从居里夫人的祖国波兰(Polonia)一词而来,它的元素符号因而为 Po。

辛勤不倦地劳动使他们很快又获得另一个惊人的结果。他们从铀矿中分离出铋的硫化物后,又分离出具有强烈放射性的钡化合物。这使他们认为在这种矿石中还含有和钡同时分离出来的第二种未知的放射性元素。他们的合作者贝蒙(M. G. Bémont)成功地研究了这个未知元素的光谱。

居里夫妇提出发现钋的报告后 5 个月,在 1898 年 12 月,巴黎科学院又发表了他们和贝蒙合作的报告:“……上述各种理由使我们相信,这种放射性的新物质

① 艾芙·居里著,左明彻译,居里夫人传,148 页,商务印书馆,1978 年。

② 同上,151 页。

里含有一种新元素。我们提议叫它镭。这种放射性的新物质里的确含有很大一部分钡,虽然如此,它的放射性仍很可观,足见镭的放射性一定是大极了。"①

镭的拉丁名称 radium 是从拉丁文 radius(光束)一词衍生而来。它的元素符号为 Ra。我国曾把它译成"铣",还曾从"太阳"命名它为"钼",可见化学家对它的重视。我国文学家鲁迅先生在 1903 年写过一篇《论钼》的文章,其中有一段文字说:"昔之学者曰:'太阳而外,宇宙间殆无所有。'历纪以来,翕然从之;怀疑之徒,竟不可得。乃不谓忽有一不可思议之原质,自发光热,煌煌焉出现于世界,辉新世纪之曙光,破旧学者之迷梦,若能力保存说(指能量守恒定律),若原子说,若物质不灭说,皆蒙极酷之袭击,跄踉倾欹,不可终日。由是而思想大革命之风潮,得日益磅礴,未可知也。"②

镭在沥青铀矿中的含量很少,只有一千万分之一或一千万分之三;而钋就更少,约含百万万分之一而已,要分离出它们,就需要大量的沥青铀矿。

这种铀矿当时在欧洲出产在奥地利的波希米亚(Bohemia)(现在属捷克斯洛伐克),提炼后用以制造玻璃。居里夫妇预料到提炼铀后的矿渣中一定还存在着钋和镭。他们当时不得不通过私人的帮助,获得奥地利政府赠送的一吨矿渣。他们从 1898 年到 1902 年,在简陋的实验室里艰苦顽强地分析着这巨大量的矿物,在青年化学家德比耶纳(Andre Louis Debierne, 1874—1949)的帮助下,按照附表 6-1-1 所列的步骤一步一步操作,终于获得少量钋的硫化物和镭的氯化物。1902 年他们通过电解氯化镭得到 0.1 克金属镭,测定它的原子量大约是 225。

金属钋由德国化学家马克瓦尔德(Willy Marckwald)首先获得。1902 年他从两吨铀矿石中提取出铋的部分,将一片光滑的铋片放置在这含铋的部分中,观察到一种有很高放射性的物质沉积在铋片上,他认为是一种新元素,命名为 radiotellurium。"radio"是"放射";"tellurium"是"碲",二者缀合就是"射碲",因为它的所有化学性质适合将它放置在元素周期表中第Ⅵ族碲的下面。

---

① 艾芙·居里著,左明彻译,居里夫人传,154 页。
② 鲁迅,集外集,人民文学出版社,1959 年。

在元素周期表中第Ⅵ族中处在碲下面的正是钋。1903 年,他从 15 吨的矿物中提取出 3 毫克的射碲的盐,用电解法从这盐的溶液中把射碲分离出来。这曾引起一场关于钋和射碲的真实性的辩论,最终明确了钋和射碲是同一元素。钋的名称被保留下来。

1903 年 6 月 25 日,36 岁的玛丽·居里进行了博士论文答辩,题目是《放射性物质的研究》,获得通过。

表 6-1-1　居里夫妇从矿石中分离钋和镭的过程

(一)分离钋(Po)的过程

- 矿石
  - 磨碎,加入 Na_2CO_3,煅烧,水洗,溶解在 H_2SO_4 中
    - 溶液(含铀部分)
    - 矿渣(硅和金属硫酸盐)
      - 与浓 Na_2CO_3 共同煮沸
        - 溶液(硫酸钠,含有一些 Al、Pb、Ca)
        - 残渣(不溶的碳酸盐和硫酸盐)
          - 加入 HCl
            - 溶液(氯化物)
              - 通入 H_2S
                - 溶液
                  - 通入 NH_3
                    - 沉淀(氢氧化物含铜部分)
                - 沉淀(硫化物含钋部分)
            - 残渣(含镭部分硫酸盐)
              - 水洗,与浓 Na_2CO_3 共煮
                - (碱土金属碳酸盐)
                  - 水洗,加入稀 HCl
                    - 溶液(碱土金属氯化物含有一些 Po 和 Ac)
                      - 过滤
                        - 滤液
                          - 加入 H_2SO_4
                            - 溶液(Po 和 Ac 通入 H_2S 沉淀)
                            - 沉淀(碱土金属硫酸盐)
                        - 残渣 丢弃

(摘自 Robert L. Wolke, Marie Curie's Doctoral Thesis: Prelude to a Nobel Prize, Journal of Chemical Education, vol. 65 No. 7, July, 1988, pp. 561—573.)

(二)分离镭(Ra)的过程

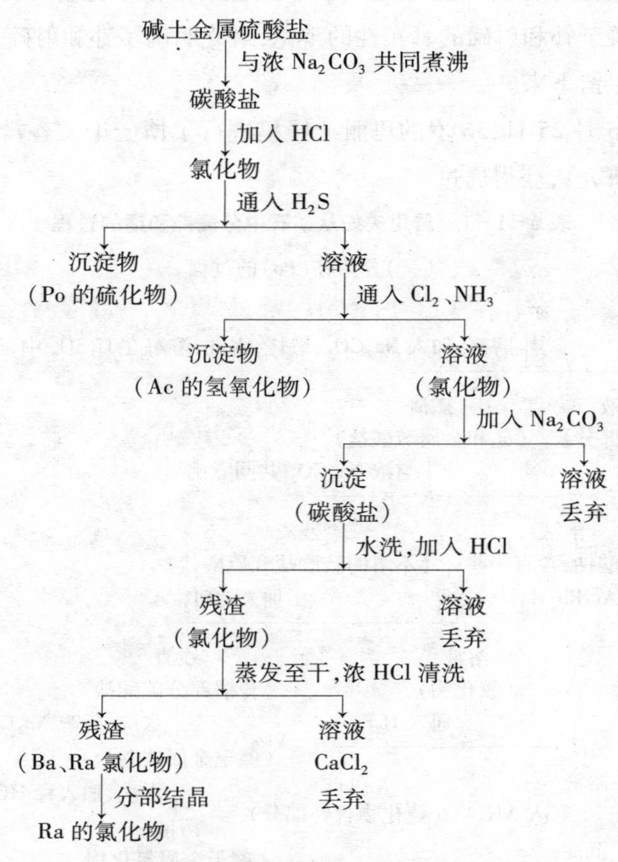

这年 11 月,英国皇家学会授予居里夫妇戴维金质奖章。12 月 10 日,居里夫妇和贝克勒尔因发现铀的放射性分享了这年的诺贝尔物理学奖。1911 年,居里夫人又因发现钋和镭并分离出镭荣获诺贝尔化学奖,成为因在化学元素发现中作出贡献而获诺贝尔化学奖的第三人,也是少数两次获诺贝尔奖的人。居里没有获得这年化学奖,是因他在 1906 年 4 月 19 日在大街上被马车撞倒,车轮夺去了他的生命。居里夫人在悲痛中决心把有生之年献给科学,继任居里在巴黎大学教授席位,讲授放射性科学,成为巴黎大学第一位女教授。在她的倡议和领导下,巴黎建立了镭学研究所,成为当时最重要的科学研究中

心之一,居里夫人在这里热心地培养和训练了几代学生。

由于长期紧张的工作和不断接触放射性物质,居里夫人的身体越来越虚弱,1934 年 7 月 4 日,因长期患贫血病与世长辞。而夺取居里夫人生命的真正罪魁祸首是镭,她无愧于把自己的一生贡献给了科学事业这一评价。

6-2 错综复杂中认清锕

锕,这个原子序数为 89 的放射性元素,早在 1881 年就被报导发现了。这年 6 月,英国化学家费普森(T. L. Phipson,1833—1908)在《化学新闻》杂志中发表一篇简短的文章《一个奇异的光化学现象》。文中谈到,作者观察到一个大门柱油漆的颜色在白天变黑,而在晚间变白。费普森研究了油漆所使用的颜料主要是硫酸钡($BaSO_4$)和硫化锌(ZnS),还有少量锌和铁的氧化物以及痕量铅、砷和锰。要使此颜料由白色转变成棕色,直至暗黑色,需要将它在日光下暴晒 20 分钟,而恢复到原来的白色,又需要将它放置在黑暗中几个小时。于是费普森认为此颜料中含有一种未知的新元素,就从希腊文 aktis(光束)命名它为 actinium。到 1882 年,他又宣布已经分离出这种新元素的氧化物和硫化物。这种新元素的硫化物对光具有敏感性,而氧化物不受日光影响。美国颜料制造商从经济利益出发,认为费普森的分析数据不准确,讽刺地用费普森的姓氏把它称为 phipsonium。1902 年,在美国出版的门捷列夫《化学原理》英文译本中讲到:“在与锌同族的金属中已经命名的还有 T. L. Phipson 的 actinium,只是没有证实,由于自 1882 年以来没有进一步论述。它的存在令人怀疑。”①

锕被认为是一种放射性元素是在 1899 年,是曾与居里夫妇共同研究物质放射性的巴黎大学化学教授德比耶纳发现的。他从沥青铀矿中分离出镭和钋后,在稀土元素的残渣中发现仍有放射性,确定其中还有一种新的放射性元素

---

① William H. Waggoner, *The First Actinium Claim*, Journal of Chemical Education, vol. 53, No. 9, Sept. 1976. p. 580.

存在,命名它为 actinium,元素符号定为 Ac。

德比耶纳研究了这一元素的一些性质,明确它和钍很相似,很难把它们分开。

到 1902 年,德国化学家吉塞尔(Friedrich Oskar Giesel,1852—1927)也从沥青铀矿的残渣中发现一新的放射性元素,命名它为 emanium,从希腊文“放射”的词而来,我国曾译成铿。

在吉塞尔的报告中比德比耶纳更详细地讲述了这一放射性元素的性质以及与钍相似的一些性质。

此后经测定,锕和 emanium 的半衰期完全相同,因而确定它们是同一元素。actinium 的命名被保留下来。

锕被发现后,1903 年德比耶纳和吉塞尔都发现它放射出一种具有放射性的气体,称它为锕射气 actinium emanation,AcEm。接着研究物质放射性的科学家们又发现,将物质放置在锕射气中,就和放置在镭射气和钍射气中一样,显示出放射性,并且在物质表面形成一层膜,好比是一种连续不断的风雪不声不响地下着,既不可察觉,又不可称量,然而它那放射性极强的沉积物却笼罩着一切表面。

科学家们先后研究了这种沉积物。1904 年,德比耶纳就从锕的放射沉积物中又发现一新元素,称为 actinium A,即锕 A。同年卢瑟福和他的女助手布鲁克斯(H. Brooks)发现锕 A 经 β 放射后转变成另一元素,称为 actinium B,即锕 B。到 1910 年,德国实验物理学家盖革(Hans Wilhelm Geiger,1882—1945)和马斯登(E. Marsden)发现从锕射气放出的 α 粒子是成双的,而且是一个跟着一个放射出来,间隔 1/10 秒。这就表明锕射气放射出 α 粒子后有一种1/10 秒短寿命的产物。这一产物再放射出 α 粒子,转变成另一产物。这一先出现的短寿命产物理应称为锕 A。于是德比耶纳发现的锕 A 和卢瑟福、布鲁克斯发现的锕 B 分别被改称为锕 B 和锕 C。

1913 年,马斯登和他的同事们又证明,锕 C 分裂成两种放射性元素,一种称为锕 D,又称锕 C″,是 α 放射性产物;另一种称为锕 C_2,又称 C′,是 β 放射性产物。

在这种错综复杂的情况中,科学家们认识到放射性元素在衰变过程中转变成另一元素的同位素。锕射气是氡-219。氡-219放射α射线后转变成锕A,也就是钋-215。钋-215放射α射线后转变成锕B,也就是铅-211。铅-211放射β射线后转变成锕C,也就是铋-211。铋-211放射出α射线和β射线后分别转变成锕C′和锕C″,锕C′就是钋-211,锕C″就是铊-207。铊-207分别进行α衰变和β衰变,最后转变成稳定的锕D,也就是铅-207。

这也说明最初发现的锕是含锕的复杂放射性物质的混合物。因此多数化学家认为最初发现锕的发现者们没有能提出令人信服的证据,原子量还不知道,半衰期也不清楚。1909年,英国化学家卡梅伦(A. Cameron)把Ac这个化学符号放进化学元素周期表的第三族中,一直到1950年美国化学家哈格曼(F. Hagemann)分离出纯净的锕的化合物。现在已知锕有质量数222—230的多种同位素,寿命最长的是^{227}Ac,半衰期为21.7年,也就是最初发现者发现的锕的一种同位素。

6-3　捉摸不定中发现氡

物理学和化学家们在研究物质的放射性过程中,还发现一种现象,放射物质周围的空气也会变成具有放射性。

1899年,随同卢瑟福进行实验研究的一位青年电气工程师欧文斯(Robert B. Owens,1870—1940)在测量钍的放射性时,发现钍的放射性变化捉摸不定,特别容易受到掠过它表面气流的影响,仅仅由于实验室门打开所形成的气流就会使钍的放射性测量值减少三分之一。卢瑟福和欧文斯断定,钍不断放射出一种气态的放射性物质,确定它是惰性的,并且具有较高的原子量。由于来自钍,就称它为钍射气 thorium emanation,元素符号为ThEm。这里的thorium是钍。1918年,德国化学家施密特(Gerhard Carl Nathaniel Schmidt,1865—1949)按惰性气体氩argon、氖neon等的命名,采用相同的词尾-on,从钍thorium称它为thron,元素符号定为Tn,正式承认它是一种元素。我国曾有人把它译为氦。

1900年，德国物理学家多恩(Friedrich Ernst Dorn，1848—1916)同样发现了镭射气 radium emantion，符号为RaEm。radium是镭。1918年施密特又把它改称为radon，元素符号定为Rn。我国初译成氭，后改为氡。

还有一种锕射气 actinium emantion，(AcEm)，是1903年德比耶纳和吉塞尔分别独立发现的。施密特又改称它为actinon，元素符号定为An，我国有人译成氙。

1903年，发现氩、氪、氖、氙一系列惰性气体的拉姆齐对它们进行了探索研究。他和索迪从溴化镭的放射产物中获得0.1立方厘米的镭射气。这样少量的气体比一根大头针的针头还小。

到1904年，拉姆齐测定了镭射气的光谱，确定了新元素的存在。1908年，他和伦敦大学的一位化学助教格雷(R. W. Gray)合作测定了它的原子量为223，确定了它在化学元素周期表中的位置，正好处在惰性气体末位。他们将它命名为niton，来自希腊文niteo(发光)，因为它在黑暗中会发光，并且能使一些锌盐发光。

同时，经过化学家们研究，thron、radon和actinon的化学性质完全一样，都缺少化学活力，只是它们的半衰期不同，thoron是51.5秒，radon是3.8天，actinon是3.02秒。在1923年一次国际化学会议上决定，采用寿命最长的radon命名它们，废弃niton的名称。这样氡被肯定。thoron是氡-220；actinon是氡-219；niton是氡-222。它们都是氡的同位素。现今这三种同位素的半衰期经测定分别是氡-219为3.96秒；氡-220是55.6秒；氡-222是3.82天。已知氡同位素的质量数在200—226之间有多种。

由于氡是地壳中放射性铀、镭和钍的衰变产物，是一种惰性气体，因此地壳中含有放射性元素的岩石中总是不停地向四周放射氡气，使空气和地下水中总是多多少少含有一定量氡气。强烈地震前地应力活动加强，氡气不仅流散增强，含量也会有异常变化。如果地下含水层在地应力作用下发生形变，就会加速地下水的运动，增强氡气的扩散作用，引起氡气含量增加，所以测定地下水中氡气含量是否增加可以作为一种判断是否会发生地震的依据。

由于氡是一种放射性元素，如果长期呼吸高浓度氡气，将会使上呼吸道和肺受伤害,甚至引发肺癌。世界卫生组织公布,氡为致癌物质之一。

由于一些建筑装饰材料取自岩石,其中可能含有产生氡的放射性元素,伤害居住在室内的人。1996年,国家技术监督局和卫生部联合发布了《住房氡浓度控制标准》和《地下建筑氡及其子体控制标准》,以此控制室内氡的含量。所以居住在新建筑装修的室内应加强通风。

6－4 眼花缭乱中得到镤

物理学家和化学家们在研究物质放射性的过程中,不断发现新奇事物。1900年,克鲁克斯在提取铀矿中的铀时,将碳酸铵加进铀盐溶液中,使铀和铁共同沉淀,过滤后,用过量碳酸铵和氢氧化铵使铀再溶解,发现残留的氢氧化铁仍有强烈的放射性。他认为残留在氢氧化铁中的不溶物中存在一种新的放射性元素,就命名它为uraniam X,即铀X。

到1913年,美籍波兰人法扬斯(Kasimir Fajans,1887—1975)和戈林(O. Göring)证实铀X是两种组分的混合物,分别命名为铀X_1和铀X_2。他们还明确说明铀X_2的化学性质类似钽,是位于钍和铀之间的一种放射性元素,半衰期1.18分,很短,命名它为brevium,元素符号定为Bv。这一词来自拉丁文brevitās(短),因为它的寿命很短。我们有人将它译成鈚,也有人译成鋍。后来铀X被称为铀X_1。

1904年,卢瑟福和索迪根据铀矿中铀和镭的含量比,明确认识到铀气转变成了镭。美国化学家博尔特伍德(Bertram Borden Boltwood,1870—1927)果真在1904年从钾钒铀矿(Carnotite)中分离出这一转变的中间元素,称为ionium,是"离子化"的意思,元素符号定为Io,我国译成锾。这一译名使用多年,以致后来在1954年发现99号元素并命名为einsteinium(是纪念美籍德国物理学家爱因斯坦A. Einstein),不得不译成锿。1905年克鲁克斯发现一稀土元素也曾称为ionium。

1912年,德国物理学家盖革和纳托尔(J. M. Nuttall)发现铀放射出两组α粒子,各种射程和速度各不相同,认为铀是由两种不同组分组成,又分别称它们为 uranium Ⅰ(即铀Ⅰ)和 uranium Ⅱ(即铀Ⅱ)。

一直到1921年,德国放射化学家哈恩(Otto Hahn,1879—1968)又发现一种放射性元素,称为 uranium Z,即铀 Z,并证明它和铀 X_2 互为同位素。

1918年,索迪和格兰斯通(J. A. Cranston)从沥青铀矿的残渣中发现一放射性元素,因它的性质与钽相似,命名它为类钽 ekatantalum。

同年哈恩和女物理学家迈特纳(Lise Meitner,1878—1968)也从同一矿石中发现一放射性元素,命名为 protactinium。prot 来自希腊文 prōtos(起源),放置在 actinium(锕)前面表示锕的"起源"或"母体",元素符号定为 Pa。我国译成镤。

这些情况使当时的科学家们眼花缭乱,也使他们认识到放射性元素在衰变过程中转变成另一元素的同位素。

铀有三种同位素,铀-238、铀-235 和铀-234。其中铀-238 含量最大,占99%以上。铀Ⅰ就是铀-238;铀Ⅱ就是铀-234,它们都进行 α 衰变,放射出 α 射线,但半衰期不同。

铀-238 放射 α 射线后衰变成另一种元素,即铀 X,后来称为铀 X_1,是钍的一种同位素,钍-234。锾也是钍的一种同位素,为钍-230,是铀-234 转变成镭-226 的中间产物。

铀 X_2 也就是 brevium,即镤。二者是同一元素的不同同位素。法扬斯和戈林发现的 brevium 是镤-234;哈恩和迈特纳发现的 protactinium 是镤-231。只是 protactinium 这个命名被接受了,brevium 没有被接受。

同样地,索迪和格兰斯通发现的类钽 ekatantalum 也是镤-231。它们本来是从同一矿物中被发现的。

哈恩发现的铀 Z 也是镤-234。但是它和铀 X_2 的半衰期不同,铀 X_2 的半衰期是1.14分钟,性质不稳定,能转变成铀 Z,而铀 Z 的半衰期是6.7小时,性质较稳定。它们二者像是两种不同元素,可是它们具有同是234的质量数,核电荷数又相同,因而不能认为是不同元素,也不能不看作互为同位素,就称为 nuclear isomers,我们译成同质异能素,是指具有相同的质量数和原子序数,但所处的核能态不同。这是最早发现的一种元素具有的不同核能态的不同同位素，后来在人造元素中也发现了。

这就是说，镤是多位科学家在放射性元素眼花缭乱的衰变过程中发现的。

镤的丰度在放射性元素中及在地壳中都是最小的，注定了它在放射性元素中最后被发现。

已知镤具有质量数 216—238 的多种同位素，包括一种同质异能素。寿命最长的是^{231}Pa，半衰期长达 3.27×10^4 年。

1927 年，德国化学家格罗斯（A. V. Grosse）首先分离出镤的 5 价化合物。

7. 原子结构探索中的发现

原子从创立一开始就被认为是不可再分割的组成一切物质的最小颗粒。

X射线被发现后，英国物理学家汤姆逊（Joseph John Thomson，1856—1940）继续研究了真空管放电，发现真空管的阴极射线（图7-2）是高速电子流，从而打开了原子构造的大门，发现了电子。他立即提出他设想的原子结构：在原子中带负电的电子分散在空间里，与总量相等的正电荷平衡。这个原子模型曾被称为“西瓜”模型，电子就像西瓜中的瓜子分布在整个西瓜中。

1909年，汤姆逊的学生E.卢瑟福与盖革、马斯登进行α粒子轰击金箔的实验。他们发现通过金箔的α粒子大部分未受影响，不发生偏离；或者偏离不到1度这样小的角度，然而有个别粒子偏离大到90度，甚至有的竟被反弹回来。如图7-1所示。

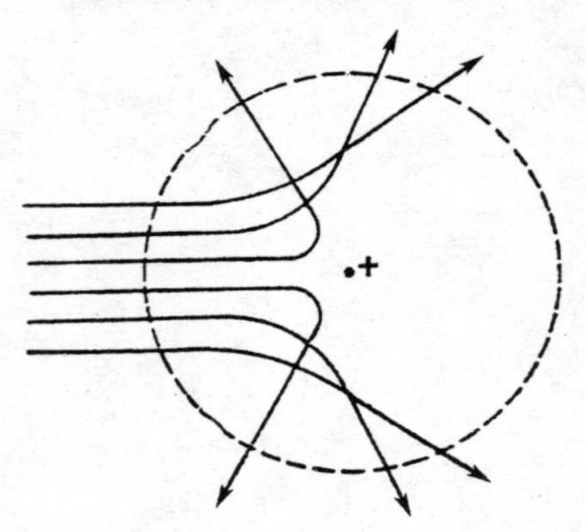

图7-1　α粒子的散射现象

这使卢瑟福大吃一惊，如果他的老师汤姆逊提出的电子均匀散布在正电荷中的原子模型是正确的，那么金箔的原子里应该没有任何东西可以使带正电的笨重α粒子发生较大的偏转。这一定是原子中存在带正电的东西，它是质量较大而且是坚实的，才使α粒子偏转很大的角度，甚至被弹回。而且，它又一定是很小的，比原子小得多，不容易被α粒子碰到，否则绝大部分的α粒子就会和这种东西碰撞，大部分α粒子偏离的角度就都会很大。卢瑟福把这个带正电的、质量和整个原子差不多但比整个原子小得多的东西叫做原子核。

1912 年春天,卢瑟福提出了带核的原子模型,认为原子是由中心带正电的原子核和核周围不断运动着的电子构成,就像行星按一定轨道围绕太阳旋转构成太阳系一样。

但是根据经典的电磁理论,电子在原子核外运动必然会发射电磁波,以光的形式发射出能量,电子的能量将逐渐减小,最终会落到原子核上,整个原子将毁灭。同时由于电子的运动速度发生连续变化,原子发射的电磁波的波长将连续变短,最后当电子落到原子核上时,发射电磁波的现象也将终止,但是实际上原子并没有毁灭,原子光谱也不是连续的。因此按经典的电磁理论,卢瑟福的原子模型不仅不能说明原子的线状光谱,甚至也无法解释原子的稳定性。

1900 年,德国物理学家普朗克(Max Planck,1858—1947)为了解释辐射现象,提出假说:辐射能量正像物质本身一样,也是由一个个能量子构成的,能量的释放和获得不是连续的,而是一小份一小份的。普朗克把每一小份的能量叫做一个量子 quantum。这一词来自拉丁文,原意是“数量”。

1913 年,丹麦物理学家玻尔引用这个量子论,解释了原子光谱不是连续的,并根据光谱的研究,指出原子内在一定轨道上绕着原子核运转的电子处在一定的能级,轨道离核有远有近,电子所处的能级也就有高有低。

到 20 世纪 20 年代,量子力学,或称波动力学出现,电子和光同样被认为具有波、粒二象性。电子的运动不可能测定它在某一瞬间处在空间某一点,只能考虑它在某一特定空间区域内出现的几率。如果把一个电子在原子核外各个瞬间出现的位置用照相机拍摄下来,再把多次拍摄的照片重叠在一起,在原子核外就好像笼罩着一团电子云,成为现代原子结构的模型。

电子离核有远有近,所处的能级各不相同。在原子核外不同区域出现的几率有大有小,按不同的区域分成不同电子层,用 K、L、M、N、O、P、Q 表示,共分 7 层,每层又分为 s、p、d、f 4 个亚层。化学家仍按照波动力学家提出的原理、规则,把各种元素所含不同数量的电子排布在各个不同的电子层和亚层上,与化学元素周期表联系起来。

1921 年—1922 年,玻尔首先提出了核外电子排布的理论。

一种化学元素的原子具有多少电子？1913 年—1914 年，英国青年物理学家莫塞莱（Henry Gwyn Jeffreys Moseley，1887—1915）在进行 X 射线实验研究中得到明确答案。

X 射线被发现后，科学家们认识到 X 射线是由于真空管中阴极射线放出的电子撞击到固体的对阴极产生的（图 7 - 2）。

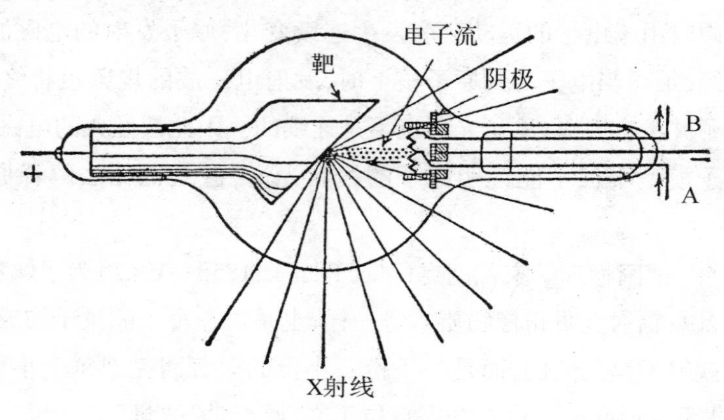

图 7 - 2　X 射线

莫塞莱将各种金属元素作为对阴极的靶子进行实验。发现各金属元素产生的 X 射线都有各自特征标识的波长，并且这些 X 射线的波长有规律地按它们在元素周期表中排列顺序递减，遇递减值大一倍或两倍时，表明存在着一种气体元素或未知元素，莫塞莱以此确定了元素在元素周期表中排列的顺序，称为一元素的原子序数。

波长的长短可以作为量度辐射能量的大小。辐射的能量越大，波长就越短。当一个高速电子打击到一个原子时，原子吸收能量，会使原子中的一个电子失落，同时放出能量。当一种元素的原子具有较多的正电荷时，对电子就具有较大的束缚力，使电子不易失落，而失落时必放出较大能量，波长就越短。因此原子序数也就是一元素原子核中含有的正电荷数，也就是该元素的核电荷数。

这个核电荷是什么呢？1919 年，卢瑟福在用 α 粒子轰击氮原子时，氮原子转变为氧原子，同时放出一种粒子。它的质量约为 α 粒子的 1/4，带有正电荷,电荷量与电子相等。这正是核电荷,卢瑟福称它为质子。因此一元素的原子序数也就是这一元素的核电荷数(质子数),用 Z 表示,也就是这一元素原子中含有的电子数。

质子比电子重约 1836 倍,带一个单位正电荷。它与卢瑟福曾设想的原子核带有正电荷是一致的。

同种电荷的粒子间存在着静电斥力,原子核单由质子组成肯定是不稳定的。1932 年,英国物理学家查德威克(James Chadwick,1891—1974)用 α 粒子轰击金属铍发现了中子,是电中性的粒子,质量和质子大致相等。中子和质子共同存在于原子核中,同称核子,依靠核力聚集一起。核力比电磁力强约一千倍。

一元素中含有的质子数与中子数之和称为这一元素的质量数,因为质子和中子的质量大致相等,都是大约 1 个原子质量单位,电子的质量很小,可忽略不计。

7－1　众多争议发现的铪

在莫塞莱研究元素的 X 射线特征光谱后,确定在钡和钽之间应当有 16 种元素存在。这时除了 61 号元素和 72 号元素外,其余 14 种元素都已经被发现,而且它们都属于今天所说的镧系,也就是当时认为的稀土元素。

那么 72 号元素应当归属于稀土元素,还是与钛、锆同属一族?当时多数化学家主张属于前者,其中有法国化学家于尔班。他是研究稀土元素的专家之一,并且在 1911 年从镱的氧化物中分离出镥后,又分离出一种新元素,命名它为 celtium,元素符号为 Ct,我国译成镄。这一词来自法国古代的塞尔特(Celts)人。于尔班认为镄就是 72 号元素。

1914 年,于尔班去英国将 celtium 的样品送请莫塞莱进行 X 射线光谱检验。得到的结果是否定的,没有发现相当于 72 号元素的谱线,而仅见属于镱和镥的谱线,说明这个 celtium 是镱和镥的混合物。

于尔班坚信 celtium 的存在,认为这是由于检验仪器的灵敏度不够,所以无法检验出样品中 celtium 的存在。他回到巴黎后与光谱学家多维利埃(A. Dauvillier)共同用第一次世界大战后改进的 X 射线光谱仪进行检测。1922 年 5 月,他们在法国《科学院会议周报》(*Comptes Rendus*)上发表文章,宣布测到两条 X 谱线,因而断定 celtium 确实是存在的,并宣称这是“最新的成就”。

1913 年,起丹麦物理学家玻尔应用量子论研究原子结构,在 1921 年—1922 年提出原子核外电子排布的理论。他认为根据他的理论,稀土元素自 57 号起至 71 号止,原子结构随原子序数增加,核外电子只排布在 N 层的 4f 亚层上,而更外层的电子数不变,至 71 号元素 N 层电子达到全充满,而 72 号元素新增的电子应配置在 O 层的 5d 亚层上,成为价电子。这样,72 号元素是 4 价,稀土元素则以 3 价为特征。因此确定 71 号元素是稀土元素系列的最后一个元素,72 号元素不属于稀土元素,而是与锆和钛同属一族的元素。这就是说,72 号元素不会从稀土元素的矿物中出现,而应当从含锆和钛的矿石中去寻找。

这就指出发现 72 号元素的途径。当时与玻尔一起工作的匈牙利化学家赫维西(György Hevesy,1885—1966)和荷兰物理学家科斯特(Dirk Coster,1889—1950)按照这种思想指导,在 1922 年对多种含锆矿石进行了 X 射线光谱分析,果真发现了这一元素。他们为了纪念该元素的发现地,据丹麦的首都哥本哈根古代的名称哈夫尼亚 Hafnia 命名它为 hafnium,元素符号定为 Hf,我们译成铪。

1922 年 12 月 9 日,赫维西和科斯特再次检验了提纯的试样,结果毫无疑问光谱中有明显属于 72 号元素的谱线。科斯特立即用电话告知玻尔。后来赫维西成功制得了几克纯金属铪。

出人意料的是,首先对发现铪作出反应的是来自伦敦博物馆首席化学家斯考特(Alexander Scott,1853—1947)。他公开声称这个新元素早在 1915 年已被他发现。他在这一年曾分析来自新西兰的黑砂样品,发现除钛和铁的氧化物外还有一种未知物质。他将这一物质装入瓶中贴上“新氧化物”标记后贮存起来。当他得知发现铪的消息后,即认为这个未知物质就是新元素的氧化物,并命名新元素为 oceanium,以纪念新西兰所在地区大洋洲 Oceania。2

月,他将这一氧化物样品送到哥本哈根,并说“整个科学界都在屏气凝神地盼望你们对它的检测”。科斯特和赫维西对这种黄棕色的氧化物进行了X射线和光谱检验,表明样品中只含有钛、铁和铝的氧化物,根本找不到其他元素的痕迹。1923年5月斯考特撤销了他的声明。

接着,德国矿物学家布赖特绍普特(August Breithaupt)宣称,他早在1825年就从一种含锆的矿石ostanite中分离出一种新元素,就用这种矿石名称它为ostanium。1845年瑞典化学教授斯凡柏格(Lars Frederik Svanberg,1805—1878)从含锆的异性石eudialite中获得一种新元素,命名为norium,从Nore(北欧人)而来。1866年英国伦敦皇家艺术研究院化学教授丘奇(A. H. Church)根据光谱鉴定,在斯里兰卡地区的含锆矿石中存在一种与锆相似的元素,以金红石nigrine命名它为nigrum。1869年英国地质学家索比(H. C. Sorby)利用光谱分析从黄锆石jargon中发现了一种新元素,命名它为jargonium,认为它与norium和nigrum相似。1901年德国化学教授霍夫曼(Karl Andreas Hofmann,1870—1940)和普兰特尔(W. Prandtl)报告,从黑稀金矿euxenite中获得的氧化锆中发现了一种新元素,测定它的原子量比锆大,就从黑稀金矿名称它为euxenium。他们在铪发现后都认为他们所发现的新元素正是铪。

于尔班仍想方设法要使自己成为铪的最先发现人。1922年他和他的同事波朗季(C. Boulange)分析了产于马达加斯加的一种非常稀少的矿物钪钇石。这种矿物中含有8%的氧化锆,而氧化铪的含量还要更高一些。尽管如此,于尔班和波朗季也没有从这一矿石中再发现72号元素,原因是锆和铪的物理、化学性质非常相似,很难区分它们,所以铪长期未被发现。而众多报告发现与锆相似的新元素,却未获得承认,原因就在这里,并非它在自然界中太稀少,其实铪在地壳中的含量比古代人早已发现并使用的锡、银等还多。

一直到1962年,法国出版的大百科全书中在铪的条目中仍写着:铪是一种化学元素,它的原子序数为72,原子量Hf或Ct = 178.6。它是被于尔班发现的,赫维西分离出它。

正因铪与锆的性质非常相似,所以通常隐藏在含锆矿石中。今天工业上生产的铪是从锆石、斜锆石中提取的,先制成氯化铪,然后用镁或钠还原得到。

铪与锆有一点性质不相同,铪吸收中子的能力很强,而锆却很弱,因此铪被用作核反应堆中的控制棒。

7-2 按图索骥找到铼

铼是一个真正的稀有元素,它在地壳中的含量比所有的稀土元素都少,仅仅大于镭、镤这些放射性元素。再加上铼不形成固定的矿物,通常与其他金属伴生,这就使铼成为存在自然界中被人们发现的最后一个元素。

铼,作为锰副族中的一个成员,早在门捷列夫建立元素周期表的时候,就曾预言它的存在,把它称为次锰 dwi - manganes,而把这一族中的另一个当时也没有发现的成员称为类锰 ekamanganes。后来莫塞莱确定了这两个元素的原子序数分别是 75 和 43。

表7-2-1

Ⅴ	Ⅵ	Ⅶ	Ⅷ		
$_{23}$V	$_{24}$Cr	$_{25}$Mn	$_{26}$Fe	$_{27}$Co	$_{28}$Ni
$_{41}$Nb	$_{42}$Mo	43	$_{44}$Ru	$_{45}$Rh	$_{46}$Pd
$_{73}$Ta	$_{74}$W	75	$_{76}$Os	$_{77}$Ir	$_{78}$Pt

科学研究者们认识到,这两个元素应当从含有与它们性质相似的元素的矿物中去寻找。根据门捷列夫元素周期表的排列,与 43 号和 75 号元素最接近的,一边是钼和钨以及铌和钽,另一边是铂系元素。锰是它们的同族者,因此科学家们在锰矿、铂矿以及铌铁矿(含铌和钽的矿物)中寻找、探索新元素。

这一工作在门捷列夫生前就已经开始了。化学家们曾经作过许多研究、发表了许多相关报道,可是一个也没有被证实。

1921 年,德国柏林大学化学系毕业的一位女青年塔克(Ida Tacke,1896—?)和柏林一家物理技术研究机构化学实验主任诺达克(Walter Noddak,1893—1960)合作寻找这两个元素。他们经过 4 年的工作,处理了 1600 种以上不同的矿物和岩石,浓缩成 400 种左右的产物,考虑到铪的发现是由 X 射线光谱证实的,就求助于柏林光谱学专家贝格(Otto Berg),请他检验。贝格从铌铁矿浓缩的产物中鉴定出一种新元素的存在，并观测到它的 X 射线光谱中还有一微弱的谱线，说明还有另一新元素存在。

1925 年，他们三人共同署名发表了发现这两个新元素的报告。把那个有明显谱线的新元素确定是 75 号元素，命名为 rhenium，另一个确定是 43 号元素，命名为 masurium。前者来自流经德国东部的莱茵河（Rhine），后者来自德国西部的马苏里湖（Masurian），以纪念 1914—1918 年第一次世界大战期间联盟军均未能越过德国东西部这两条战线。它们的元素符号分别定为 Ra 和 Ma，我们分别译成铼和钨。

诺达克和塔克后来结为夫妇。

稍后一些时间，英国化学家洛林（F. H. Loring）和德鲁斯（J. G. T. Druce）从锰矿浓缩的产物中利用 X 射线光谱分析，也发现了铼的存在。

同时，捷克斯洛伐克化学家多列杰斯克（V. Dolejsek）和赫依罗夫斯基（J. Heyrovsky）利用极谱分析法从锰矿中也发现了铼。极谱分析法是在 1922 年首先由赫依罗夫斯基创造的，是根据随着电压增加通过溶液的电流发生变化的曲线以同时进行定性和定量分析。

1926 年夏季和 1927 年，诺达克夫妇又去挪威收集矿物，其中有钽铁矿、硅铍钇矿、硅铁锆矿和辉钼矿。1928 年初，这两位科学家分析了这些矿物，从 660 公斤辉钼矿中分离出 1 克铼，并研究了它的性质，发表了多篇关于铼的论文。这样，铼的发现被肯定。

可是 43 号元素仍没有下落，被化学家们认为是丢失了的元素，只是后来人造元素实现后，它才被人工制得。

8. 人造元素的实现

元素相互转变的设想远在古代就已经产生了。我国古代的一些自称修炼有术的方士,曾经妄想用他们的手指或什么法宝“点石成金”;西方炼金术士们也在寻找“哲人石”,企图靠它把贱金属转变成贵金属,这当然是不可能实现的。只有随着科学技术的发展,在物质放射性发现和原子结构的研究,特别是原子核变化的研究有了进展以后,将一种元素转变成另一种元素的设想才得以实现。

将一种元素转变成另一种元素是原子核的变化过程,或称核反应。这和化学变化,或称化学反应,完全不同。在化学反应中,只是原子核外的电子在得失或转移,原子核没有发生变化。例如,氧气和氢气化合成水,在水的分子里还保留着氧的原子和氢的原子,但是在核反应中就完全不同了,一种元素的原子转变成了另一种元素的原子。

天然放射性元素自发不停地进行衰变是天然的核反应,一个天然放射性元素镭原子在衰变后转变成铅原子就是天然的元素转变。

1919 年,E. 卢瑟福做了用镭放射的 α 粒子撞击氮原子的实验,结果氮原子转变成氧原子,同时放出质子,首先实现了人工核反应。这个核反应的化学反应式为:

$$^{14}_{7}N + ^{4}_{2}He \longrightarrow ^{17}_{8}O + ^{1}_{1}H$$

上列核反应式中,$^{4}_{2}He$ 即 α 粒子,也就是氦的原子核;$^{1}_{1}H$ 即质子,也就是氢的原子核。元素符号左上角的数字表示质量数,也就是质子数和中子数之和;左下角的数字表示质子数,也就是核电荷数或原子序数,是一种元素的特征标志,可以省略不写。上式就可以写成:

$$^{14}N + ^{4}He \longrightarrow ^{17}O + ^{1}H$$

把式中两边的质量数相加后相等:14 +4 =17 +1。这是符合质量守恒定律的。

这个核反应式可以简化写成下式:

$$^{14}N(\alpha,P)^{17}O$$

式中P表示质子(proton)。

中子发现后,科学家们以中子为有效的粒子流,用来轰击原子核。中子不像α粒子或质子带有正电荷而与原子核发生排斥作用,因此比较容易打入原子核中。自1934年起,意大利物理学家费米(Enrico Fermi,1901—1954)进行了多次用中子轰击原子核的实验。

1934年,居里夫妇的长女伊伦·约里奥-居里(Iréne Joliot-Curie,1897—1956)和她的丈夫弗内德里克·约里奥-居里(Fréderic Joliot-Curie,1900—1958)用α粒子轰击铝原子核。得到下列核反应:

$$^{27}_{13}Al + ^{4}_{2}He \longrightarrow ^{30}_{15}P + ^{1}_{0}n$$

式中"n"表示中子(neutron),左上角数字表示它的质量数,左下角0表示它不带电荷。

当α粒子停止轰击后,他们发现有射线放射出来,原来产生的$^{30}_{15}P$是磷的一种放射性同位素的原子。

这样,科学家用人工方法获得了放射性元素,之后人工放射性元素和人造元素不断出现。

要进行人工核反应,将一种元素转变成另一种元素,首先要有一种粒子作为射弹去撞击,或者说照射、轰击核靶。但是原子核在整个原子中只占有很小的体积,原子核的截面面积大概只占整个原子截面面积的亿分之一。因此用射弹去打中原子核是不容易的。再加上库仑力的排斥作用,那就难上加难。在上面提到的卢瑟福进行的人工核反应中,差不多是十万个α粒子中只有一个打中氮原子核,引起核反应。天然放射性物质放出的α粒子数本来就不多,而它们放出的方向又是四面八方。这种情况就促使科学家们设法加速轰击粒子的速度,从而加大粒子的能量,集中粒子的"火力"。

人工加速器,或者叫做粒子加速器,就是这样应需求而建立起来。带电的粒子在电场中被加速,带着极大的能量轰击靶标。

设计加速器的工作从1922年开始，各种各样的加速器随即在一些发达国家里建造起来。在这些加速器中，不仅是质子、氘核（重氢子核^2_1H）可以被加速，获得巨大能量，而且碳、氮、氧、铍等轻元素，甚至是一些重元素的离子也能被加速，获得很高的能量。加速器成为核反应不可缺少的工具。

当加速的粒子撞击一元素的原子核时，被撞击的原子核就俘获了撞击的粒子，熔合成一个复合核。这时撞击的粒子把所有的能量转交给核，因而复合核具有相当高的激发能。这些能量分布在整个核上。但是，核中个别一些核子（中子和质子）的能量可能高于所有核子的平均能量，因而从核中“跑出来”，带走激发核的大部分能量，就像液体蒸发带走能量一样。复合核也就在“蒸发”掉几个中子后而失去激发能，产生一个新元素的核，完成一个核反应，成为人造元素。

但是，仅仅靠原子核物理学的发展，也只是获得了人造元素，至于如何鉴定它们并分离出它们，还要应用化学的方法。例如共沉淀法、离子交换法等，因为人工制得的元素在最初获得的数量都很极少，不是以克计，而是只有几个原子，它们的半衰期又往往不是以秒计，而是以几毫秒（千分之一秒）计。

8-1 第一个人工制得的元素锝

锝是第一个人工制得的化学元素。它的拉丁名称 technetium，正是从希腊文 technetes（人造）一词而来，元素符号为 Tc。

门捷列夫在建立化学元素周期系时，曾经预言它的存在，命名它为 eka-manganese（类锰）。莫塞莱确定它的原子序数为43。

有关这个元素发现的报告早在门捷列夫建立化学元素周期系以前就已经有了。1846年，俄罗斯化学家格尔曼（P. Германн）声称从黑色钛铁矿中发现了这个元素，就以这个矿石的名称命名它为 ilmenium，并且测定了它的原子量约104.6，还叙述了它的一些性质与锰相似。但到1864年，马里尼亚克证明它是钛、铌和钽的混合物，不是一种新元素。

接着，1877年，俄罗斯圣彼得堡奥包乔夫（Obouchoff）钢厂的化学工程师克尔恩报告,从天然铂矿中发现了一种新元素,按照它的性质可以假定占据元素周期表中钼和钌之间的空格,原子量经测定等于100。他把它命名为davium,以纪念英国化学家戴维(H. Davy)。虽然一直到1895年,一些化学家发表的化学元素周期表中在Ⅶ族锰的下面放着Da这一元素符号,但是它却被另一些化学家证实是铱、铑和铁的混合物。

亚洲的化学家们在发现这个元素的过程中也不甘落后,1906年,日本小川正孝(M. Ogawa)博士声称从方钍石中发现了这一元素,测定它的原子量近似100,把它命名为nipponium,纪念他的祖国日本(Nippon),可是也没有得到承认。

到1924年,又有化学家报告,利用X射线光谱分析从锰矿中发现了这一元素,命名为moseleyum,纪念建立元素原子序数的英国物理学家莫塞莱(H. G. J. Moseley)。它和nipponium遭到同样命运。

迟至1925年,德国科学家诺达克、塔克(女)和贝格又宣布,在铌铁矿中发现了这一元素,命名为masurium,来自德国马苏里湖Masurian,但也没有得到证实。

于是43号元素被认为是"失踪了"的元素。

后来,物理学家提出的同位素统计规则解释了它失踪的缘由。这个规则是1924年苏联物理学家舒卡列夫(C. A. Шукарев)提出来的,在1934年被德国物理学家马陶赫(J. Mattauch,1895—1976)确定。

根据这个规则,不能有核电荷仅仅相差一个单位的稳定同质异位素存在。同质异位素是指质量数相同而原子序数不同的元素的原子,如$^{40}_{18}Ar$、$^{40}_{19}K$、$^{40}_{20}Ca$都具有相同的质量数40,由于它们的原子序数不同,化学性质不同,所以它们处在化学元素周期表中不同的位置上。

虽然已经知道这个规则有三个例外:$^{113}_{48}Cd$和$^{113}_{49}In$、$^{115}_{49}In$和$^{115}_{50}Sn$、$^{123}_{51}Sb$和$^{123}_{52}Te$,但是整体上来说,它还是很好地反映着一般规律的。

在锝的邻近(钼和钌)的质量数94—102之间,已有一连串稳定同位素存在,再也不能有锝的稳定同位素存在,因为锝的质量数应当是在这些质量数之间。因此科学家们就意识到锝的稳定同位素在自然界是不存在的。这可用下面的表更明确说明(表 8-1-1)。

表 8-1-1

元素	稳定同位素的质量数①								
$_{42}$Mo	94	95	96	97	98		100		
43	×	×	×	×	×	×	×	×	×
$_{44}$Ru			96		98	99	100	101	102

这就是说,43 号元素只有通过人工方法制得。

在 1936 年—1937 年,人工制取 43 号元素的设想实现了。1936 年底,一位年轻的意大利物理学家塞格雷(Emilio G. Segre, 1905—1989)到美国加利福尼亚州伯克利(Berkeley)加利福尼亚大学粒子研究室进修当研究生,在这里刚刚安装好 1932 年美国物理学家劳伦斯(Emest Orlando Lawrence,1901—1958)发明的回旋加速器,可以用来进行人工转变元素的核反应实验。在加速器里装有靶子,在靶子上放置着待转变的元素,接受带电荷的加速的粒子束轰击,进行核反应。在轰击过程中会产生强热,所以靶子必须采用耐高温材料,例如钼。钼靶在受到带电粒子轰击时也会发生核反应。

劳伦斯给了塞格雷一块曾受到加速重氢 D 离子轰击过的钼靶碎片。这使塞格雷想到钼的原子序数是 42,原子核中含有 42 个质子,重氢离子与它进行核反应可能按下列核反应式进行:

$$^{A}_{42}\mathrm{Mo} + ^{2}_{1}\mathrm{D} \longrightarrow ^{A+1}_{43}\mathrm{Tc} + ^{1}_{0}\mathrm{n}$$

可是他考虑到即使生成了 43 号元素,也是极微量的,要把它从钼中分离出来将是一项艰难的工作。他把这个碎片带回意大利帕罗莫(Palerma)大学,请求化学教授佩里埃(C. Perrier)的帮助。他们两人花费了将近半年时间,提取出了新元素 10^{-10}克,利用这极少的量,他们研究了新元素的化学性质。在 1937 年 6 月 13 日,他们给英国伦敦的《自然》杂志写了一封简短的信稿,报导历史上首次人工合成了一种新元素。这种新元素就是使许多科学家在地球上徒劳无益地寻找和浪费了许多科学家巨大努力的 43 号元素。而新元素最终

① В. И. Гольданский, новые элементы в лериодической сисгеме Д. И. Менделеева, 1955.

得到公认。

佩里埃和塞格雷出于对诺达克等人工作的尊重，对于新元素的命名一直等待了将近 10 年的时间，直到 1947 年才建议 43 号元素命名为锝。

塞格雷于 1938 年移居美国，继续寻找锝，与美国核化学家西博格（Glenn Theodore Seaborg，1912—1999）共同发现了锝的另一同位素。1940 年，他与美籍华裔女物理学家吴健雄（1912—1997）在铀裂变的产物中发现了这一元素的同位素。

1952 年，英国天体物理学家摩里尔（P. Merril）在两颗恒星（以诗人安德洛梅达 R. Andromedae 和米拉舍蒂 Mira Ceti 的名字命名）的光谱中发现了锝的谱线，这就是说，在宇宙的一些星际中存在着锝。

现在锝已经达到成吨级的产量，是从核燃料裂变产物中提取的。

金属锝呈银白色，但通常得到的是灰色粉末。它抗氧化，在酸中溶解度不大，因此可用作防腐材料。

目前已知锝的同位素多达 24 种，同质异能素有 9 种。同质异能素是指具有相同的质量数和原子序数而所处的核能态不同的同位素原子，通常在元素符号的左上角添加“m”表示。

^{99m}Tc 就表示锝的一种同质异能素。它的半衰期很短，仅 6 小时，放射线的能量也不大，对人体的危害性小，利用放射性物质穿透性高的这一特点，从 1964 年开始 ^{99m}Tc 作为放射性药品用于医疗诊断中，例如通过静脉注射，把含 ^{99m}Tc 的化合物注入病人血管中后，^{99m}Tc 会在某些器官中积聚，利用它的放射性可以得到一个影像（图 8－1－1），在体外即可检测到器官的状况。

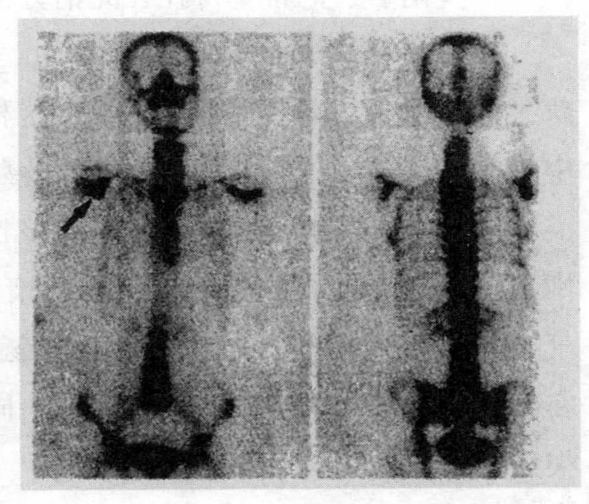

图 8－1－1　利用 ^{99m}Tc 检测器官

（左图为正面，右图为背面。摘自〔日〕桜井弘编，元素新发现，科学出版社，2006 年。）

8-2 找到卤素和碱金属丢失成员砹和钫

砹和钫是门捷列夫曾经预言的类碘和类铯。是莫塞莱确定的原子序数为85和87的两个元素,是卤素和碱金属"丢失"的成员。

它们的发现也正如锝一样,经历了曲折的道路。

一开始,化学家们就遵循门捷列夫所指引的道路去寻找它们。类碘属于卤族,类铯是一种碱金属,二者都是成盐的元素。那么,就从各种盐类中去寻找它们吧!化学家们检验了含有它们家族的并且是最亲的铷和铯以及溴和碘的矿石,试图从中找到混杂有它们的痕迹,但没有任何发现。

1925年7月,英国化学家弗兰德(W. Friend)特地选定了炎热的夏天去巴勒斯坦的死海,寻找这两种元素。因为死海的水中含有各种盐的浓度很大是闻名于世的,鱼无法在其中生活,人在其中游泳不会淹死,海水的密度特别大。而在夏天,盐的浓度又是最大的。但是弗兰德经过辛劳的化学分析和光谱分析却毫无收获。

一些化学家把希望寄托在光谱分析上,也一次一次地失望了。

另一些化学家着眼在原子量上,企图从这方面找到一个缺口,将之捕获。他们制备了含铯的试剂,假定这种试剂中含有类铯,然后浓缩,测定其中铯的原子量,如果这个铯的原子量数值比一般铯的原子量高,就可以说明类铯的存在,因为类铯的原子量应该比铯的原子量大。这正如从混有其他惰性气体的氦中找到氩和其他一些惰性气体一样。但是在从空气中除去氧气、氮气、二氧化碳气和水蒸气后的氦中确实存在有氩和其他惰性气体,而在含铯的化合物中并不存在类铯。同样地,在含碘的化合物中也不存在类碘。

到1930年,美国阿拉巴马(Alabama)州工业学院物理学教授艾利森(F. Allison)宣布,他在稀有的碱金属矿铯榴石和鳞云母中用磁光分析法发现了87号元素,并用他的出生地弗吉尼亚(Virginia)州命名这一元素为virginium,元素符号定为Vi。我们曾有人把它译成钙、铬等。一年后他又宣布,在用王水作用于独居石的萃取液中用同样的方法，发现了 85 号元素，并用他的工作所在地亚拉巴马州命名这一元素为 alabamine，元素符号定为 Ab，我们曾有人把它译成砹。

于是 Ab 和 Vi 被一些化学家充填在元素周期表上。可是不久，磁光分析法本身被否定了，利用它发现的元素当然也就不能算数了。

只是迟至 1939 年，法国女放射化学家佩雷（Marguerite Catherine Perey，1909—1975）研究指出锕的放射性同位素^{227}Ac 半衰期大约是 22 年，主要进行 β 衰变，但是有 1.2% 的分支进行 α 衰变。在 α 衰变中存在有质量数为 223 的 87 号元素的同位素：

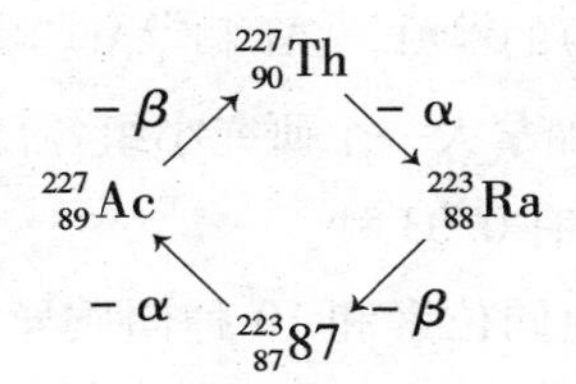

这就是说，大约 100 个$^{227}_{89}$Ac 在衰变过程中产生 99 个$^{227}_{90}$Th，1 个$^{223}_{87}$87。

佩雷成功地分离出$^{223}_{87}$87，并对它进行了研究，命名它为 francium（Fr），是为了纪念她的祖国法兰西（France）。最终，佩雷的发现得到了承认。我国译成钫。

^{223}Fr 的半衰期为 21.8 分，因为它的半衰期很短，即使在自然界存在也很难找到了。现在可以人工制得钫的步骤是，先人工制得^{227}Ra，它的半衰期大约是 40 分，衰变成^{227}Ac，然后得到^{223}Fr。

据说已知钫的同位素有 31 种，还有 7 种同质异能素。它们的质量数在 200—232。

85 号元素砹是在钫发现后的第二年，1940 年由美国科学家科森（D. Corson）、麦克肯齐（C. Mackenzie）和曾发现锝的意大利物理学家后来移居美国的塞格雷用加速的 α 粒子撞击铋得到的。这个核反应是：

$$^{209}_{83}\mathrm{Bi} + ^{4}_{2}\mathrm{He} \longrightarrow ^{211}_{85}85 + 2^{1}_{0}\mathrm{n}$$

他们是在这一年 7 月 16 日出版的一本很有权威的物理杂志《物理评论》

上发表了“85号人工放射性元素”宣布了他们的发现。在文章中他们描述这一产物可能是类碘，具有放射性，半衰期为7.5小时，质量数为211。

这些结果看来是令人信服的。但是由于第二次世界大战爆发，他们没有对这一类碘进一步研究。直到1947年二战结束后，他们才重新恢复工作。他们之后又宣布合成了质量数为200和210的砹的两种同位素。至此他们才给新元素命名为astaline，来自希腊文astatos（不稳定的），符号定为At，我们译成砹。

就在他们发现砹的同一个时期里，奥地利维也纳镭研究所科研人员卡立克（B. Karlik）和贝纳特（T. Bernat）发现放射性的^{215}Po、^{216}Po和^{218}Po经过分支β放射衰变后生成寿命很短的^{215}At、^{216}At和^{216}At。

美国一个研究小组和加拿大一个研究小组各自独立从可裂变的^{233}U的衰变产物中找到^{217}At，寿命只有0.03秒。

已知砹有28种放射性同位素和10种同质异能素。它们中寿命最长的是^{210}At，半衰期为8.3小时。

^{217}At能放出对细胞有极强杀伤力的α射线，因而医学上尝试用来治疗癌症。

8-3 核裂变带来镎、钚和钜

化学家们寻找93号元素的工作在20世纪20年代就已经开始了。当时这个元素被放置在元素周期表ⅦB族，属于锰（Mn）副族（表8-3-1）。根据这一位置，英国化学家洛林（F. H. Loring）和德鲁斯（J. G. F. Druce）曾经试图从软锰矿中寻找这一元素，但没有成功。今天93号元素镎Np被列在锕系元素中。它和锰族元素没有“血缘”关系，所以从含锰的矿石中寻找它是不可能找到的。这再次说明正确的理论指导实践的重要作用。

到1934年6月，德国一家化学杂志上刊出一篇前捷克斯洛伐克工程师科柏里克（O. Coblik）的文章。这位工程师是前捷克斯洛伐克西部波希米亚（Bohemia）圣约阿希姆斯塔尔（Saint-Joachimsthal）矿场实验研究领导人。这个矿

表 8－3－1

ⅥB	ⅦB	Ⅷ	
${}_{24}Cr$	${}_{25}Mn$	${}_{26}Fe$	${}_{27}Co$
${}_{42}Mo$	43	${}_{44}Ru$	${}_{45}Rh$
${}_{74}W$	${}_{75}Re$	${}_{76}Os$	${}_{77}Ir$
${}_{92}U$	93	94	95

场在 20 世纪初属于奥地利，曾经供应居里夫妇提取钋和镭的沥青铀矿。科柏里克在文章中叙述到，在清洗沥青铀矿的水中发现了一种新元素。他确定了这种新元素酸的银盐分子式是 $AgMeO_4$。这里 Me 代表新元素。他还测出新元素的原子量为 240，原子序数为 93，是处在元素周期表中铀后面的一种元素。他为纪念这一元素的发现地，将新元素命名为 bohemium。可是不久，他又在同一杂志上发表声明，说自己分析错误，错认为发现了这一元素。

现在知道，在铀矿中存在极少量镎，也许是当时分析方法不可能把它检验出来，也许是科柏里克承认错误过早了。

到 1934 年，意大利核物理学家费米发表一篇题为《发现原子序数为 93 的超铀元素》的文章。

他在此以前，曾用中子照射水、石蜡等含有氢的物质，得到一些放射性同位素，发现了中子在多次撞击氢原子核后能量降低，速度减慢，但这种慢中子可有效引发核反应。他还发现绝大部分元素经中子撞击后都生成具有 β 放射性，经过 β 衰变后变成比原来原子序数大 1 的新元素。这样他决定用慢中子撞击 92 号元素铀，认为必将获得 93 号元素。

实验结果是，产生了半衰期分别是 10 秒、40 秒、13 分和 90 分的四种放射性物，他认为真的发现超铀元素 93 号元素了，就发表了前文所说的文章。很快，1938 年的诺贝尔物理奖就因此授予费米。

紧随费米之后，德国放射化学家哈恩、施特拉斯曼（Fritz Strassmann，1902—1980）和迈特纳（女）继续进行了实验研究。他们都是富有经验的放射化学家，特别是哈恩，是几个放射性元素的发现人。但是他们都没有跳出“元素受中子撞击后必然生成原子序数增加 1 的新元素”的框框，提出论断：发现了93号、94号、95号等超铀元素，并分别命名为类铼、类锇、类铱，因为它们分别处在当时元素周期表铼Re、锇Os、铱Ir的下面。

可是在一片赞扬声中出现了一个批评的声音，来自发现铼元素的塔克。她认为费米和哈恩等人的实验结果都没有能提出在化学分析方面令人信服的证据，还提出假定，用中子撞击铀后铀根本没有变为新元素，而是核裂变，分裂成一些碎片，这些碎片是一些较轻的已知元素的核。

费米和哈恩等人都没有接受这个意见，他们认为能量这么低的中子不可能撞破坚固的原子核，使核破裂。

1938年，伊伦·约里奥-居里和塞尔维亚物理学家沙维奇(P. Savitch)仔细分析了被中子撞击铀后的产物，发现产生的化学元素的性质和镧相似，而不是什么超铀元素。他们发表了报告。

当施特拉斯曼把这篇报告递交给哈恩时，哈恩不动声色，拒绝阅读。只是当施特拉斯曼讲述这篇报告的重点时，“他连那根雪茄也没有吸完，就把还燃着的烟放在办公桌上，和我一起跑到楼下实验室去了”。这是后来施特拉斯曼说的。

经过几个星期连续不断的工作，他们终于弄清楚，用中子撞击铀后的产物原来是钡。1938年12月23日，哈恩和施特拉斯曼联名发表报告：铀经过中子撞击后的产物是钡、镧、铈和氪。

他们把这个报告传达给迈特纳。她出生在奥地利，有犹太血统，二战时她被迫离开德国，从荷兰辗转到瑞典首都斯德哥尔摩。她接到哈恩和施特拉斯曼的报告后和她的外甥、一位物理学家弗里赫(O. Frisch)对这种现象进行了研究，认为原子核可以与液滴相类比，当一个足够大的液滴受到能量激发时就会变形、拉长、断裂，分裂成较小的碎片。他们把这种核反应称为核裂变，也从理论上解释了核裂变。他们还根据核裂变前后物质的质量差指出，铀核发生裂变时将放出巨大能量，后来被证实。

后来还证实，铀核裂变产物除钡、氪等外，还有从锌到镉的多种放射性核。

随后，F. 约里奥-居里指出，铀核裂变时还放出1—3个中子，这些中子又能引起其他铀裂变，因此反应具有链式特点。

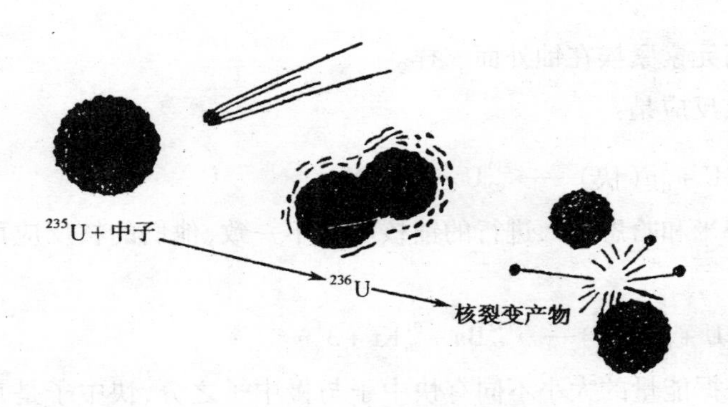

图 8-3-1 核裂变示意图

由于核裂变产生巨大能量,引起科学家们的重视。1942 年 12 月,由意大利移居到美国的费米领导一个小组,在芝加哥大学建成第一座利用核裂变产生巨大能量的装置——核反应堆,成为人们利用原子能的开始。

可是,这种能量同时也被应用在原子弹制造中。1945 年 7 月 16 日,在美国新墨西哥州的沙漠中成功地爆炸了第一颗原子弹。其后不到一个月,8 月 6 日一枚原子弹在日本广岛上空爆炸,造成九万人死亡。过了三天,日本长崎的居民也遭到类似的命运。

核裂变的发现给人类带来可以利用的原子能,也带来了可怕的灾难。

哈恩于 1944 年因发现核裂变而荣获诺贝尔化学奖。而这个荣誉应当归属于不仅哈恩一人。哈恩所以能从错误中走出决定性的一步,是与其他多人的工作分不开的。

由于铀核裂变产生许多碎片,在这些碎片中存在着一些自然界中不存在的元素,因而核反应堆成了一个元素的聚宝盆。

镎就是从这个聚宝盆中发现的。1939 年春,美国物理学家麦克米伦(Edwin Mattison McMillan,1907—1991)开始分析铀裂变的产物,发现有痕量半衰期为 2.3 天和放射性很强的物质,请化学家艾贝尔森(Philip Hauge Abelson,1913—)帮助分析,确定了这一物质不与铼相似,而与铀、钍相似。最终,他们用化学方法将未知物分离出来,确定是一种新元素,它的原子序数是 93。他们把它命名为镎 neptunium,元素符号定为 Np。这一词来自海王星 Neptune,因为铀的名称来自天王星,在太阳系中紧挨着天王星外面的是海王星,正如这个新元素紧挨在铀外面一样。

这个核反应是：

$$^{238}_{92}U + ^{1}_{0}n(快) \longrightarrow ^{239}_{92}U \xrightarrow{-\beta} ^{239}_{93}Np$$

这与费米和哈恩等人进行的铀核反应不一致，他们的核反应可以比拟地写成：

$$^{235}_{92}U + ^{1}_{0}n(慢) \longrightarrow ^{142}_{56}Ba + ^{91}_{36}Kr + 3^{1}_{0}n$$

中子依据能量的大小不同有快中子与慢中子之分，快中子是直接由放射性元素产生的，能量较大。快中子通过含氢化合物、重水（D_2O）、铍、石墨等慢化剂慢化后能量降低，成为慢中子。快、慢二中子都可以撞击原子核，但在实验中发现慢中子的速度较小，它在被撞击的原子核中停留时间较长，因此被俘获的概率比快中子大。

^{239}Np 的半衰期为 2. 3 天，现今已知有 17 种镎的同位素和 3 种同质异能素。其中寿命最长的是 ^{237}Np，半衰期为 2.14×10^6 年，是在 1942 年由美国核化学家西博格等人从下列核反应中得到的。

$$^{238}_{92}U + ^{1}_{0}n \longrightarrow ^{237}_{92}U + 2^{1}_{0}n$$

$$^{237}_{92}U \xrightarrow{-\beta} ^{237}_{93}Np$$

镎的发现突破了古典周期表的界限，成为铀后元素，或称超铀元素，为其他超铀元素的发现闯开了道路，也为奠定现代元素周期系和建立锕系元素奠定了基础。

金属镎是用钡还原三氟化镎 NpF_3 得到的，呈银白色，与氧气、水蒸气和酸作用，但不与碱反应。

据说，已知镎是有 17 种同位素和 3 种同质异能素。同质异能素一般集中在 92 号—96 号元素之间，围绕着中子数为 146 附近。

紧接在镎后面的第二个超铀元素是 94 号元素。在太阳系紧挨着海王星外面的是冥王星 Pluto，发现 94 号元素的科学家们就因此把 94 号元素命名为 plutonium，元素符号为 Pu。我们译成钚。

第一个被发现的钚的同位素是 ^{238}Pu，是由西博格领导的小组，成员有麦克米伦、肯尼迪(J. W. Kennedy)和沃尔(A. C. Wahl)等人,他们用高能量的氘核$^{2}_{1}D$撞击铀产生的。

这一核反应是:

$$^{238}_{92}U + ^{2}_{1}D \longrightarrow ^{238}_{93}Np + 2^{1}_{0}n$$

$$^{238}_{93}Np \xrightarrow{-\beta} ^{238}_{94}Pu$$

他们在1941年1月28日写成报告,由于当时核反应工程是保密的,所以没有公开宣布。一直到第二次世界大战结束后,他们才将报告公布。

在第一个钚的同位素发现后不久,他们又从^{239}Np的β衰变产物中分离出^{239}Pu,它的半衰期超过24,000年,是已知的质量数231—246的16种钚的同位素中寿命最长的。

有人曾预言,用慢中子撞击^{239}Pu,它会像^{235}U那样有很高的裂变几率。西博格通过实验,肯定了这种设想是正确的,^{239}Pu的裂变几率甚至比^{235}U还大。

1941年12月7日,日本偷袭珍珠港(Pearl Harbor),8日,英、美对日宣战,自此美国卷入第二次世界大战。因为裂变放出的核能可用于军事,1943年,美国便制定了战时的“钚计划”,在加紧生产^{235}U同时,又计划生产^{239}Pu,以研制由钚核裂变的武器。1945年8月,在日本长崎上空爆炸的原子弹就是一颗钚弹。

61号元素钷的发现也是铀核裂变的产物。

关于这个元素发现的最早报导是在1926年3月间,来自美国伊利诺伊(Illinois)州大学霍普金斯(B. S. Hopkins)和他的同事们。他们长期从事稀土元素分离的研究。他们报道说,将大量含有稀土元素的矿石独居石分步结晶,获得60号元素钕和62号元素钐的盐结晶,利用红外光谱研究,确定了这一元素的存在,并把它命名为铷 illinium,元素符号定为Il,以纪念他工作所在地伊利诺伊州。

这一消息传出后,意大利佛罗伦萨(Florence)皇家大学教授路拉(L. Rolla)和费尔南德斯(L. Fernanders)急忙宣称,61号元素早在1924年就被他们发现了。他们说也是从独居石中分离出来的,只是当时没有公布,而把论文封在信封里保存在林西(Lincei)科学院。他们把这一元素命名为钸 florentium,元素符号定为 Fl,也是纪念他们工作的所在地佛罗伦萨。

但是,不论是美国的化学教授,还是意大利的化学教授,都没有能把这一元素分离出来,也没有能报告关于这个元素的任何性质。

因此,在化学家们的元素周期表上,61 号元素的位置仍旧空着。

这时德国科学家诺达克和塔克在发现铼和锝后不久,在胜利的鼓舞下,也着手寻找和提取 61 号元素。他们用各种方法研究了多种试剂,提炼了一百多公斤的含稀土元素的矿物,结果什么也没有发现。

而实际上"同位素统计规则"同样适用于钷,在钷的邻近是钕和钐,它们的质量数在 142—150 之间(表 8 - 3 - 2),因为钷的质量数应当在这些质量数之间,因此,在地壳中寻找 61 号元素注定是失败的。

表 8 - 3 - 2

元素	稳定同位素的质量数								
$_{60}$Nb	142	143	144	145	146		148		150
61	×	×	×	×	×	×	×	×	×
$_{62}$Sm			144			147	148	149	150

于是科学家们掉转头来,不再从天然矿石中去寻找,而是走向核反应的产物中去寻找。

1941 年,美国俄亥俄州大学教授奎尔(L. L. Quill)和他的同事们宣布,在他们的回旋加速器中,在撞击钕和钐的产物中,发现一种具有放射性的新元素,认为是 61 号元素,并命名它为 cyclonium,元素符号定为 Cy。这一名称来自 cyclotron(回旋加速器),奎尔曾经在伊利诺伊州大学参与霍普金斯发现钷的研究工作,这次是以他为首发现钷的同一元素,却更改了元素的命名,但同样没有能被证明它确实存在。

此元素存在的无可争议的证明是在 1947 年由美国田纳西州橡树岭(Oak Ridge)国家实验室的研究人员马林斯基(J. A. Marinsky)、格伦丁宁(L. E. Glendenin)和科里尔(C. D. Coryll)从铀的裂变产物中发现的。

这座美国的国家实验室是在第二次世界大战期间的 1943 年修建的最早

的铀分离工厂及有关科研实验机构,1945 年 8 月 6 日和 9 日美国投到日本广岛、长崎的原子弹就是在此研制成的。

马林斯基等人是应用了当时新发明的阳离子交换色层法从铀裂变产物中将新元素分离出来的,得到的是质量数为 147 和 149 的 61 号元素的同位素。

新元素被命名为 promethium,元素符号定为 Pm,我国译为钷。1949 年,国际纯粹和应用化学联合会接受了这一命名。这一名称来自希腊神话中偷取天上火种献给人间的普罗米修斯(Prometheus)。

1948 年 6 月 28 日,美国化学会召开的一次会议上,展出了钷化合物的最早样品,黄色的氧化物和桃红色的硝酸盐,每种 3 毫克。据报导现在制备的钷已有几十克。

我国科学家徐树威和李占奎等人在 1999 年,徐树威和谢元祥等人在 2004 年先后按下列两核反应步骤,人工合成钷的质量数为 128 和 129 的两种同位素:

$$^{96}_{44}\mathrm{Ru} + ^{36}_{18}\mathrm{Ar} \longrightarrow ^{128}_{61}\mathrm{Pm} + 3^{1}_{0}\mathrm{n} + ^{1}_{1}\mathrm{P}$$

$$^{92}_{42}\mathrm{Mo} + ^{40}_{20}\mathrm{Ca} \longrightarrow ^{129}_{61}\mathrm{Pm} + 2^{1}_{0}\mathrm{n} + ^{1}_{1}\mathrm{P}$$

核反应式中$^{1}_{1}\mathrm{P}$ 是质子(proton)。

已知钷有 28 种同位素和 10 种同质异能素,其中$^{145}\mathrm{Pm}$ 寿命最长,半衰期为 17.7 年,但只有半衰期为 2.62 年的$^{147}\mathrm{Pm}$ 可以从铀裂变产物中大量获得。

$^{147}\mathrm{Pm}$ 是 β 放射性,不强,被用来制造像药片一样大小的原子电池。在这种电池中,β 射线射到磷光层上,能量先转变为光能,而后变为电能。这种能源很安全,而且作用时间长,应用在助听器和轻便的无线电接收器中。

8－4　一个接一个出现的镅、锔、锫、锎

原子序数为 95 的元素是在 1944 年底被美国西博格和吉奥索(Albert Ghiorso,1915—　)、詹姆斯(R. A. James)、摩根(L. O. Morgan)等人利用核反应堆中丰富的中子照射钚-239 获得的。他们命名这一元素为 americium,来自

America(美洲)。这正与它所处元素周期表镧系元素铕(命名来自欧洲)相对应。它的元素符号定为 Am,我们从音译为镁显然与元素 Mg 是重复了,因而新造了一个字为镅。这一核反应是:

$$^{239}_{94}Pu + ^{1}_{0}n \longrightarrow ^{240}_{94}Pu + ^{1}_{0}n \longrightarrow ^{241}_{94}Pu \xrightarrow{-\beta} ^{241}_{95}Am$$

1996 年,我国科学家郭俊盛、甘再国等人用质子$^{1}_{1}P$ 照射钚-238 获得镅的另一同位素^{235}Am:

$$^{238}_{94}Pu + ^{1}_{1}P \longrightarrow ^{235}_{95}Am + 4\ ^{1}_{0}n$$

现在已知镅具有质量数 235—247 的多种同位素,寿命最长的是^{243}Am,半衰期为 7.37×10^{3} 年。^{241}Am 的半衰期也不短,为 432.2 年。

^{241}Am 能产生强烈的 γ 射线,故用在轻便式 γ 射线源仪器中,用于医疗中。

差不多在同一个时期里,西博格和他的同事又用高能量的 α 粒子撞击钚的同位素钚-239,得到 96 号元素。他们命名这一元素为 curium,以纪念居里(Curie)夫妇。这一命名正如镅一样,与它在元素周期表中所处相应地位的镧系元素中 64 号元素(纪念芬兰矿物学家加多林)类似。它的元素符号定为 Cm。我国的译名按照习惯译成“锯”较为适合,但是“锯”读作 jù,不读 jū,而且锯是指片解木头、金属等用的一种工具锯子,作为一种金属元素的命名不适宜,因而又造了新字“锔”。

从钚-239 获得的锔的同位素是^{242}Cm。这一核反应是:

$$^{239}_{94}Pu + ^{4}_{2}He \longrightarrow ^{242}_{96}Cm + ^{1}_{0}n$$

^{242}Cm 的半衰期是 162.9 天,寿命最长的是^{247}Cm,半衰期为 1.56×10^{7} 年,已知锔共有 14 种同位素。

锔的这些同位素发生的辐射很容易转化成热能,通过热能转换装置可转变成电能,适用于心脏起搏器、运航浮标和航天器的电源。

镅和锔的合成迟至 1945 年底才公布。这时核反应已不再保密了。1945 年 11 月 11 日,第一、第二次世界大战停战纪念日,西博格作为嘉宾出席美国一家电视台举办的“聪明孩子”节目。一个孩子向西博格提出:“还发现像钚和镎的其他新元素了吗?"西博格回答他发现了镅和锔,这也就向全世界宣布了镅和锔的发现。

图 8-4-1 西博格宣布合成镅和锔

(左边是西博格,中间是向西博格提问的孩子,右边是节目主持人。)

现今已获得成百克的镅和成克的锔,科学家们对它们的化学性质、物理性质进行了研究。

镅和锔的合成是由于有钚-239的供应。下一步的进展就取决于合成足够量的镅和锔。在纸上写出一个核反应式和化学反应式是简单的,但是完成一个核反应要比完成一个化学反应要困难得多。研究人员必须推敲实验的细枝末节,找出核反应的最佳条件,完成仔细的理论计算,预计合成各种核素的放射性转变的情况和可能的半衰期。由于核反应过程中需要或产生比化学反应过程中更大的能量,因此保护操作人员的设备和装置比保护化学反应过程中的人员的要求更高。

在合成镅和锔后经过五年的准备工作,西博格领导的小组在1949年末用高能 α 粒子撞击镅-241,得到97号元素,命名为berkelium,以纪念这个元素的出生地——加利福尼亚大学所在地伯克利(Berkeley)城。这一名称也和它所处在的元素周期表中相对应的镧系元素中65号元素铽的命名(纪念瑞典乙特比城)类似。我们译成锫,元素符号定为Bk。

首先合成的是锫-243。这一核反应是:

$$^{241}Am + ^{4}He \longrightarrow ^{243}Bk + 2_0^1n$$

已知锫有14种同位素，最长寿命的是^{247}Bk，半衰期为1.4×10^3年。现已获得若干毫克的^{249}Bk，半衰期为320天。

接着在锫合成后第二年，也就是1950年，西博格等人又用高能量α粒子撞击锔-242，获得了98号元素，命名为californium，元素符号定为Cf，以纪念这一元素的发现地——美国的加利福尼亚(California)州。我们译成锎。

首先制得的是锎的同位素^{244}Cf，进行的核反应是：

$$^{242}Cm + ^{4}He \longrightarrow ^{244}Cf + 2_0^1n$$

已知锎有14种同位素，寿命最长的是^{251}Cf，半衰期为890年。现已获得若干毫克的^{249}Cf和^{252}Cf。

西博格和麦克米伦因在合成镎、镅、锔、锫、锎等元素中作出的贡献而共获1951年诺贝尔化学奖，成为发现化学元素而获诺贝尔化学奖的第四人和第五人。

8-5 核聚变带来锿和镄

在1950年—1951年，国外科学杂志中就出现报道，说发现了99号和100号元素，并分别命名它们为anthenium和centurium；前者为纪念希腊的首都雅典(Anthens)，因为早在2000年以前在这个城市首先提出了原子的哲学概念；后者从拉丁文"一百"(centum)一词而来。这两个元素符号分别定为An和Ct。它们逐渐在外国的化学教科书中出现后，1953年我国科学院编译局修订的《化学物质命名原则》中把这两个元素定名为"钘"和"钲"。于是它们陆续在我国编译的物理、化学教科书和一些期刊中出现。有些书本中还列出人工合成这两个新元素的核反应式：

$$^{237}_{93}Np + ^{12}_{6}C \longrightarrow ^{247}_{99}An + 2\,^1_0n$$

$$^{239}_{94}Pu + ^{12}_{6}C \longrightarrow ^{248}_{100}Ct + 3_0^1n$$

但是后来没有被证实和承认。

1952 年 11 月 1 日,美国在太平洋比基尼(Bikini Atoll)诸岛上进行了一颗热核炸弹爆炸的试验,并从爆炸地点收集了几百公斤土壤,运回美国。以西博格和吉奥索为首的一些科学家研究了这种炸弹爆炸后散落的碎渣。用离子交换法分离后他们发现有 α 衰变半衰期为 20 天的 99 号元素,质量数为 253;α 衰变半衰期为 22 小时的 100 号元素,质量数为 255。

热核炸弹是利用又一种核反应产生的能量。这种核反应称为核聚变,不同于核裂变。核裂变是将质量大的铀原子核分裂成许多较小的核,而核聚变是将质量小的氢核聚合成较大的核。要使氢原子核聚合是不容易的。氢原子核只有一个带正电荷的质子,带正电荷的质子必然是相互排斥。这就必须给它们足够的能量,使它们克服彼此间的排斥而相互聚合,发生核聚变反应。

核聚变需要巨大能量来引发,而足够巨大的能量从哪里获得呢?利用原子弹爆炸时产生巨大的能量。原子弹爆炸所产生的能量就是铀核裂变反应产生的能量。这就是说,利用铀核裂变产生的能量促使氢核进行核聚变,产生更大的能量。

核聚变中所用的不是普通的氢核,而是氢的两种同位素氘和氚。它们的核中除一个质子外还各有 1 个和 2 个中子,因此它们的质量数分别是 2 和 3。它们的元素符号是分别用 D 和 T 表示的。将这个核聚变反应的反应式写出来就是:

$$^{2}D + {}^{3}T \longrightarrow {}^{4}He + {}^{1}_{0}n$$

也可以写成:

$$^{2}H + {}^{3}H \longrightarrow {}^{4}He + {}^{1}_{0}n$$

这就是大家所知的氢弹爆炸的核反应式。氢弹,简单地说就是在一个原子弹中含有一定数量的氘和氚。当原子弹爆炸时,它就引起氘和氚进行核聚变,放出更大的能量。所有反应发生得非常之快,以致两个过程看起来像是一个过程。

在这样的核聚变反应中会产生大量中子。这些中子被热核装置中的金属铀吸收,生成 ^{253}U、^{254}U、^{255}U 等超重核。它们核里的中子数和质子数比远远超

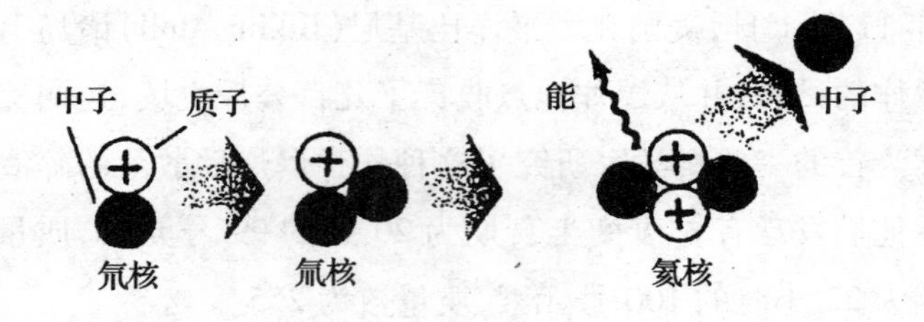

图 8-5-1 核聚变反应示意图

过了核稳定的比值，于是发生β衰变，生成一些超铀元素的同位素。这样核聚变反应成了又一个元素“聚宝盆”。$^{253}99$ 和$^{255}100$ 就是从这个聚宝盆中找到的，正是^{238}U 吸收了 15 个和 17 个中子生成^{257}U 和^{255}U 后，进行β衰变产生的。

99 号元素和 100 号元素除了从核聚变间接产生的产物中找到外，1954 年西博格领导的科学家们用氮原子撞击^{238}U，获得$^{246}99$。这个核反应是：

$$^{238}U + {}^{14}N \longrightarrow {}^{246}99 + 6\,{}_0^1n$$

接着，他们在同一年，用中子撞击$^{253}99$，得到$^{254}100$，核反应是：

$$^{253}99 + {}_0^1n \longrightarrow {}^{254}99$$

$$^{254}99 \xrightarrow{-\beta} {}^{254}100$$

1955 年 8 月，在瑞士日内瓦召开的和平利用原子能国际科学技术会议中，根据人工合成这两个新元素者们的建议，将 99 号元素命名为 einsteinium，将 100 号元素命名为 fermium，以纪念 20 世纪中两位在原子和原子核科学中作出贡献的著名物理学家爱因斯坦（Albert Einstein，1879—1955）和费米（E. Fermi）。99 号元素符号初定为 E，在 1957 年国际纯粹和应用化学联合会的无机化学命名委员会在巴黎集会时改为 Es，100 号元素符号定为 Fm。

关于我国对它们的命名问题，颇费周折。99 号元素用“锾”能够更习惯地表示纪念爱因斯坦，但是“锾”早已被用作 ionium 的译名。这是钍的一个天然放射性同位素。也有人提出用“钕”，但是与 85 号元素“砹”同音；也有人提出用“锶”，但又与有机化合物中的“蒽”同音，因而只得用“锿”（读作“哀”）。100 号元素被命名为“镄”是适当的。

已知锿有16种同位素,其中最稳定的是^{254}Es,半衰期为252天;已知镄有18种同位素,其中寿命最长的是^{257}Fm,半衰期为82天。

8-6 完成锕系元素的钔、锘、铹

93号元素镎Np和94号元素钚Pu是在1940—1941年间发现的,按照20世纪20年代的周期表,它们和早已发现的锕、钍、镤、铀按原子序数顺次排列在第7周期IIIB、IVB、VB、VIB、VIIB和VIIIB族中,处在镧、铪、钽、钨、铼和锇的下面(表8-6-1)。按化合价来说,锕的化合价主要是+3价;钍主要呈+4价,镤的化合价虽然变化较多,但主要是+5价;铀的最稳定化合价是+6价;这些还是与处于它们上面的同族元素镧La、铪Hf、钽Ta、钨W相似的。但是从物理性质和化学性质来看,金属钍和铀的密度和熔点并不符合同族随原子序数增大而逐渐增大的变化规律。化学性质也完全不同,特别是镎和铼以及钚和锇差异很大,镎和钚在化学性质方面却与铀相似。这些情况引起当时化学家们的思考。西博格首先考虑到超铀元素具有类似稀土元素相互的化学性质关系,也应组成像镧系元素一样的锕系元素。

表8-6-1 20世纪40年代前的元素周期表

(括号内示意尚未发现的元素)

	IA	IIA	IIIB	IVB	VB	VIB	VIIB	VIIIB			IB	IIB	IIIA	IVA	VA	VIA	VIIA	VIIIA
1	1 H																	2 He
2	3 Li	4 Be											5 B	6 C	7 N	8 O	9 F	10 Ne
3	11 Na	12 Mg											13 Al	14 Si	15 P	16 S	17 Cl	18 Ar
4	19 K	20 Ca	21 Sc	22 Ti	23 V	24 Cr	25 Mn	26 Fe	27 Co	28 Ni	29 Cu	30 Zn	31 Ga	32 Ge	33 As	34 Se	35 Br	36 Kr
5	37 Rb	38 Sr	39 Y	40 Zr	41 Nb	42 Mo	43 Tc	44 Ru	45 Rh	46 Pd	47 Ag	48 Cd	49 In	50 Sn	51 Sb	52 Te	53 I	54 Xe
6	55 Cs	56 Ba	57~71 La~Lu	72 Hf	73 Ta	74 W	75 Re	76 Os	77 Ir	78 Pt	79 Au	80 Hg	81 Tl	82 Pb	83 Bi	84 Po	85 At	86 Rn
7	87 Fr	88 Ra	89 Ac	90 Th	91 Pa	92 U	93 Np	94 Pu	(95)	(96)	(97)	(98)	(99)	(100)				

57 La	58 Ce	59 Pr	60 Nd	(61)	62 Sm	63 Eu	64 Gd	65 Tb	66 Dy	67 Ho	68 Er	69 Tm	70 Yb	71 Lu

随着锔、锎、锫、锕和锿、镄相继发现后,它们的化学性质都与锕、钍、镤、铀、镎、钚有相似之处。把它们合起来已有12种元素,与15种镧系元素相比,尚缺3种。

1955年4月30日,西博格在美国物理学会举行的一次会议上宣布合成了101号元素,命名它为mendelevium,以纪念创建化学元素周期系的俄罗斯化学家门捷列夫,元素符号初定为Mv。1957年,国际纯粹和应用化学联合会所属无机物质命名委员会根据许多国家拼音字母中没有v,因而改为Md。我国译为钔。

这是用加速的α粒子照射锿-253获得的。他们把收集到的仅有的109个^{253}Es原子涂敷在一片很薄的金箔2上(图8-6-1),加速的α粒子从背面射进金箔内,进行核反应产生的原子反冲到另一金箔3上,然后将金箔在4中溶解,再将溶液放到离子交换柱5中分析,再经过电离、记录等步骤。虽然只得到17个钔原子,肉眼根本看不见,也无法用称量仪器称量,但是西博格和他的同事还是确定了新元素的原子序数、质量数、放射性特性、半衰期等。

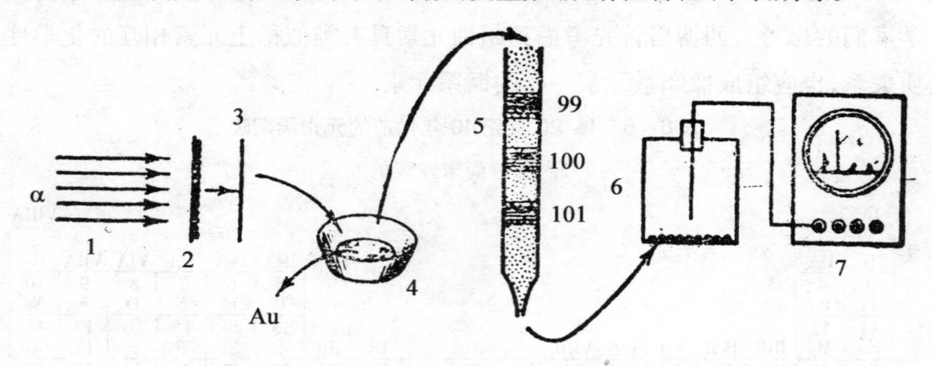

图8-6-1 发现101号元素的实验

1. α粒子束; 2. 载有一层^{253}Es的靶子; 3. 金箔(接受反冲原子);
4. 用于从金中分离锕系元素的装置; 5. 用于分离锕系元素和鉴定新元素的离子交换柱;
6. 电离室; 7. 记录^{256}Md的衰变产物^{256}Fm自发裂变的电子设备。

生成钔的核反应如下:

$$^{253}_{99}Es + ^{4}_{2}He \longrightarrow ^{256}_{101}Md + ^{1}_{0}n$$

后来的实验曾产生几百个^{256}Md的原子，测得其更准确的半衰期约为半小时。另外，用同一种锿的同位素制得了另一种钔的同位素，核反应是：

$$^{253}_{99}Es + ^{4}_{2}He \longrightarrow ^{255}_{101}Md + 2^{1}_{0}n$$

迄今已找到101号元素的16种同位素和1种同质异能素，质量数从245到260，其中半衰期最长的是^{258}Md，为55天；^{260}Md，为32天。

紧接在钔后的是102号元素，最初是在1957年7月9日由瑞典斯德哥尔摩的诺贝尔研究所报道了它的发现，是由瑞典、英国和美国的科学家组成的研究小组完成的。在他们的报道中提出是用加速的^{13}C离子照射^{244}Cm得到的，就命名为nobelium，以纪念瑞典科学家、发明家诺贝尔（A. Nobel），元素符号定为No。我国很快译成锘。

据当时的推测，获得锘的核反应是：

$$^{244}Cm + ^{13}C \longrightarrow ^{253}No + 4^{1}_{0}n$$

或 $$^{244}Cm + ^{13}C \longrightarrow ^{251}No + 6^{1}_{0}n$$

1958年，美国的西博格和吉奥索领导的研究小组重复了斯德哥尔摩的实验，证明不能获得他们的结果，认为No实际是no（没有）。

同时，1957年秋，杜布纳核联合研究所的核反应工作室的物理学家费廖洛夫（Георгий Николаевич Флёров，1913—　）等人利用加速的^{16}O离子照射^{241}Pu，得到102号元素。这一实验不久被美国科学家们用另外的实验方法证实。

这个核反应是：

$$^{241}Pu + ^{16}O \longrightarrow ^{253\sim254}102 + 3\sim4^{1}_{0}n$$

费寥洛夫和他的同事设计的实验可以用图8－6－2简示，将钚用电解法使它附着在极薄的镍箔上作为核靶，高速氧离子与钚靶碰撞后形成复合核，落入反冲核捕集器中。捕集器周期性地向照相底片移动，这种底片对α粒子具有很高的灵敏度。最终，科学家们发现了α粒子与质量数为253或254的102号元素的衰变相联系，确认了102号元素的产生。

费廖洛夫等人将之命名为joliotium，以纪念法国核物理学家约里奥－居里

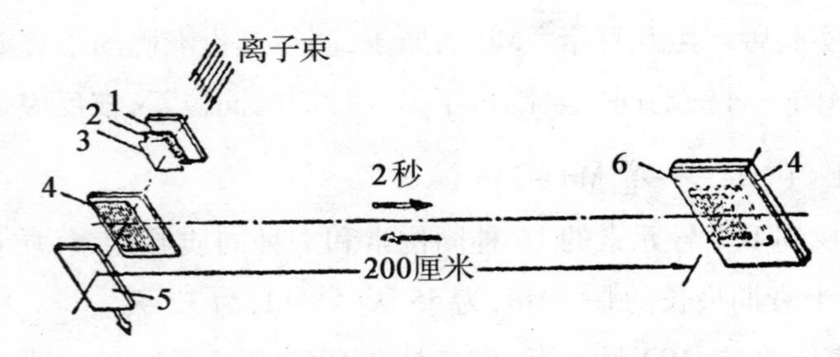

图8-6-2 制备102号元素的实验简图

1. 隔板； 2. 靶物质； 3. 保护层； 4. 捕集器； 5. 离子集电器； 6. 照相底片。

(F. Joliot-Curie)夫妇,没有得到美国科学家们的同意。锘被保留下来。

1958年4月,吉奥索等人用^{12}C离子照射^{246}Cm,从产物中鉴定了$^{254}102$的存在:

$$^{246}_{96}Cm + ^{12}_{6}C \longrightarrow ^{254}102 + 4^{1}_{0}n$$

在这个核反应中仅得到几个原子,它们的寿命仅3秒。现在已知锘有11种同位素,寿命最长的是^{259}No,半衰期为57分钟。

接着1961年4月,美国出版的《物理评论》杂志中刊出一篇关于发现103号元素的最早报道。文章中讲到,这个新元素是以吉奥索为首的几位科学家在加利福尼亚大学伯克利分校以劳伦斯命名的实验室中合成并鉴定的,是用高能硼-10和硼-11的离子照射3微克锎-250和锎-249获得的:

$$^{250}_{98}Cf + ^{10}_{5}B \longrightarrow ^{257}103 + 3^{1}_{0}n$$

$$^{249}_{98}Cf + ^{11}_{5}B \longrightarrow ^{256}103 + 4^{1}_{0}n$$

实验中获得的只有几个原子,$^{257}103$的寿命仅8秒。发现者们命名它为lawrencium,以纪念回旋加速器的发明人、美国物理学家劳伦斯。它的元素符号初定为Lw,后来改为Lr。我们译成铹。

1967年,杜布纳的核科学家们按另一核反应,得到铹的另一同位素:

$$^{243}_{95}Am + ^{18}_{8}O \longrightarrow ^{256}_{103}Lr + 5^{1}_{0}n$$

已知铹有8种同位素,^{256}Lr的寿命最长,半衰期为30秒。

铹和钔、锘的先后发现,填充了空缺的三个锕系元素的位置。物理学家和化学家们从化学性质和核外电子的排布都证明了这一事实。至此，锕系元素的所有成员都找到了。

8－7 结束争端命名的铲、钍、镇、钺、镙、铵

自从1937年人工制得第一个元素43号元素锝以来，到1964年，在27年中科学家们连续制得61号元素钷、85号元素砹、87号元素钫、93号元素镎、94号元素钚、95号元素镅、96号元素锔、97号元素锫、98号元素锎、99号元素锿、100号元素镄、101号元素钔、102号元素锘和103号元素铹，一共是15种元素，平均不到两年时间就制得一种，这真是令人无法想象的。在这些人造元素出现的过程中，照射的粒子质量越来越大，照射的时间越来越长，产生新元素的量越来越少，新元素的寿命越来越短，检测它们的方法也越来越困难。但是，这些都没有阻挡住科学家们继续不断地寻找，反而激励他们克服阻碍，创造出更新的科学技术方法，连续不断地制得一个又一个元素。

1964年，莫斯科附近的杜布纳城核研究联合研究所以费廖罗夫为首的科研小组宣布，用氖离子^{22}Ne照射钚^{242}Pu，获得质量数为260的104号元素，核反应是：

$$^{242}Pu + ^{22}Ne \longrightarrow ^{260}104 + 4\,^{1}_{0}n$$

据报导，进行这一实验，需要成百升分离出来的氖气，照射时间为40小时。

产生的$^{260}104$新核从钚靶反冲，射向镍传递带（图8－7－1），带长8米，以一定的转速把新核向前移送。此时自发裂变的产物的反冲核射至按序分列的磷酸盐玻璃片上。当照射停止后用化学方法处理玻璃片，几小时后在显微镜下观察到放射径迹。

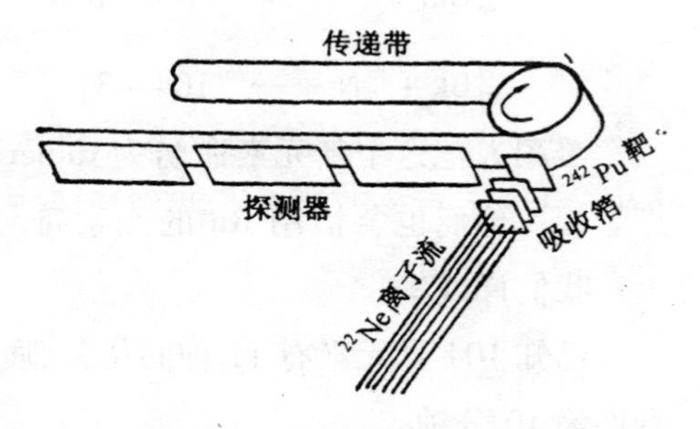

图8－7－1 104号元素合成装置示意图

根据放射径迹在玻璃片上出现的位置,计算出新元素的半衰期在 0.1 到 0.5 秒之间变动,平均为 0.3 秒。

在化学分析中是将离开靶的反冲原子送入氮气流中,被阻停;然后与氯气作用,它的氯化物顺利通过一种专门的过滤器。这表明新元素已不属于锕系元素,因为锕系元素的氯化物是不能通过的。由此明确锕系元素到 103 号元素为止,104 号元素已属于钛(Ti)族,化学性质与铪(Hf)相似,正如化学元素周期表(表 8-10-1)所示那样。

苏联的科学家把这一元素命名为 kurchatovim,以纪念苏联对核技术和核能作出贡献的科学家库尔恰托夫(Игорь Васильевич курчатов,1903—1960)。于是,在苏联出版的一些有关化学书籍、杂志中的化学元素周期表中在元素铪的下面,104 号元素的位置上排出了“Ku”,是他们给出这个新元素的符号,我国译成“𬬻”。

到 1969 年 4 月,美国加利福尼亚大学分校劳伦斯放射实验室以吉奥索为首的几位科学家先后用加速的碳离子照射锎,用氧离子照射锔,用氮离子照射锫,获得了 104 号元素的另一些同位素:

$$^{249}_{98}\mathrm{Cf} + {}^{12}_{6}\mathrm{C} \longrightarrow {}^{257}104 + 4{}^{1}_{0}\mathrm{n}$$

$$^{249}_{98}\mathrm{Cf} + {}^{12}_{6}\mathrm{C} \longrightarrow {}^{258}104 + 3{}^{1}_{0}\mathrm{n}$$

$$^{249}_{98}\mathrm{Cf} + {}^{13}_{6}\mathrm{C} \longrightarrow {}^{259}104 + 3{}^{1}_{0}\mathrm{n}$$

$$^{248}_{96}\mathrm{Cm} + {}^{18}_{8}\mathrm{O} \longrightarrow {}^{261}104 + 5{}^{1}_{0}\mathrm{n}$$

$$^{249}_{97}\mathrm{Bk} + {}^{15}_{7}\mathrm{N} \longrightarrow {}^{261}104 + 3{}^{1}_{0}\mathrm{n}$$

美国人把这个新元素命名为 rutherfordium,纪念英籍新西兰物理学家 E. 卢瑟福。他们也急忙用 Ru 的元素符号排在元素周期表 104 号元素的位置上。我们译成𬬻。

已知 104 号元素有 11 种同位素,质量数 253—263,寿命最长的是 263,半衰期为 10 分钟。

接着 105 号元素的几个同位素又在 1970 年—1971 年先后在杜布纳和伯

克利制得。这些核反应是：

$$^{249}_{98}Cf + ^{15}_{7}N \longrightarrow ^{260}105 + 4^{1}_{0}n$$

$$^{243}_{95}Am + ^{22}_{10}Ne \longrightarrow ^{261}105 + 4^{1}_{0}n$$

$$^{249}_{97}Bk + ^{18}_{8}O \longrightarrow ^{262}105 + 5^{1}_{0}n$$

$^{260}105$ 的半衰期是 1.6 秒；$^{261}105$ 是 1.8 秒；$^{262}105$ 是 40 秒，是寿命最长的。已知 105 号元素有 9 种同位素。

美国把这一元素命名为 hahnium（钚），元素符号定为 Ha，以纪念发现核裂变的德国核物理学家哈恩（O. Hahn）。苏联科学家又把这一元素称为 niels-bohrium（铍），元素符号定为 Ns，以纪念首先提出原子结构量子化轨道理论的丹麦物理学家玻尔。

21 世纪初，中国科学院近代物理研究所甘再国等人用 ^{22}Ne 轰击 ^{241}Am，获得 $^{259}105$，填补了 255—263 的中间空缺：

$$^{241}_{95}Am + ^{22}_{10}Ne \longrightarrow ^{259}105 + 4^{1}_{0}n$$

就在 1974 年，美国科学家以吉奥索为首用氧离子照射 ^{249}Cf，获得质量数 263 的 106 号元素：

$$^{249}_{98}Cf + ^{18}_{8}O \longrightarrow ^{263}106 + 4^{1}_{0}n$$

半衰期为 0.9 秒。

美国化学会命名委员会提议以美国化学家西博格（G. Seaborg）的姓氏命名它为 seaborgium，元素符号定为 Sg。西博格领导的小组先后发现从 94 号到 102 号元素多种人造元素而荣获 1951 年诺贝尔化学奖，是因发现化学元素而获诺贝尔化学奖的第四人。

同时，杜布纳实验室奥格涅斯扬（Ю. Ц. Огнесян）宣布，用铬离子照射铅，获得 106 号元素的另一同位素：

$$^{207}_{82}Pb + ^{54}_{24}Cr \longrightarrow ^{259}_{106}106 + 2^{1}_{0}n$$

半衰期约为 0.01 秒。已知 106 号元素有 7 种同位素，寿命最长的是 $^{266}_{106}106$，为 21 秒。

这开辟了一条新的合成新元素的道路，是用较重元素的离子作为弹核，使弹核与靶核二者冷熔合成复合核。科学家们风趣地说：它们彼此温柔地接吻。冷熔合不同于热熔合。热熔合是指用轻原子核，如质子、氘核、氦等，或较轻的重离子，如^{12}C 至^{22}N 作为弹核，用锕系元素^{238}U、^{244}Pu、^{248}Bk、^{249}Cf等作为靶核发生熔合，生成的复合核具有很高的激发能，产生热量较大，通过蒸发 2—5 个中子带走激发能，得到比靶核原子序数高一位或两位的新元素，是 20 世纪四五十年代里人造元素的途径。冷熔合是用较重的离子如^{54}Cr、^{58}Fe、^{59}Co 或^{64}Ni 等作为弹核，用稳定性元素，如^{208}Pb、^{209}Bi 等作为靶核，熔合过程中形成复合核的激发能较低，产生的热量较小，通过蒸发 1—2 个中子带走激发能，得到新原子核的电荷数等于两个碰撞原子核电荷数之和，成为合成超重元素的新途径。106 号元素之后的一些元素多是用冷熔合合成的。当然这就需要加速重离子强功率的加速器。

接着过了两年，1976 年，奥格涅斯扬又用冷熔合方法合成了 107 号元素：

$$^{209}_{83}Bi + ^{54}_{24}Cr \longrightarrow ^{261}_{107}107 + 2^{1}_{0}n$$

其半衰期是 2 毫秒，也就是 0.002 秒，共获得 6 个新元素的原子。

5 年后的 1981 年，当时西德黑森省（Hassen）达姆斯塔特（Darmstadt）重离子研究中心实验室明岑贝格（Gottfried Munzenberg）等人用同样的弹核轰击同样的靶核，生成的是$^{262}107$，而不是$^{261}107$；放射出 1 个中子，而不是 2 个中子：

$$^{209}_{83}Bi + ^{54}_{24}Cr \longrightarrow ^{262}_{107}107 + ^{1}_{0}n$$

到 1988 年止，他们观测到总数 38 个原子。后来陆续鉴定了 3 种 107 号元素的同位素：$^{261}107$，半衰期约 11.8 毫秒；$^{262}107$，约 120 毫秒；$^{262}107$，约 8.0 毫秒。

2000 年美国威尔克（P. A. Wilk）、格里高里奇（K. E. Gregorich）等人合成了$^{266}107$；2004 年我国科学院近代物理研究所甘再国、郭俊盛等人按下列核反应：

$$^{243}_{95}Am + ^{26}_{12}Mg \longrightarrow ^{265}_{107}107 + 4\,^{1}_{0}n$$

合成了$^{265}107$。

已知 107 号元素有 7 种同位素和 1 种同质异能素,寿命最长的是$^{207}107$,半衰期为 17 秒。

1982 年 8 月 29 日,明岑贝格和阿姆布鲁斯特(Peter Armbruster)为首的物理学家宣布:他们发现了迄今为止最重的化学元素 109 号元素。它是用铁离子照射铋获得的:

$$^{209}_{83}Bi + ^{58}_{26}Fe \longrightarrow ^{266}_{109}109 + ^{1}_{0}n$$

据报导,实验仅仅获得 1 个$^{260}109$ 原子,仅仅生存了 5 毫秒,却用去了 6×10^{17} 个$^{58}_{26}Fe$ 离子。

大约在明岑贝格等人报导的同时,杜布纳小组奥格涅斯扬等人也报导了他们进行了以下核反应,获得元素可能是$^{263}108$、$^{264}108$、$^{265}108$:

$$^{209}_{83}Bi + ^{55}_{25}Mn \longrightarrow ^{263}_{108}108 + ^{1}_{0}n$$

$$^{208、209}_{82}Pb + ^{58}_{26}Fe \longrightarrow ^{264、265}_{108}108 + ^{1}_{0}n$$

就这样,108 号元素和 109 号元素同时诞生了。

到 1984 年,明岑贝格和阿姆布鲁斯特又用$^{58}_{26}Fe$ 离子照射铅,获得$^{265}108$:

$$^{208}_{82}Pb + ^{58}_{26}Fe \longrightarrow ^{265}_{108}108 + ^{1}_{0}n$$

一共获得 108 号元素 3 个原子,测定其半衰期为 80 毫秒。

接下来的问题是如何命名它们了,总不能让苏联科学家和美国科学家各自称呼自己为它们起的名字,于是两国科学家为争夺命名权发生了争执。

早在 1979 年,国际纯粹和应用化学联合会就作出明确规定,终止用科学家的姓氏命名新元素,并提出元素命名的几个原则:

(1)新元素的命名应该与原子序数具有明确的关系;

(2)不论是金属元素,还是非金属元素,它们的拉丁名称词尾都加-ium;

(3)新元素符号采用三个字母,以区别已知元素采用的一个或两个字母。

具体命名是采用希腊文、拉丁文数词联合起来。这些数词是 nil = 0,un = 1,bi = 2;tri = 3,quad = 4,pent = 5,hex = 6,sept = 7;oct = 8,enn = 9。这样,从 104 号元素起各元素的命名可以列成表 8 - 7 - 1 所示:

表 8－7－1 用希腊文和拉丁文命名元素

元素原子序数	名 称	元素符号
104	unnilquadium	unq
105	unnilpentium	unp
106	unnilhexium	unh
107	unnilseptium	uns
…	…	…
110	ununnilium	uun
…	…	…
116	ununhexium	uuh

这给我们汉字的音译增添了麻烦。我国化学元素的命名是采用单字，一般是从拉丁名称的第一音节译音造字。现在这些拉丁名称的第一音节往往是相同的了。

在这种情况下，我国出版的化学元素周期表中 104 号、105 号、106 号等元素的格子里曾填出 unq、unp、unh 等符号，无法给它们命名。

美国化学会又表现出它的大国“作风”，不听这一套。当他们在 1974 年合成 106 号元素后，用西博格的姓氏命名它时，国际纯粹和应用化学联合会曾表示反对，并且表示化学元素命名也只能用已故科学家的姓氏，而当时西博格仍健在。美国的吉奥索立即反驳说：“不能以健在的科学家姓氏命名化学元素是荒唐可笑的，我于 1952 年以爱因斯坦和费米的名字命名 99 号元素和 100 号元素时他们两人都健在。”

事实上国际纯粹和应用化学联合会的规定没有法律效力，只具有一定的权威性。

在这种情况下，国际纯粹和应用化学联合会只得多次召请一些国家的化学界人士讨论，修改他们曾经制定的规定。

一直到 1997 年 8 月 30 日，经过 40 个成员国的讨论，进行表决，以 64 名赞成，5 名反对，12 名弃权通过了 104 号到 109 号元素的命名（表 8－7－2）：

表 8-7-2 104 号—109 号元素命名

元素原子序数	名 称	元素符号
104	rutherfordium	Rf
105	dobnium	Db
106	seaborgium	Sg
107	bohrium	Bh
108	hassium	Hs
109	meitnerium	Mt

联合会还作了一些说明:维持 101、102、103 号元素名——钔 mendelevium、Md,锘 nobelium、No 和铹 lawrencium、Lr,因为这些元素的名称已经被广为接受。

104 号元素 rutherfordium 被同意接受纪念物理学家 E. 卢瑟福(E. Rutherford)。

105 号元素命名为 dobnium,是纪念俄罗斯杜布纳(Dubna)实验室在人造元素中作出的贡献。

106 号元素 seaborgium 同意接受,纪念美国核化学家西博格(G. T. Seaborg)。

107 号元素命名为 bohrium,更改了原来的 nielsbohrium,是受到玻尔家族支持的,也得到广泛的拥护,因为原来是硬把玻尔的名和姓连接在一起,是不符合欧洲人姓名传统的。

108 号元素命名为 hassium,是为了纪念德国黑森省(Hassen)实验室在人造 108 号、109 号元素中作出的贡献。

109 号元素命名为 meitnerium,是为了纪念奥地利出生的女科学家迈特纳。她参与了哈恩领导的核裂变反应,并对核裂变在理论上作出解释,获得国际原子能委员会 1966 年费米奖。

美国核化学家西博格在闻悉他的姓氏被采纳为 106 号元素的命名后十分欣喜。他对媒体记者们表示:从现在起 1000 年后 Sg 作为 106 号元素的符号仍会排列在化学元素周期表上,而获得的20世纪诺贝尔奖在历史上只占一个很小的位置。

曾被美国人作为105号元素名称的hahnium是为纪念德国科学家哈恩(O. Hahn)的,被去掉了,有人认为可能是由于他在科学研究中傲慢态度所致;曾被苏联人作为104号元素的kurchatovim,是为纪念苏联核能专家库尔恰托夫(I. Kurchatov)的,没有被采纳,也许是由于他在国际科学技术界的声誉还不够高。

我国科学技术名词审定委员会根据国际纯粹和应用化学联合会的决议,在1997年8月27日公布了拟定的101号—109号元素的中文名称、读音和同音字例(表8-7-3):

表8-7-3 我国命名的101号—109号元素

原子序数	拉丁名称	符号	中文名称	读音	同音字例
101	medelevium	Md	钔	mén	门
102	nobelium	No	锘	nuò	诺
103	lawrencium	Lr	铹	láo	劳
104	rutherfordium	Rf	𬬻	lú	卢
105	dobnium	Db	𬭊	dù	杜
106	seaborgium	Sg	𬭳	xǐ	喜
107	bohrium	Bh	𬭛	bō	波
108	hassium	Hs	𬭶	hēi	黑
109	meitnerium	Mt	鿏	mài	麦

国际纯粹和应用化学联合会还在它的机关刊物《纯粹和应用化学》(Pure and Applied Chemistry)2002年74卷5期中刊出署名科彭诺尔(W. H. Koppenol)的文章"新元素的命名"(Naming of new elements),提出新元素命名的建议:

新元素的命名保持传统可以采用:

1. 神话的观念或角色名(包括天文学中的物体名);

2. 矿物或类似物质名；

3. 地名或地区名；

4. 元素的性质；

5. 科学家的姓名。

当一元素最初的命名未得到公认,最后确定已选用另一命名时,为了避免文字中的混乱,最初的命名不得转用于另一元素,例如105号元素最初命名为hahnium,未得到公认,最后选用了dubnium,hahnium就不能用于另一迄今未命名的元素。

为了语言和谐一致,所有新元素命名都必须采用"-ium"词尾。

8-8 近期审定并命名的鐽、錀、鎶、鈇和鉝

自从109号元素在1984年被合成后,人工合成新元素的声音沉寂了10年,到1994年底又热闹起来。在这一年的11月9日德国黑森省达姆斯塔特重离子研究中心化学部以阿姆布鲁斯特为首的12位科学家用镍-62核照射铅-208,获得了110号元素:

$$^{208}_{82}Pb + ^{62}_{28}Ni \longrightarrow ^{269}110 + ^{1}_{0}n$$

这12位科学家中6位是重离子研究中心的,其余6位是客座。他们来自俄罗斯杜布纳核研究联合研究所、捷克斯洛伐克科曼里尤斯(Comenius)大学核物理系和芬兰吉韦斯库拉(Jyväskyla)大学物理系。

他们用高能Ni-62原子束照射放置在一个轮子周边的8个铅钯上。轮子旋转的速度是每分钟1125转,温度保持在铅熔点以下。经过两个星期的实验,检测到110号元素的3个原子。

将新元素的原子分离出来的仪器是专供分离重离子产物的电磁快速过滤器。

新元素的原子仅活了两千分之一秒,后来确定是0.17毫秒。新元素进行了一系列α衰变:

$$^{269}110 \xrightarrow{-\alpha} {}^{265}108 \xrightarrow{-\alpha} {}^{261}106 \xrightarrow{-\alpha} {}^{257}104$$

他们在 11 月 14 日向德国《物理学杂志》提交了一篇《$^{269}110$ 的产生和衰变》报告,将新元素的产生公告全世界。

阿姆布鲁斯特还说,美国人和俄罗斯人早在他们之前就开始研究了,不过是利用不同的方法。美国科学家吉奥索表示,早在 1991 年就制得了 110 号元素的另一同位素,质量数是 267,但不如德国人的确凿可信,美国科学家实验的核反应是:

$$^{209}_{83}Bi + ^{59}_{27}Co \longrightarrow ^{267}110 + ^{1}_{0}n$$

现在已知 110 号元素除具有质量数 267 和 269 的同位素外,还有 271、272、273、277、280、281 的同位素,寿命最长的 281 半衰期为 1.6 分钟。

发现者们建议命名它为 darmstadium,元素符号定为 Ds,以纪念发现所在地 Darmstad 市。2003 年 8 月 16 日,国际纯粹和应用化学联合会在加拿大举行会议期间无机化学命名委员会批准了这一命名。我国科学技术名词审定委员会于同年 8 月 16 日通过命名为𫟼。

德国人在合成𫟼后不到 1 个月,1994 年 12 月 8 日,他们又宣告获得了 $^{272}111$,是用镍-64 和铋-209 进行冷熔合制得的。

$$^{209}_{83}Bi + ^{64}_{28}Ni \longrightarrow ^{272}111 + ^{1}_{0}n$$

$^{272}111$ 只“活”了 1.5 毫秒就进行了一系列 α 衰变:

$$^{272}111 \xrightarrow{-\alpha} {^{268}109} \xrightarrow{-\alpha} {^{264}107} \xrightarrow{-\alpha} {^{260}105} \xrightarrow{-\alpha} {^{256}103}$$

9 年后,国际纯粹和应用化学联合会在 2003 年 10 月对德国重离子研究所的这一发现予以认可,把这一元素的命名权授予他们。他们于 2004 年 7 月提出以德国 X 射线发现人伦琴的名字命名它为 roentgenium,元素符号定为 Rg。我国科学技术名词审定委员会于 2007 年 3 月 12 日通过命名为𬬭。

我国也将一新元素的命名看作是一件“大事”,有着严格的步骤第一步,全国科学技术名词审定委员会依据国际纯粹和应用化学联合会对一新元素正式确定的拉丁名称,在广泛征求有关专家意见的基础上,提出新元素中文定名草案;第二步,全国科学技术名词审定委员会、国家语言文字工作委员会联合组织化学、物理、语言界的专家召开会议进行审定；第三步，定名使用的汉字征得国家语言文字工作委员会的同意，经全国科学技术名词审定委员会批准予以公布使用。

德国重离子研究中心的科学家们在合成110号和111号元素后受到很大鼓舞，他们在合成111号元素14个月后，于1996年2月9日午夜又得到112号元素，质量数为277。它是由阿姆布鲁斯特和S. 霍夫曼（Sigurd Hofmann）为首的科学家小组用锌－70离子照射铅－208熔合后得到的：

$$^{208}_{82}Pb + ^{70}_{30}Zn \longrightarrow ^{277}112 + ^{1}_{0}n$$

这个反应与110号、111号的合成反应相似，也使用了冷熔合。它的半衰期为0.24毫秒，经α衰变。最后衰变成$^{257}102$：

$$^{277}112 \xrightarrow{-\alpha} {^{273}110} \xrightarrow{-\alpha} {^{269}108} \xrightarrow{-\alpha} {^{265}106} \xrightarrow{-\alpha} {^{261}104} \xrightarrow{-\alpha} {^{257}102}$$

据报导，已知它除质量数为277的同位素外，还有281、283、284和285，共5种同位素，其中半衰期最长的是$^{285}112$，为15.4分。

最初，国际纯粹和应用化学联合会（IUPAC）拒绝霍夫曼申请对112号元素的承认，2003年霍夫曼的团队重新进行实验，提交了112号元素的进一步证据，但IUPAC再次拒绝承认。到2004年，日本物理化学研究所超重元素实验室的一个小组制造出两个112号元素的原子起了决定性的作用，112号元素历经波折终于在2009年7月获得承认，被命名为Copernicium，元素符号定为Cn，以纪念波兰天文学家哥白尼（Nicolaus Copernicus，1473—1543）。我国科学技术名词审定委员会于2010年2月22日审定命名为鿔（gē），并通报国家语言文字委员会。因为鿔处在化学元素周期表12族锌、镉、汞三个金属元素的下面，是一种金属元素。所以在“哥”字旁添加“钅”。

3年后，人造元素的热浪在德国掀起之后，又转移到美国和俄罗斯。1999年1月，俄罗斯杜布纳费廖罗夫（флёров）核联合研究所宣布，用钙－48离子照射钚－244获得质量数为289的114号同位素。来自美国利弗莫尔劳伦斯（Livermore Lawrence）国家实验室的科学家也参加了这项研究工作。

$$^{244}_{94}Pu + ^{48}_{20}Ca \longrightarrow ^{289}114 + 3^{1}_{0}n$$

$^{289}114$ 的半衰期约 30 秒,进行 α 衰变后生成 $^{285}112$ 和 $^{281}108$:

$$^{289}114 \xrightarrow{-\alpha} {}^{285}112 \xrightarrow{-\alpha} {}^{281}108$$

迄今发现 114 号元素的四种同位素,它们是 114 - 285、114 - 287、114 - 288 和 114 - 289。

俄罗斯的科研小组和美国的科研小组合作发现 114 号元素后大约半年,2000 年 7 月 19 日又联合宣布发现了 116 号元素,是在钙原子和锔原子撞击后产生的:

$$^{248}Cm + {}^{48}Ca \longrightarrow {}^{292}116 + 4{}^{1}_{0}n$$

这个同位素存在了 0.05 秒后进行 α 衰变:

$$^{292}116 \xrightarrow{-\alpha} {}^{288}114 \xrightarrow{-\alpha} {}^{284}112 \xrightarrow{-\alpha} {}^{280}110 <$$

现今找到了 116 号元素的另一种同位素,是 116—296。

经过了 11—12 年的时间后,2012 年 5 月 31 日国际纯粹和应用化学联合会审定了 114 号元素和 116 号元素的发现,并命名了它们。114 号元素取名 flerovium,元素符号定为 Fl,表示向俄罗斯杜布纳费廖罗夫核联合研究所表示敬意。费廖罗夫(Георгий Никоиа флёров,1913—1900)是俄罗斯核物理学家。他的姓氏译成英文就是 Flerov。我国科学技术名词审定委员会于 2013 年 7 月 13 日命名它为𫓧(fū),排列在化学元素周期表第 14 族碳、硅、锗、锡、铅的下面,是一种金属元素,故添加"钅"旁。116 号元素,俄罗斯人取名 moscovium,表达对俄罗斯首都莫斯科 MOSCOW 的敬意,没有得到美国人的同意。美国人取名 livermorium。元素符号定为 Lv,表达对美国科研人员所在地美国加利福尼亚州利弗莫尔城的敬意。我国科学技术名词审定委员会于 2013 年 7 月 12 日审定命名为𫟷(lì),并上报国家语言文字委员会。

从 1997 年审定 109 号元素等一系列元素起,到 2013 年审定了 116 号元素等 5 种新元素,共经历了 16 年,几乎是平均每 3 年审定一种新元素。这个速度够快的。

8-9 报导已发现但尚未确认的113号、115号、117号和118号元素

在114号元素出现后不到半年的时间,同年6月,美国劳伦斯伯克利国家实验室宣布,利用氪-86离子照射铅-208后获得了质量数为293的118号元素的一个同位素:

$$^{208}_{82}Pb + ^{86}_{36}Kr \longrightarrow ^{293}118 + ^{1}_{0}n$$

一共获得3个新元素的原子,在大约1秒钟的时间内进行了下列多次α衰变:

$$^{293}118 \xrightarrow{-\alpha} ^{289}116 \xrightarrow{-\alpha} ^{285}114 \xrightarrow{-\alpha} ^{281}112$$

$$\xrightarrow{-\alpha} ^{277}110 \xrightarrow{-\alpha} ^{273}108 \xrightarrow{-\alpha} ^{269}106$$

可是两年后,2002年7月15日,发现者撤销了他们的发现,说那是研究小组成员中有人伪造数据而得到的成果。我国新华社为此特地从美国华盛顿发回电讯,报道此事,在我国一些报纸上刊出。

不过在美国人撤销发现的成果前一个月,2002年6月25日,俄罗斯杜布纳核联合研究所的奥格涅斯扬在德国重离子研究中心举行的一次学术报告会上宣布,他们按下列核反应合成了质量数为294的118号的一个同位素:

$$^{249}_{98}Cf + ^{48}_{20}Ca \longrightarrow ^{294}118 + 3^{1}_{0}n$$

测得$^{294}118$的半衰期为3.2毫秒。会自发裂变。

到2004年2月,俄罗斯杜布纳核联合研究所又公布合成了115号元素的两种同位素,它们是$^{288}115$和$^{287}115$。是利用^{48}Ca离子照射^{243}Am获得的:

$$^{243}_{95}Am + ^{48}_{20}Ca \longrightarrow ^{288}115 + 3^{1}_{0}n$$

$$^{243}_{95}Am + ^{48}_{20}Ca \longrightarrow ^{287}115 + 4^{1}_{0}n$$

经过100毫秒后进行α衰变,产生$^{284}113$和$^{283}113$。

$$^{288}115 \xrightarrow{-\alpha} ^{284}113$$

$$^{287}115 \xrightarrow{-\alpha} ^{283}113$$

不久,同年9月29日《日本经济新闻》发表消息,说日本物理化学研究所森田浩介(Kosuke Morita)领导的研究小组合成了113号元素,是日本科技史上划时代的研究成果。

这个研究小组中有中国科学院近代物理所、中国科学院高能物理所等单位科学研究人员参加。他们是用^{70}Zn离子照射^{209}Bi获得的:

$$^{209}_{83}Bi + ^{70}_{30}Zn \longrightarrow {}^{278}113 + ^{1}_{0}n$$

实验从2003年9月5日开始,同年12月9日结束。后来在2004年7月8日又重新开始实验,直至8月2日,净照射时间为79天。结果检测到1个新元素的原子,半衰期测定为344微秒(10^{-6}秒),进行α衰变,最终产生$^{262}_{105}Db$

$$^{278}113 \xrightarrow{-\alpha} {}^{274}111 \xrightarrow{-\alpha} {}^{270}109 \xrightarrow{-\alpha} {}^{266}107 \xrightarrow{-\alpha} {}^{262}105$$

2010年4月9日《参考消息》报刊出《科学家首次合成第117号元素》,是根据美国《纽约时报》4月7日的报导,题目是《科学家发现新的重元素》,说明俄罗斯和美国的科学家团队发现了一种新元素,终于填满了人工合成的一连串最重元素中缺失的一环。这些报导都是根据2010年4月9日美国出版的《物理评论》(《Physical Review Letters》)发表的论文,是以俄罗斯杜布纳联合核研究所的奥加涅相(Yu Ts Oganessian)为首的署名数十位科学家联名发表的,讲述117号元素的合成,是用钙照射具有放射性的锫产生的,获得117号元素的6个原子。这6个原子中有5个拥有176个中子,1个拥有177个中子:

$$^{48}Ca + ^{249}Bk \longrightarrow {}^{293}117 + 4^{1}_{0}n$$

$$^{48}Ca + ^{249}Bk \longrightarrow {}^{294}117 + 3^{1}_{0}n$$

$^{294}117$的寿命长达112毫秒,进行了系列α衰变:

$$^{294}117 \xrightarrow{-\alpha} {}^{290}115 \xrightarrow{-\alpha} {}^{286}113 \xrightarrow{-\alpha} {}^{282}Rg \xrightarrow{-\alpha} {}^{278}Mt \xrightarrow{-\alpha} {}^{274}Bh \xrightarrow{-\alpha} {}^{270}Db \lessgtr$$

$^{293}117$的寿命为21毫秒,进行一系列α衰变:

$$^{293}117 \xrightarrow{-\alpha} {}^{289}115 \xrightarrow{-\alpha} {}^{285}113 \xrightarrow{-\alpha} {}^{281}Rg \lessgtr$$

2014年5月2日出版的《物理评论》中再次刊出以克呼阿巴塔(J. Khuyabaatar)为首的数十名科学家署名的论文,证实117号元素的发现。

117 号元素:应处在化学元素周期表的 17 族,是一个非金属元素,118 号元素应处在化学元素周期表的 18 族,是一种稀有气体,它们和 113 号、115 号将填满迄今已被承认的 112 号、114 号、116 号元素中间留下的空隙。它们共同添满了元素周期表的第 7 周期。

新发现元素在经过鉴定后才得到确认。国际纯粹和应用化学联合会的机关刊物《纯粹和应用化学》1991 年 63 卷 6 期中发表了国际纯粹和应用化学联合会与国际纯粹和应用物理学联合会共同署名的“承认新元素发现的必须达到的标准”文章,指出发现(合成)一新元素已成为一项很复杂的事项,因为现今需要核物理的错综复杂的设备,制得的原子数量都很少,许多得到的新元素的同位素的半衰期都很短,一些最初的发现后来又被证实是错误的,因此成立“超镄工作组(Transfermium Working Group. 简称 TWG)”,拟定“承认新元素发现的必须达到的标准”。这些标准中除要求需要鉴定新元素的原子序数和半衰期外,还要求确定一个原子的物理和化学的特征性质(characterization properties)和表明这些特征性质的特定性质(assignment properties)等。

全世界学习和研究化学的人们在等待着工作组对新元素的承认。

8-10 能不能再发现新元素

能不能再发现新元素?元素周期表的界限在哪里?这个问题早有人提出来了,而且是随着新元素一个一个被发现,不断有人提出这个问题。

早有人认为周期表的边界为 $Z=105$,因为 Z 进一步增大时,核内质子间的排斥力将超过核子间的结合力。接着有人根据已发现元素的半衰期和自发裂变,认为 107 号元素的半衰期已按毫秒计,再发现后来的元素就难了;认为原子 $Z=106$ 元素的自发裂变已占优势,$Z=110$ 的元素将不复存在。可是现今 110 号元素和 111 号元素已得到承认,112 号—118 号元素已报导发现。

早在 20 世纪 60 年代,物理学家们就提出了一个“超重核稳定岛”的预言,绘制了一张在海洋中的稳定岛,标明稳定核的存在(图 8-10-1)。

这是以中子数为横坐标,以质子数为纵坐标,把所有已知核按所含中子

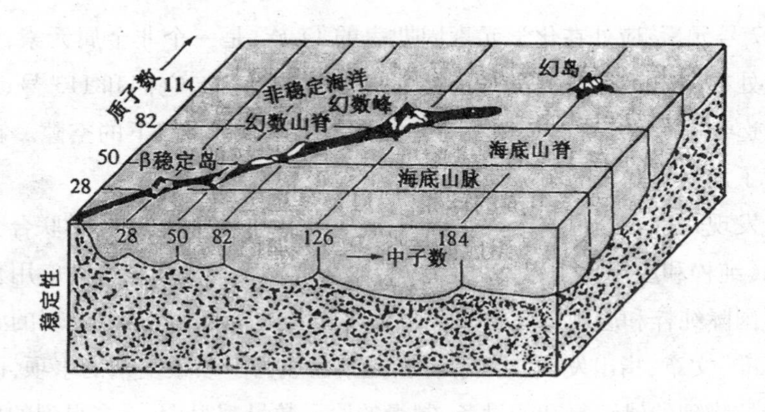

图8-10-1　核素稳定性区域示意图

（西博格小组1979年绘制）

数、质子数标记在图上，有近2000种（含已知元素的同位素）原子核坐落在一个长条半岛和一个小岛上。岛上的原子核都是稳定的，因此称为稳定岛。图中标志的β稳定岛，是指半岛上对于β衰变都是稳定的；幻岛是指岛上稳定核都是符合幻数的。所谓幻数，是20世纪30年代出现的，曾有人发现含一定数量的质子或中子，如2、8、20、28、50、82、126的核与它相邻的元素的核相比具有更高的稳定性，就把这些数字称为幻数（magic number），即具有梦幻般魔力的数字。把具有幻数的质子和中子的核称为幻数核，中子数和质子数都等于幻数的核称双幻核。按这张稳定岛图所标示的，幻数是2、8、14、20、28、50、82、114、126、184等。例如对同位素而言，$_{20}Ca$是轻元素中稳定同位素数目最多的，有5个；$_{50}Sn$是所有元素中稳定同位素最多的，有10个。$^{208}_{82}Pb$是原子序数最大、质量数也最大的稳定核。因为它是双幻数核，中子数为126，质子数为82。

从中子数看，$^{36}_{16}S$、$^{37}_{17}Cl$、$^{38}_{18}Ar$、$^{39}_{19}K$、$^{40}_{20}Ca$都具有中子数20，具有5种稳定的同位素，而中子数为19及21的就没稳定的同位素。

具有双幻数的$^{4}_{2}He$、$^{56}_{28}Ni$、$^{132}_{50}Sn$和$^{208}_{82}Pb$等的核，它们的稳定性特别高，就出现在稳定岛的幻数山、幻数峰处。

从这个核素稳定性区域示意图看，114号元素是可能发现的，现已报导了它的发现，尚待证实。因为它是处在稳定的幻岛上。

还有科学家从自然界中去搜寻。他们对陨石中裂变成氙同位素的组成进行质谱分析，表明陨石中还存在过“类金”（111 号）、“类铋”（115 号）、“类汞”（112 号）、“类钋”（116）等超重元素。

在阿波罗的月岩取样中，不仅发现了 14—19 微米长的裂变径迹（^{235}U、^{238}U、^{244}U），而且找到了 20—25 微米长的裂变径迹，是 110 号以上元素的裂变结果。

在高空宇宙线中探测到了类铂（110 号）的径迹。

1976 年 6 月，美国科学家参加在加拿大魁北克（Quebec）召开的一次物理学会上，提出一份报告，讲到发现一块含钍的独居石（图 8－10－2）上面有一环状巨晕（halos）。直径 80—100 微米，显然是被矿石内含有的放射性超重元素放出的射线破坏的，经 X 射线探测，证明有 116 号、124 号和 126 号元素存在。

图 8－10－2 独居石上的巨晕

这样就把化学元素周期表的界限推得更远了。

化学家们也早为这些元素在元素周期表中安排出位置（表 8－10－1）。从它们被安排在元素周期表中的位置来看，114 号元素属于碳族；116 号元素属于氧族；118 号元素是和氦、氖等稀有气体一族；124 号和 126 号元素被安排在一个新建立的超锕系元素中。

表 8-10-1

化学元素周期表

原子序数—92　U—元素符号
元素名称—铀
$5f^36d^17s^2$—外层电子构型

周期	族 1	2	3	4	5	6	7	8	9	10	11	12	13	14	15	16	17	18
1	1 H 氢 ls^1																	2 He 氦 ls^2
2	3 Li 锂 $2s^1$	4 Be 铍 $2s^2$											5 B 硼 $2s^22p^1$	6 C 碳 $2s^22p^2$	7 N 氮 $2s^22p^3$	8 O 氧 $2s^22p^4$	9 F 氟 $2s^22p^5$	10 Ne 氖 $2s^22p^6$
3	11 Na 钠 $3s^1$	12 Mg 镁 $3s^2$											13 Al 铝 $3s^23p^1$	14 Si 硅 $3s^23p^2$	15 P 磷 $3s^23p^3$	16 S 硫 $3s^23p^4$	17 Cl 氯 $3s^23p^5$	18 Ar 氩 $3s^23p^6$
4	19 K 钾 $4s^1$	20 Ca 钙 $4s^2$	21 Sc 钪 $3d^14s^2$	22 Ti 钛 $3d^24s^2$	23 V 钒 $3d^34s^2$	24 Cr 铬 $3d^44s^2$	25 Mn 锰 $3d^54s^2$	26 Fe 铁 $3d^64s^2$	27 Co 钴 $3d^74s^2$	28 Ni 镍 $3d^84s^2$	29 Cu 铜 $3d^{10}4s^2$	30 Zn 锌 $3d^{10}4s^2$	31 Ga 镓 $4s^24p^1$	32 Ge 锗 $4s^24p^2$	33 As 砷 $4s^24p^2$	34 Se 硒 $4s^24p^4$	35 Br 溴 $4s^24p^5$	36 Kr 氪 $4s^24p^6$
5	37 Rb 铷 $5s^1$	38 Sr 锶 $5s^2$	39 Y 钇 $4d^15s^2$	40 Zr 锆 $4d^25s^2$	41 Nb 铌 $4d^45s^1$	42 Mo 钼 $4d^55s^1$	43 Tc 锝 $4d^55s^2$	44 Ru 钌 $4d^55s^2$	45 Rh 铑 $4d^85s^1$	46 Pd 钯 $4d^{10}$	47 Ag 银 $4d^{10}5s^1$	48 Cd 镉 $4d^{10}5s^2$	49 In 铟 $5s^25p^1$	50 Sn 锡 $5s^25p^2$	51 Sb 锑 $5s^25p^3$	52 Te 碲 $5s^25p^4$	53 I 碘 $5s^25p^5$	54 Xe 氙 $5s^25p^6$
6	55 Cs 铯 $6s^1$	56 Ba 钡 $6s^2$	57 La 镧 *	72 Hf 铪 $5d^26s^2$	73 Ta 钽 $5d^36s^2$	74 W 钨 $5d^46s^2$	75 Re 铼 $5d^56s^2$	76 Os 锇 $5d^66s^2$	77 Ir 铱 $5d^76s^2$	78 Pt 铂 $5d^96s^1$	79 Au 金 $5d^{10}6s^1$	80 Hg 汞 $5d^{10}5s^2$	81 Tl 铊 $6s^26p^1$	82 Pb 铅 $6s^25p^2$	83 Bi 铋 $6s^26p^3$	84 Po 钋 $6s^26p^4$	85 At 砹 $6s^26p^5$	86 Rn 氡 $6s^26p^6$
7	87 Fr 钫 $7s^1$	88 Ra 镭 $7s^2$	89 Ac 锕 * *	104 Rf 𬬻 $6d^27s^2$	105 Db 𬭊 $6d^37s^2$	106 Sg 𬭳 $6d^47s^2$	107 Bh 𬭛 $6d^57s^2$	108 Hs 𬭶 $6d^57s^2$	109 Mt 鿏 $6d^67s^2$	110 Ds 𫟼 $6d^87s^2$	111 Rg 𬬭 $6d^97s^2$	112 Cn 鿔 $6d^{10}7s^2$	113 Uut (113) $7s^27p^1$	114 Fl 𫓧 $7s^27p^2$	115 Uup (115) $7s^27p^2$	116 Lv 𫟷 $7s^27p^4$	117 Uus	118 Uuo
8	119 Uue	120 Ubn	121 Ubu * * *	154 Ubq	155 Upp	156 Uph	157 Ups	158 Upo	159 Upe	160 Uhn	161 Uhu	162 Uhb	163 Uht	164 Uhq	165 Uhp	166 Uhh	167 Uhs	168 Uho

*镧系	57 La 镧 $5d^16s^2$	58 Ce 铈 $4f^15d^16s^2$	59 Pr 镨 $4f^36s^2$	60 Nd 钕 $4f^46s^2$	61 Pm 钷 $4f^66s^2$	62 Sm 钐 $4f^66s^2$	63 Eu 铕 $4f^76s^2$	64 Gd 钆 $4f^75d^16s^2$	65 Tb 铽 $4f^96s^2$	66 Dy 镝 $4f^{10}6s^2$	67 Ho 钬 $4f^{11}6s^2$	68 Er 铒 $4f^{12}6s^2$	69 Tm 铥 $4f^{13}6s^2$	70 Yb 镱 $4f^{14}6s^2$	71 Lu 镥 $4f^{14}5d^16s^2$
* *锕系	89 Ac 锕 $6d^17s^2$	90 Th 钍 $6d^27s^2$	91 Pa 镤 $5f^26d^17s^2$	92 U 铀 $5f^36d^17s^2$	93 Np 镎 $5f^46d^17s^2$	94 Pu 钚 $5f^67s^2$	95 Am 镅 $5f^77s^2$	96 Cm 锔 $5f^76d^17s^2$	97 Bk 锫 $5f^97s^2$	98 Cr 锎 $5f^{10}7s^2$	99 Es 锿 $5f^{11}7s^2$	100 Fm 镄 $5f^{12}7s^2$	101 Md 钔 $5f^{13}7s^2$	102 No 锘 $5f^{14}7s^2$	103 Lr 铹 $5f^{14}6d^17s^2$

* * *超锕系	121 Ubu	122 Ubb	123 Ubt	124 Ubq	125 Ubp	126 Ubh	127 Ubs	128 Ubo	129 Ube	…	149 Uqe	150 Upn	151 Upu	152 Upb	153 Upt

参 考 文 献

1. 郑贞文著,元素之研究,商务印书馆,1933 年。
2. 程守泽著,化学元素发现史,世界书局,1948 年。
3. 赵匡华编著,107 种化学元素的发现,北京出版社,1983 年。
4.〔美〕M. E. 韦克思著,黄素封译,化学元素的发现,商务印书馆,1965 年。
5.〔苏〕Д. E. 特立丰诺夫、B. Д. 特立丰诺夫著,崔浣华、郑同译,凌永乐校,化学元素发现史,科学技术文献出版社,1986 年。
6.〔日〕桜井弘编,修文复、修佳骥译,元素新发现,科学出版社,2006 年。
7.〔美〕斯特沃特加著,田晓伍、任金霞译,化学元素遍览,河南科学技术出版社,2002 年。
8. J. Newton Friend, *Man and the Chemical Elements*, Charles Griffin & Company Limited, London, 1951.
9. M. E. Weeks. *Discovery of the Element*, 6th. edition, Journal of Chemical Education, 1960.
10. Г. Г. Диогенов, История Открытия Химических Элементов, Москва, 1960.
11. 叶永烈编著,化学元素漫话,科学出版社,1976 年。
12. 蔡善钰著,人造元素,上海科学普及出版社,2006 年。
13.〔英〕约翰·埃姆斯雷编,李永舫译,武永兴校,元素手册,人民教育出版社,1994 年。
14.〔苏〕B. И. 戈尔丹斯基、C. M. 波利卡诺夫著,盛正直译,超铀元素,1984 年。
15. T. Moeller, *The Chemistry of the Lanthanides*, Reinhold publishing Corporation, New York, 1963.
16.〔苏〕A. K. 拉夫鲁希娜著,吕小敏译,核化学的成就,科学出版社,1962 年。
17. B. И. Гольданский, Новые Элементы B периодической системе Д. И. Менделеева, Москва, 1955.
18.〔美〕M. C. 斯尼特、J. L. 麦乃特、R. C. 勃拉斯蒂特主编,张乾二等译,无机化学大纲,第 1—11 卷,上海科学技术出版社,1964 年。
19. J. W. Mellor, *A Comprehensive Treatise on Inorganic and Theoretical Chemistry*, vol. I—XVI,

1922—1930, London.

20. J. R. partington, *A History of Chemistry*, Vol, I—IV. Printed in Great Britain, 1964.

21. Aaron J. Ihde, *The Development of Modern Chemistry*, New York, 1964.

22. 科学家大辞典,上海辞书出版社、上海科技教育出版社,2000 年。

附录Ⅰ　化学元素命名和符号的来源

“中国的近代科学发展较迟,学术工作上一般使用的名词多半是从国外翻译过来的。但译名工作一向缺乏统一的标准,同一化学名往往有几种不同的译法。这使研究工作者、教育工作者以及编纂工作者在工作中增加了许多不必要的麻烦和困惑;而对于青年学生,这种麻烦和困惑尤其是不应有的负担。由于学术名词的不统一,为要使人们能明白某一名词的正确含义,往往仍不得不依赖外文的注释。中国许多学术著作中,在名词之后常附以外文,或则索性摒弃中国名词不用,径代之以外文名词。”这是我国新中国成立初期中国科学院院长郭沫若同志在1951年3月给中国科学院编译局编订的《化学物质命名原则》一书所写的序言中的一段话,确切地描述了旧中国学术名词方面紊乱的情况。这种情况表现在化学元素命名方面的例子是不少的。例如,今天我们称为钪的这一元素,在旧中国时代,有人称它为锏,又有人称它为钪;又例如,今天我们称为钐的这一元素,在新中国成立前,有人称它为钐,有人称它为钐。真是五花八门,不知其所指为何,使人不得不借助于外文,或者干脆就用外文了。

新中国成立后,党和人民政府立即着手学术名词的统一工作。1950年在当时国务院文化教育委员会下,成立了学术名词统一工作委员会,下设自然科学、社会科学、医药卫生、文学艺术等组。自然科学组下面又分若干小组,如化学名词审查小组,修订出版了《化学物质命名原则》,在其“总则”中明确规定:“元素定名用字,以谐声为主,会意次之。但应设法避免同音字。”在“元素”一篇中又明确规定:“元素的名称用一字表示,在常温常压下为气态者,从气;液态者,从水;固态的金属元素,从金;固态的非金属元素,从石。”这样,我国的化学元素名称才有了今天的这种状况。现在我们看到一个化学元素的名称,就知道它是金属,还是非金属;它的单质在常温常压下是气态、液态,还是固态的。其中汞是唯一的例外。

这个化学元素命名的原则最早出现在我国清朝末年化学先驱人物徐寿(1818—1884)和1861年来到我国的英国化学家傅兰雅(John Fryer, 1839—1928)共同翻译的多本化学教材中。他们二人根据英国化学家韦尔斯(D. A. Wells)所著《*Principle and Application of Chemistry*》(1858年出版)一书翻译成的《化学鉴原》(1871年出版)中说:"西国质名字多字繁,翻译华文,不能尽叶。今唯以一字为原质(即元素)之名……原质之名,中华古昔已有者仍之,如金、银、铜、铁、锡、汞、硫、磷、炭是也;白铅一物,亦名倭铅,仍古无今天,名从双字,不宜用于杂质(化合物),故译西音作锌。昔人所译而合宜者亦仍之,如养气、淡气、轻气是也。若书杂质,则原质名概从单字,故白金亦昔人所译,今改作铂。此外尚有数十品皆为从古所未知,或虽有其物,而名仍阙如,而西书赅备无遗,译其意殊难简括,全译其音苦于繁冗,今取罗马文之音首,译一华字,首音不合,则用次音,并加偏旁以别其类,而读仍本音……。"

《化学物质命名原则》中所讲的谐声、会意,是我国古代汉字造字的六种方法中的两种。谐声可以说就是取音造字;会意就是取意造字。

从哪里取?取自国际化学元素的命名。

在欧洲,18世纪的化学由于科学实验兴起,开始从古代工艺化学、炼金术、医药化学步入近代化学,但化学物质的命名在古代化学中,一片混乱,没有一定体系。例如铜仍称为Venus(指罗马神话中可爱而美丽的女神,也就是金星);铁称为Mars(罗马神话中的战神,也就是木星)等。拉瓦锡和法国几位化学家联名在1787年编著出版《化学命名法》,是世界化学命名的创举,随后英国翻译出版,德国、俄罗斯跟随仿效,制定他们国家的化学物质命名法。

正是拉瓦锡把当时称氧气的各种火空气、脱燃素空气、生命的空气等统一命名为oxygen;将当时称为可燃性空气的氢气改名为hydrogen等。

到19世纪初,在欧洲由于发现的化学物质逐渐增多,化学家们开始重视化学物质命名的系统工作。由于生产、贸易的发展,促进了各国科学文化的交流,化学家们认识到各国化学物质命名统一的必要。瑞典化学家贝采利乌斯首先提出,废弃把化学专门术语建立在任一民族语言上的原则。他采用了拉丁语构成化学专门术语,把相应的前缀、后缀和词尾用于一定类别的物质。在1811 年—1812 年,先后用法文、瑞典文、德文发表了他制定的一套化学元素的命名,获得通用。例如他把铁、锡、铜分别命名为 ferrum、stannum、cuprum,取代英文、德文、法文、俄文中的铁 iron、eisen、fer、железэо;锡 tin、zinn、etain、олово;铜 copper、kupfer、cuive、медb。把拉瓦锡命名的氧 oxygen 和氢 hydrogen 添加词尾 – ium,成为 oxygenium 和 hydrogeium。

贝采利乌斯还制定了一个简单易懂的化学符号系统,代替炼金术士们和原子论创始人道尔顿(John Dalton, 1766—1844)使用的图像。道尔顿使用的图像正如人类的文字从画图开始一样,贝采利乌斯的创造的意义是,从此化学文字间出现了。他采用每种元素的拉丁名称的开头字母作为元素符号,例如 S – sulphur;Si – silicium;Sb – stibium……这些符号一直沿用到今天。

1957 年,国际纯粹和应用化学联合会发表了《无机化学命名法》,关于元素的命名有几条规定,如:

元素的名称在各种语言中,应当尽可能减少差别;

选用元素不同名称时,采用流行较广的,而不是发现优先。

新的金属元素名称必须加词尾 – ium。少数例外没有加"i";

所有新元素都用两个字母做符号;

一种元素的同位素采用同名称,并加质量数,如 oxygenium – 18(氧 – 18)。氢的同位素 protium(氕,音撇)、deuterium(氘,音刀)、tritium(氚,音川)可以保留。

关于元素族的名称,氟、氯、溴、碘和砹通称为 haloges 卤素;氧、硫、硒、碲和钋通称为 chalcogens 氧族;从锂到钫称为 alkalimetals 碱金属;从钙到钡称为 alkaline – earth metals 碱土金属;从氦到氡称为 inert gases 惰性气体(现已改称为稀有气体);从 57 号到 71 号元素合称 lanthanum series 镧系元素;从 89 号到 103 号元素合称 actinium series 锕系元素。

一个元素的质量数、原子序数、原子数目和电子的电荷可以用元素符号的上下左右四角指数表明如下:

左上角指数——质量数

左下角指数——原子序数

右下角指数——原子数目

右上角指数——离子电荷

离子电荷最好用 A^{n+},而不用 A^{+n}

例如 ${}^{32}_{16}S_2^{2+}$ 表示带两个正电荷的电离分子,含有两个硫原子,每个硫原子的原子序数为16,质量数为32。

我国在修订的《无机化学物质系统命名原则》中采用了这些规定。

1979年和2002年,国际纯粹和应用化学联合会两次提出新元素命名的建议已在本书中叙述,在此不再重复。

我国的化学元素名称大多数从国际间通用的拉丁名称音译而来,如 lithium 的第一音节是 li -,就音译成“里”,因为它的单质是金属,就从“金”,加“金”字旁,成为“锂”;又如 natrium 的第一音节是 na -,就音译成“纳”,把“纳”的“纟”字旁改成“金”字旁,就成“钠”。这就是前面所说的“以谐声为主”。

“会意次之”的如氢,源自“轻”,因为它的单质状态是最轻的气体,就把“轻”字砍去一半,变成“圣”,塞进了“气”里,造成一个新字“氢”。“氯”也是如此,源自“绿”,因为它的单质状态是绿色的。“氧”源自“养气”,表示它对人有营养,供人呼吸,再由“氧”谐声,转变成“氧”。“氮”源自淡气,表示把空气中的氧气冲淡了的意思,把“淡”字的偏旁塞进“气”中就成了“氮”。

我国化学元素名称用字,除了古代已有的,如金、银、铜、铁、锡、硫等外,或借用古字,或另创新字。创新字的居多数,上面举出的一些例子都是创造的新字。借用古字的也不少。它们往往失去了原来古代的字意,而作为一个化学新字被我们认识了。如钌,在古代是指金饰器;铊——短矛;钐——大铲;钯——箭镞;钫——量器;铋——矛柄;铂——薄金等。镝也是一个古字,是“矢锋”的意思,毛泽东在诗词里就用到它,如“飞鸣镝”句。锔也是一个古字,也用在我们日常生活的口语中,如锔碗、锔锅,就是用锔子连合破裂的碗和锅,而今已成了一个不常用的僻字,而作为一个命名新元素的化学新字了。我国化学家们在选用或创造一个新的化学元素名称时,有些也要经过一番斟酌呢！就以锔为例,这个化学元素的拉丁名称是 curium,是为纪念研究物质放射性具有卓越贡献的居里(Curie)夫妇的。按照习惯,从拉丁名称的第一音节音译成“锯”最适合,但是“锯”应读成 jù,而不是读成“居”jū,而且“锯”是指片解木头用的工具,把它用来作为一个化学元素的名称不大适宜,因而借用了一个古字“锔”。

化学元素的拉丁名称也有不少是“会意”的,还有来自地名、人名、神名、星宿名,或沿用代名称。这些在讲述它们发现的经过时都一一提到了,这里就不再赘述。

下面列出元素名称表：

化学元素表

原子序数	符号	中文名称	读音	同音字例	拉丁名	英文名	德文名	法文名	俄文名
1	H	氢	qīng	轻	Hydrogenium	Hydrogen	Wasserstoff	Hydrogène	Водород
2	He	氦	hài	亥	Helium	Helium	Helium	Hélium	Гелий
3	Li	锂	lǐ	里	Lithium	Lithium	Lithium	Lithium	Литий
4	Be	铍	pí	皮	Beryllium	Beryllium	Beryllium	Glucinium	Бериллий
5	B	硼	péng	朋	Borium	Boron	Bor	Bore	Бор
6	C	碳	tàn	炭	Garbonium	Garbon	Kohlenstoff	Carbone	Углерод
7	N	氮	dàn	淡	Nitrogenium	Nitrogen	Stickstoff	Azote	Аэот
8	O	氧	yǎng	养	Oxygenium	Oxygen	Sauerstoff	Oxygene	Кислород
9	F	氟	fú	弗	Fluorum	Fluorine	Fluor	Fluor	Фтор
10	Ne	氖	nǎi	乃	Neonum	Neon	Neon	Néon	Неон
11	Na	钠	nà	纳	Natrium	Sodium	Natrium	Sodium	Натрий
12	Mg	镁	měi	美	Magnesium	Magnesium	Magnesium	Magnésium	Магний
13	Al	铝	lǚ	吕	Aluminium	Aluminum (Aluminium)	Aluminium	Aluminium	Алюминий
14	Si	硅	guī	圭	Silicium	Silicon	Silicium	Silicium	Кремний
15	P	磷	lín	林	Phosphorum	Phosphorus	Phosphor	Phosphore	Фосфор
16	S	硫	liú	流	Sulphur	Sulfur (Sulphur)	Schwefel	Soufre	Сера
17	Cl	氯	lǜ	绿	Chlorum	Chlorine	Chlor	Chlore	Хлор

续表

原子序数	符号	中文名称	读音	同音字例	拉丁名	英文名	德文名	法文名	俄文名
18	A (Ar)	氩	yà	亚	Argonium	Argon	Argon	Argon	Аргон
19	K	钾	jiǎ	甲	Kalium	Potassium	Kalium	Potassium	Калий
20	Ca	钙	gài	丐	Calcium	Calcium	Calcium	Calcium	Кальций
21	Sc	钪	kàng	亢	Scandium	Scandium	Scandium	Scandium	Скандий
22	Ti	钛	tài	太	Titanium	Titanium	Titan	Titanium	Титан
23	V	钒	fán	凡	Vanadium	Vanadium	Vanadium	Vanadium	Ванадий
24	Cr	铬	gè	各	Chromium	Chromium	Chrom	Chrome	Хром
25	Mn	锰	měng	猛	Manganum	Manganese	Mangan	Maganèse	Марганец
26	Fe	铁	tiě	帖	Ferrum	Iron	Eisen	Fer	Железо
27	Co	钴	gǔ	古	Cobaltum	Cobalt	Kobalt	Cobalt	Кобальт
28	Ni	镍	niè	臬	Niccolum	Nickel	Nickel	Nickel	Никель
29	Cu	铜	tóng	同	Cuprum	Copper	Kupfer	Cuivre	Медь
30	Zn	锌	xīn	辛	Zincum	Zinc	Zink	Zinc	Цинк
31	Ga	镓	jiā	家	Gallium	Gallium	Gallium	Gallium	Галлий
32	Ge	锗	zhě	者	Germanium	Germanium	Germanium	Germanium	Германий
33	As	砷	shēn	申	Arsenium	Arsenic	Arsen	Arsenic	Мышьяк
34	Se	硒	xī	西	Selenium	Selenium	Selen	Sélénium	Селен
35	Br	溴	xiù	秀	Bromium	Bromine	Brom	Brome	Бром
36	Kr	氪	kè	克	Kryptonum	Krypton	Krypton	Krypton	Криптон
37	Rb	铷	rú	如	Rubidium	Rubidium	Rubidium	Rubidium	Рубидий
38	Sr	锶	sī	思	Strontium	Strontium	Strontium	Strontium	Стронций
39	Y	钇	yǐ	乙	Yttrium	Yttrium	Yttrium	Yttrium	Иттрий
40	Zr	锆	gào	告	Zirconium	Zirconium	Zirkon	Zirconium	Цирконий
41	Nb	铌	ní	尼	Niobium	Niobium	Niob	Niobium	Ниобий
42	Mo	钼	mù	目	Molybdänium	Molybdenum	Molybdän	Molybdène	Молибден
43	Te	锝	dé	得	Technetium	Technetium	Technetium	Technetium	Технеций
44	Ru	钌	liǎo	了	Ruthenium	Ruthenium	Ruthenium	Ruthenium	Рутений
45	Rh	铑	lǎo	老	Rhodium	Rhodium	Rhodium	Rhodium	Родий
46	Pd	钯	bǎ	把	Palladium	Palladium	Palladium	Palladium	Палладий
47	Ag	银	yín	银	Argentum	Silver	Silber	Argent	Серебро
48	Cd	镉	gé	隔	Cadmium	Cadmium	Cadmium	Cadmium	Кадмий

续表

原子序数	符号	中文名称	读音	同音字例	拉丁名	英文名	德文名	法文名	俄文名
49	In	铟	yīn	因	Indium	Indium	Indium	Indium	Индий
50	Sn	锡	xī	西	Stannum	Tin	Zinn	Etain	Олобо
51	Sb	锑	tī	梯	Stibium	Antimony	Antimon	Antimoine	Сурьма
52	Te	碲	dì	帝	Tellurium	Tellurium	Tellur	Tellure	Теллур
53	I (J)	碘	diǎn	典	Iodium	Iodine	Jod	Iode	Иод
54	Xe	氙	xiān	仙	Xenonum	Xenon	Xenon	Xenon	Ксенон
55	Cs	铯	sè	色	Caesium	Caesium	Caesium	Caesium	Цеэий
56	Ba	钡	bèi	贝	Baryum	Barium	Barium	Baryum	Барий
57	La	镧	lán	兰	Lanthanum	Lanthanum	Lanthan	Lanthane	Лантан
58	Ce	铈	shì	市	Cerium	Cerium	Cer	Cérium	Церий
59	Pr	镨	pǔ	普	Praseodymium	Praseodymium	Praseodym	Praséodyme	Праэеодим
60	Nd	钕	nǚ	女	Neodymium	Neodymium	Neodym	Néodyme	Неодим
61	Pm	钷	pǒ	叵	Promethium	Promethium	Promethium	Promethium	Прометий
62	Sm	钐	shàn	汕	Samarium	Samarium	Samarium	Samarium	Самарий
63	Eu	铕	yǒu	友	Europium	Europium	Europium	Europium	Европий
64	Gd	钆	gá	轧	Gadolinium	Gadolinium	Gadolinium	Gadolinium	Гадолиний
65	Tb	铽	tè	特	Terbium	Terbium	Terbium	Terbium	Тербий
66	Dy	镝	dī	滴	Dysprosium	Dysprosium	Dysprosium	Dysprosium	Диспроэий
67	Ho	钬	huǒ	火	Holmium	Holmium	Holmium	Holmium	Голъмий
68	Er	铒	ěr	耳	Erbium	Erbium	Erbium	Erbium	Эрбий
69	Tu (Tm)	铥	diū	丢	Thulium	Thulium	Thulium	Thulium	Тулий
70	Yb	镱	yì	意	Ytterbium	Ytterbium	Ytterbium	Ytterbium	Иттербий
71	Lu	镥	lǔ	鲁	Lutetium (Lutecium)	Lutecium	Lutetium	Lutécium	Лютецяй
72	Hf	铪	hā	哈	Hafnium	Hafnium	Hafnium	Cellium	Гафний
73	Ta	钽	tǎn	坦	Tantalum	Tantalum	Tantal	Tantale	Тантал
74	W	钨	wū	乌	Wolfram	Wolfram (Tungsten)	Wolfram	Wolfram	Волъфрам
75	Re	铼	lái	来	Rhenium	Rhenium	Rhenium	Rhenium	Рений
76	Os	锇	é	俄	Osmium	Osmium	Osmium	Osmium	Осмий

续表

原子序数	符号	中文名称	读音	同音字例	拉丁名	英文名	德文名	法文名	俄文名
77	Ir	铱	yī	衣	Iridium	Iridium	Iridium	Iridium	Иридий
78	Pt	铂	bó	伯	Platinum	Platinum	Platin	Plátine	Платина
79	Au	金	jīn	今	Aurum	Gold	Gold	Or	Золото
80	Hg	汞	gǒng	巩	Hydrargyrum	Mercury	Quecksilber	Mercure	Ртуть
81	Tl	铊	tā	他	Thallium	Thallium	Thallium	Thallium	Таллий
82	Pb	铅	qiān	千	Plumbum	Lead	Blei	Plomb	Свинец
83	Bi	铋	bì	必	Bismuthum	Bismuth	Wismut	Bismuth	Висмут
84	Po	钋	pō	朴	Polonium	Polonium	Polonium	Polonium	Полоний
85	At	砹	ài	艾	Astatium	Astatine	Astatin	Astatine	Астатин
86	Rn	氡	dōng	冬	Radon	Radon	Niton	Niton	Радон
87	Fr	钫	fāng	方	Francium	Francium	Francium	Francium	Франций
88	Ra	镭	léi	雷	Radium	Radium	Radium	Radium	Радий
89	Ac	锕	ā	阿	Actinium	Actinium	Aktinium	Actinium	Актиний
90	Th	钍	tǔ	吐	Thorium	Thorium	Thorium	Thorium	Торий
91	Pa	镤	pú	仆	Protactinium (Protoactinium)	Protactinium (Protoactinium)	Protaktinium	Protactinium	Протактиний
92	U	铀	yóu	邮	Uranium	Uranium	Uran	Uranium	Уран
93	Np	镎	ná	拿	Neptunium	Neptunium	Neptunium	Neptunium	Нептуний
94	Pu	钚	bù	布	Plutonium	Plutonium	Plutonium	Plutonium	Плутоний
95	Am	镅	méi	眉	Americium	Americium	Americium	Americium	Америций
96	Cm	锔	jú	局	Curium	Curium	Curium	Curium	Кюрий
97	Bk	锫	péi	陪	Berkelium	Berkelium	Berkelium	Berkelium	Беркелий
98	Cf	锎	kāi	开	Californium	Californium	Californium	Californium	Калифорний
99	Es	锿	āi	哀	Einstenium	—	—	—	Эйнстейний
100	Fm	镄	fèi	费	Fermium	—	—	—	Фермий
101	Md	钔	mén	门	Mendelevium	—	—	—	Менделеевий
102	No	锘	nuò	诺	Nobelium	—	—	—	Нобелий
103	Lr	铹	láo	劳	Lawrencium	—	—	—	—
104	Rf	铲	lú	卢	Rutherfordium	—	—	—	—
105	Db	𨧀	dù	杜	Dubnium				
106	Sg	𨭎	xǐ	喜	Seaborgium				
107	Bh	𨨏	bō	波	Bohrium				

续表

原子序数	符号	中文名称	读音	同音字例	拉丁名	英文名	德文名	法文名	俄文名
108	Hs	𨭆	hēi	黑	Hassium				
109	Mt	鿏	mài	麦	Meitnerium				
110	Ds	𫟼	dá	达	Darmstadium				
111	Rg	𬬭	lún	仑	Roentgenium				
112	Cn	鿔	gē	哥	Copernicium				
114	Fl	𫓧	fū	夫	Flerovium				
116	Lv	𫟷	lì	立	Livermorium				

附录Ⅱ　元素在地壳中的丰度/p. p. m.（ =克/吨）

（按丰度大小顺序）

原子序数	元素	丰度
8	氧	474000
14	硅	277000
13	铝	82000
26	铁	41000
20	钙	41000
11	钠	23000
12	镁	23000
19	钾	21000
22	钛	5600
1	氢	1520
15	磷	1000
25	锰	950
9	氟	950
56	钡	500
6	碳	480
38	锶	370
16	硫	260
40	锆	190
23	钒	160
17	氯	130
24	铬	100
37	铷	90
28	镍	80
30	锌	75
58	铈	68
29	铜	50
60	钕	38
57	镧	32
39	钇	30
7	氮	25
3	锂	20
27	钴	20
41	铌	20
31	镓	18
21	钪	16
82	铅	14
90	钍	12
5	硼	10
59	镨	9.5
62	钐	7.9
64	钆	7.7
66	镝	6
70	镱	5.3
68	铒	3.8
72	铪	3.3
55	铯	3
4	铍	2.6
92	铀	2.4
50	锡	2.2
63	铕	2.1
73	钽	2
32	锗	1.8
33	砷	1.5
42	钼	1.5
67	钬	1.4
1	氩	1.2
65	铽	1.1
74	钨	1
81	铊	0.6
71	镥	0.51
69	铥	0.48
35	溴	0.37
51	锑	0.2
53	碘	0.14
48	镉	0.11
47	银	0.07
34	硒	0.05
80	汞	0.05
49	铟	0.049
83	铋	0.048
2	氦	0.008
52	碲	约 0.005
79	金	0.0011
44	钌	约 0.001
78	铂	约 0.001
43	锝	7×10^{-4}
46	钯	6×10^{-4}
75	铼	4×10^{-4}
45	铑	2×10^{-4}
76	锇	1×10^{-4}
10	氖	7×10^{-5}
36	氪	1×10^{-5}
77	铱	3×10^{-6}
54	氙	2×10^{-6}
88	镭	6×10^{-7}
61	钷	痕量
84	钋	痕量
85	砹	痕量
86	氡	痕量
89	锕	痕量
91	镤	痕量
94	钚	痕量
87	钫	0
93	镎	0
95	镅	0
96	锔	0
97	锫	0
98	锎	0
99	锿	0
100	镄	0
101	钔	0
102	锘	0
103	铹	0
104		0
105		0

（摘自〔英〕约翰·埃姆斯雷编，李永舫译，武永兴校，元素手册，人民教育出版社，1994 年。）

附录Ⅲ 单质的熔点/K

（按温度高低顺序）

6	碳（金刚石）	3820	25	锰	1517	34	硒	490
74	钨	3680	61	钷	1441	3	锂	453.69
75	铼	3453	92	铀	1405.5	49	铟	429.32
76	锇	3327	29	铜	1356.6	53	碘	386.7
73	钽	3269	62	钐	1350	16	硫（α）	386.0
42	钼	2890	79	金	1337.58	11	钠	370.96
41	铌	2741	89	锕	1320	19	钾	336.8
77	铱	2683	60	钕	1294	15	磷（P_4）	317.31
44	钌	2583	95	镅	1267	37	铷	312.2
5	硼	2573	47	银	1235.1	31	镓	302.93
72	铪	2503	32	锗	1210.6	55	铯	301.6
43	锝	2445	59	镨	1204	87	钫	300
45	铑	2239	57	镧	1194	35	溴	265.9
23	钒	2160	20	钙	1112	80	汞	234.28
24	铬	2130	70	镱	1097	86	氡	202
40	锆	2125	63	铕	1095	17	氯	172.2
91	镤	2113	33	砷	1090	54	氙	161.3
78	铂	2045	58	铈	1072	36	氪	116.6
90	钍	2023	38	锶	1042	18	氩	83.8
71	镥	1936	56	钡	1002	7	氮	63.29
22	钛	1933	88	镭	973	8	氧	54.8
46	钯	1825	13	铝	933.5	9	氟	53.53
69	铥	1818	12	镁	922.0	10	氖	24.48
21	钪	1814	94	钚	914	1	氢	14.01
26	铁	1808	93	镎	913	2	氦	0.95
68	铒	1802	51	锑	903.9	96	锔	n.a.
39	钇	1795	52	碲	722.7	97	锫	n.a.
27	钴	1768	30	锌	692.73	98	锎	n.a.
67	钬	1747	82	铅	600.65	99	锿	n.a.
28	镍	1726	48	镉	594.1	100	镄	n.a.
66	镝	1685	81	铊	576.6	101	钔	n.a.
14	硅	1683	85	砹	575（估计）	102	锘	n.a.
65	铽	1629	83	铋	544.5	103	铹	n.a.
64	钆	1586	84	钋	527	104		n.a.
4	铍	1551	50	锡（β）	505.118	105		n.a.

（摘自〔英〕约翰·埃姆斯雷编，李永舫译，武永兴校，元素手册，人民教育出版社，1994年。）

附录Ⅳ 单质的沸点/K

(按温度高低顺序)

74	钨	5930	21	钪	3104	11	钠	1156.1
75	铼	5900	32	锗	3103	19	钾	1047
73	钽	5698	79	金	3080	48	镉	1038
72	铪	5470	26	铁	3023	37	铷	961
76	锇	5300	28	镍	3005	34	硒	958.1
43	锝	5150	61	钷	约 3000	55	铯	951.6
6	碳	5100(升华)	67	钬	2968	87	钫	950
90	钍	5060	24	铬	2945	33	砷	889(升华)
41	铌	5015	95	镅	2880	16	硫	717.824
42	钼	4885	29	铜	2840	80	汞	629.73
40	锆	4650	66	镝	2835	85	砹	610(估计)
77	铱	4403	13	铝	2740	15	磷(P_4)	553
91	镤	约 4300	31	镓	2676	53	碘	457.50
93	镎	4175	14	硅	2628	35	溴	331.9
44	钌	4173	50	锡	2543	17	氯	238.6
78	铂	4100	47	银	2485	86	氡	211.4
92	铀	4018	49	铟	2353	54	氙	166.1
45	铑	4000	25	锰	2235	36	氪	120.85
5	硼	3931	69	铥	2220	8	氧	90.19
59	镨	3785	62	钐	2064	18	氩	87.3
57	镧	3730	82	铅	2013	9	氟	85.01
58	铈	3699	56	钡	1910	7	氮	77.4
71	镥	3668	51	锑	1908	10	氖	27.10
23	钒	3650	83	铋	1883	1	氢	20.28
39	钇	3611	63	铕	1870	2	氦	4.216
22	钛	3560	20	钙	1757	96	锔	n. a.
64	钆	3539	81	铊	1730	97	锫	n. a.
94	钚	3505	38	锶	1657	98	锎	n. a.
89	锕	3470	3	锂	1620	99	锿	n. a.
46	钯	3413	70	镱	1466	100	镄	n. a.
65	铽	3396	88	镭	1413	101	钔	n. a.
60	钕	3341	12	镁	1363	102	锘	n. a.
4	铍	3243	52	碲	1263	103	铹	n. a.
27	钴	3143	84	钋	1235	104		n. a.
68	铒	3136	30	锌	1180	105		n. a.

(摘自〔英〕约翰·埃姆斯雷编,李永舫译,武永兴校,元素手册,人民教育出版社,1994 年。)